Laser in Technik und Forschung

Herausgegeben von
G. Herziger und H. Weber

Reinhard Iffländer

Festkörperlaser zur Materialbearbeitung

Mit 165 Abbildungen

Springer-Verlag
Berlin Heidelberg NewYork
London Paris Tokyo Hong Kong 1990

Dipl.-Phys. Reinhard Iffländer
Haas-Laser-GmbH
7230 Schramberg

Herausgeber der Reihe:

Prof. Dr.-Ing. Gerd Herziger
Fraunhofer Institut für Lasertechnik Aachen
5100 Aachen

Prof. Dr.-Ing. Horst Weber
Festkörper-Laser-Institut Berlin GmbH
1000 Berlin 12

ISBN-13: 978-3-540-52150-1   e-ISBN-13: 978-3-642-48183-3
DOI: 10.1007/978-3-642-48183-3

CIP-Titelaufnahme der Deutschen Bibliothek
Iffländer, Reinhard:
Festkörperlaser zur Materialbearbeitung / Reinhard Iffländer.
Berlin ; Heidelberg ; New York ; London ; Paris ; Tokyo ;
Hong Kong : Springer, 1990
(Laser in Technik und Forschung)
ISBN-13: 978-3-540-52150-1

Datenkonvertierung: Kurt G. Mattes, EDV-Beratung, Heidelberg

2068/3020-543210 – Gedruckt auf säurefreiem Papier

Geleitwort der Herausgeber zur Reihe

Die Bedeutung des Lasers sowohl in seinen Anwendungen als auch im wissenschaftlichen Bereich erkennt man am besten daran, daß die Lasertechnik sich von der Laserphysik getrennt hat und dabei ist, sich zu einer eigenständigen Disziplin zu entwickeln, so wie viele andere Bereiche der Ingenieurwissenschaften. Das führt auch zu einer eigenen Sprache, zu anderen pragmatischeren Definitionen und Begriffen. Anwender interessieren weniger die fundamentalen, physikalischen Herleitungen, sie möchten handliche Formeln, Zahlenwerte und Anwendungsvorschriften.

In diesem Sinne wendet sich die vorliegende Buchreihe an den Ingenieur und Physiker, die den Laser in der Praxis einsetzen wollen, wobei der Schwerpunkt z. Z. im Bereich der Materialbearbeitung liegt.

In einer Reihe von Monographien werden die verschiedenen Anwendungsbereiche behandelt. Der Reihe vorangestellt sind zwei einführende Bände, die die Grundlagen der Laserphysik und die Laserelemente behandeln. Dem schließen sich zwei Bände an, die die beiden z. Z. wichtigsten Lasersysteme, Festkörper-Laser mit Schwerpunkt Neodym-Laser und CO_2-Laser, als industrielle Systeme beschreiben. Jeder Band ist in sich abgeschlossen und verständlich, d. h. die wichtigsten Begriffe die benutzt werden, sind jeweils dargestellt.

Die Reihe wird fortgesetzt, um auch neue Entwicklungen zu erfassen. Die Auflagen sind begrenzt, um möglichst schnell aktuelle Ergebnisse in Neuauflagen berücksichtigen zu können.

Aachen und Berlin, im Dezember 1989   Prof. Dr. G. Herziger

Fraunhofer Institut für Laser-Technik;
Lehrstuhl für Laser-Technik
der RWTH Aachen

Prof. Dr. H. Weber

Festkörper-Laser Institut Berlin GmbH;
Optisches Institut der TU Berlin

Einführung der Herausgeber zum Band

Der erste Laser war ein Festkörper-Laser, der Rubin-Laser von Th. Maimann im Jahre 1960. Ein Jahr später wurde der He-Ne-Laser realisiert, dem dann in schneller Folge eine Vielzahl von Gaslasern folgte. Lange Zeit schienen diese Laser, insbesondere als Hochleistungs-CO_2-Laser in der Materialbearbeitung, die führende Rolle zu übernehmen. In den letzten Jahren begann sich die Situation zugunsten der Festkörper-Laser zu verschieben. Lagen bisher deren Hauptanwendungen im Bereich der Medizin und Elektrotechnik, wo mittlere Ausgangsleistungen bis zu 100 W ausreichen, so wurden durch die seit kurzem verfügbaren Kilowatt-Festkörper-Laser neue Anwendungsbereiche erschlossen.

Der vorliegende Band aus der Reihe „Laser in Technik und Forschung" befaßt sich mit den physikalischen und technischen Grundlagen der Festkörper-Laser, wobei im Vordergrund die Systeme für die industrielle Fertigung und hier überwiegend die Materialverarbeitung stehen.

Der Schwerpunkt liegt auf den technischen Grundlagen. Der Anwender soll in die Lage versetzt werden, einen Festkörper-Laser vorgegebener Spezifikationen einschließlich der Versorgungsgeräte zu entwickeln, zu modifizieren oder für eine vorgesehene Anwendung optimieren zu können. Die physikalischen Aspekte und Grundlagen werden nur soweit diskutiert, wie sie für das Verständnis erforderlich sind. Eine weitergehende Darstellung der Lasergrundlagen wird in dem Übersichtsband „Laser Grundlagen Systeme Anwendungen" gegeben.

Aachen und Berlin, im Dezember 1989   Die Herausgeber

Vorwort

Dieses Buch ist während meiner Tätigkeit in der Entwicklung von Festkörperlasern zur Materialbearbeitung entstanden und daher liegt der inhaltliche Schwerpunkt in der Zusammenstellung von physikalischen und technischen Grundlagen dieser Laser.

Es soll Ingenieuren, Konstrukteuren und Technikern als spezielle Einführung in dieses Gebiet dienen aber keinesfalls die Einführung durch ein Lehrbuch bzw. das vertiefte Studium der Spezialliteratur ersetzen. Im Literaturhinweis am Ende des Buches ist eine Liste von allgemeinen Lehrbüchern zu diesen Themen zusammengestellt.

Für die Erlaubnis, diese Ergebnisse zu publizieren, möchte ich an dieser Stelle der Firma HAAS-Laser danken, die mich auch während der Manuskripterstellung großzügig unterstützt hat.

Allen, die zu diesem Buch beigetragen haben, möchte ich ebenfalls danken insbesondere meiner Frau, die mit großer Geduld die Entstehung des Buches begleitet hat.

Mein besonderer Dank gilt Herrn Professor Weber, ohne dessen Unterstützung und Korrektur dieses Buch nicht entstanden wäre. Wesentliche Teile sind auf seine Vorlesungen und Veröffentlichungen sowie auf zahlreiche Diskussionen mit ihm zurückzuführen.

Teilen dieses Buches liegen Arbeiten zugrunde, die mit Mitteln des Bundesministeriums für Forschung und Technologie gefördert wurden. Die Förderkennzeichen dazu lauten 13 N 5387/8, 13 EU 0028 und 13 EU 0069.

Die Informationen in diesem Buch sind nach bestem Wissen und entsprechenden Literaturrecherchen zusammengestellt worden. Fehler sind jedoch nicht auszuschließen. Deshalb kann keine Garantie für die Richtigkeit der Angaben und Ableitungen übernommen werden. Für Korrekturen, Hinweise und Ergänzungen möchte ich mich bereits jetzt bedanken.

Januar 1990 R. Iffländer

Inhaltsverzeichnis

Einführung

Festkörperlaser zur Materialbearbeitung werden seit einigen Jahren mit weiter zunehmender Tendenz in der Produktion für die verschiedensten Anwendungen eingesetzt.

Die Vorteile des Festkörperlasers gegenüber anderen Bearbeitungsverfahren, aber auch teilweise gegenüber anderen Lasertypen, sind:

- Die Bearbeitung findet berührungsfrei und damit weitgehend kräftefrei statt.
- Der Festkörperlaser eignet sich aufgrund der Wellenlänge und der Möglichkeit Laserlicht mittels Lichtleiter zur Bearbeitungsstation zu bringen hervorragend zum Einsatz in flexiblen Fertigungen.
- Es gibt Bearbeitungsverfahren, die nur mit dem Laser möglich sind zum Beispiel das Schweißen von elektronenoptischen Teilen im Vakuum durch das Glas der Elektronenröhre.
- Es ist kein Vakuum oder Gas zum Betrieb nötig.
- Die Wellenlänge liegt im sichtbaren Bereich, so daß normale Optik verwendet werden kann.

Natürlich hat der Festkörperlaser auch eine Reihe von Nachteilen:

- Der Wirkungsgrad ist relativ gering.
- Die Standzeit ist durch Lampenausfall begrenzt, insbesondere bei hohen Leistungen.
- Die Strahlqualität ist aufgrund von thermischen Eigenschaften der Lasermaterialien oder durch die Resonatoranordnung begrenzt.
- Die mittlere Leistung und damit auch die Arbeitsgeschwindigkeit ist geringer als beim CO_2-Laser.

Die konstruktive Ausführung sollte daher optimal für den Anwendungszweck gestaltet sein, um die Vorteile des Lasers voll auszunutzen und gleichzeitig wirtschaftlich gegenüber konkurrierenden Verfahren zu sein.

Im folgenden werden die Grundlagen und Techniken zur Konstruktion von Festkörperlasern und dem notwendigen Zubehör in vereinfachter Form abgeleitet und näher diskutiert. Es wurde Wert darauf gelegt, daß trotz dieser Vereinfachungen die Gleichungen und Ergebnisse in der Praxis genutzt werden können, um sie in der konstruktiven Ausführung umzusetzen.

Im ersten Teil des Buches werden hauptsächlich die notwendigen physikalischen Grundlagen behandelt, die dann zu Aussagen über technische Konsequenzen führen. Die technischen Ausführungen, die zum Betrieb von Festkörperlasern notwendig sind, werden im Teil B diskutiert, und Teil C ist im wesentlichen eine Datensammlung über Lasermedien, Materialien und Anregungsquellen.

A Theoretische Grundlagen

Im ersten Teil des Buches sollen die wichtigsten theoretischen Grundlagen für Festkörperlaser dargestellt und diejenigen Gleichungen abgeleitet werden, die zur Bewertung von Lasermaterial, Resonator und Optik notwendig sind. Dies geschieht mit stark vereinfachenden Voraussetzungen; es werden aber – soweit notwendig – präzisere Gleichungen zitiert.

1 Lasergrundlagen

Die wichtigsten Festkörperlaser-Materialien, die heute zur Materialbearbeitung eingesetzt werden, sind Nd:YAG, Cr:Rubin und Nd:Glas. Mögliche neue Materialien sind Cr:Alexandrit, Nd:GSGG, Nd:GGG und Nd:Cr:GGG. Für medizinische Anwendungen werden Holmium und Erbium bei anderen Wellenlängen in verschiedenen Wirtskristallen oder Gläsern benutzt.

Sie lassen sich, bis auf Alexandrit und Rubin, alle als 4-Niveau-Systeme beschreiben. Rubin als 3-Niveau-System wird nur noch vereinzelt eingesetzt. Deshalb wird die Ableitung der Gleichungen, basierend auf einem 4-Niveau-System, vorgenommen und die entsprechenden Gleichungen für die anderen Systeme ohne Ableitung angegeben.

Es sollen die Eigenschaften der Materialien beschrieben werden, die notwendig sind, um das Material als Verstärker oder als Oszillator einsetzen zu können. Ein Schwerpunkt wird dabei der totale Wirkungsgrad – abhängig von Schwelle und differentiellem Wirkungsgrad – des Systems sein, da damit ein wesentlicher Kostenfaktor für das Versorgungsgerät wie Netzteilleistung und Kühlaufwand gegeben ist.

Mit den Ergebnissen lassen sich dann leicht Abschätzungen für neue Materialien und Systeme vornehmen. Einfache Experimente ermöglichen einen Vergleich und eine Bewertung der Materialien.

1.1 Termschema und Bilanzgleichungen

Festkörperlaser sind üblicherweise nach Bild 1.1 aufgebaut. Das Lasermedium befindet sich im Strahlungsfeld des eigenen oder eines anderen Resonators und wird durch eine oder mehrere Anregungsquellen (Lampen oder Halbleiterlaser) gepumpt. Die Pumpstrahlung kann dabei in jeder beliebigen Richtung zur Laserstrahlung erfolgen.

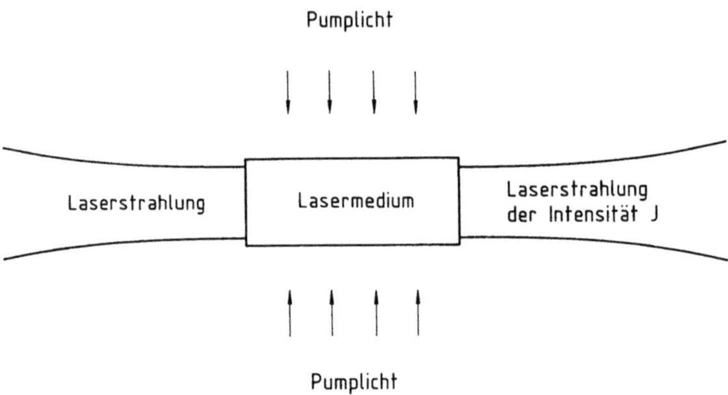

Bild 1.1. Prinzipaufbau eines Festkörperlasers

Bilanzgleichungen für ein 4-Niveau-System

Der physikalische Vorgang der induzierten Emission läßt sich mit dem vereinfachten Termschema (Bild 1.2) und den zugehörigen Bilanzgleichungen erläutern und beschreiben.

Durch Absorption von Pumplicht werden Atome aus dem Grundzustand 0 in die Pumpbänder 3 gebracht. Von dort erfolgt ein schneller Übergang (10^{-9} s) in das obere Laserniveau 2, in dem die Atome relativ lange verweilen (1 bis 1000 μs) und zur induzierten Emission fähig sind.

Unter folgenden Vereinfachungen lassen sich damit die Bilanzgleichungen für ein 4-Niveau-System angeben.

– Die Entleerung der oberen Pumpbanden erfolge schnell, so daß deren Besetzungsdichte vernachlässigt werden kann.
– Der Laserübergang sei homogen verbreitert.
– Die Intensität des Strahlungsfeldes wird als räumlich konstant angenommen.
– Die Besetzungsdichte N_0 des Grundzustands wird groß gegenüber den anderen Niveaus angenommen, so daß die Entleerung durch das optische Pumpen vernachlässigt werden kann.

Für das **obere Niveau** gilt

$$\frac{dN_2}{dt} = WN_0 - \frac{N_2}{\tau} - \frac{\sigma J}{h\nu}(N_2 - N_1) \, , \tag{1.1}$$

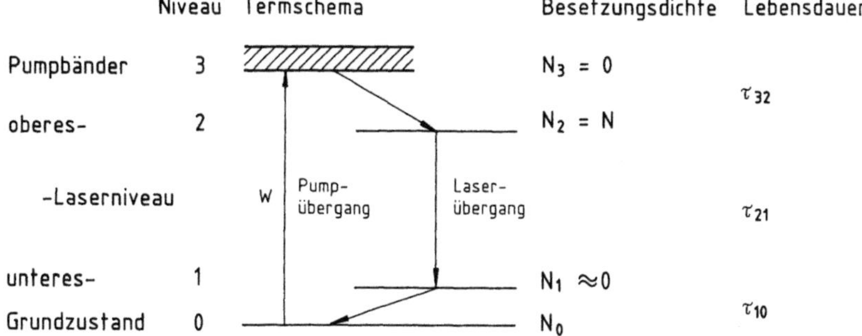

Bild 1.2. Vereinfachtes Termschema für ein 4-Niveau-System

$N_i =$ Anzahl der aktiven Ionen im Zustand i pro Volumeneinheit

$W =$ Pumprate

$\tau =$ Lebensdauer des oberen Laserniveaus, setzt sich aus der Fluoreszens-lebensdauer τ_{21} und aus strahlungslosem Zerfall zusammen $(1/\tau = 1/\tau_{21} + 1/\tau_{\text{strahlungslos}})$

$\sigma =$ Wirkungsquerschnitt der induzierten Emission

$J =$ Intensität des Strahlungsfeldes

$h =$ Plancksches Wirkungsquantum $= 6{,}6 \cdot 10^{-34}$ Js

$\nu =$ Lichtfrequenz des Übergangs.

Die Änderung der Besetzungsdichte N_2 erfolgt also durch drei Mechanismen

– Zunahme (WN_0) durch den Pumpvorgang proportional der Besetzungsdichte des Grundzustandes,
– Abnahme (N_2/τ) durch die spontane Emission des oberen Laserniveaus,
– Abnahme $((N_2 - N_1)\sigma J/h\nu)$ durch die induzierte Emission proportional zur vorhandenen Intensität, dem Wirkungsquerschnitt und der Inversion $(N_2 - N_1)$. Die Energiedifferenz wird dem Strahlungsfeld zugeführt.

Für das **untere Laserniveau** gilt

$$\frac{dN_1}{dt} = \frac{\sigma J}{h\nu}(N_2 - N_1) + \frac{N_2}{\tau} - \frac{N_1}{\tau_{10}} \,, \tag{1.2}$$

wobei τ_{10} = Lebensdauer des unteren Laserniveaus.

Die Änderung des unteren Laserniveaus erfolgt durch spontane und induzierte Emission aus dem oberen Niveau sowie durch strahlungslose Übergänge in den Grundzustand.

Für die **Intensität** des Strahlungsfeldes im Medium gilt

$$\frac{dJ}{dt} = \sigma cJ(N_2 - N_1)/n - \sigma cJN_{\text{th}}/n \,. \tag{1.3}$$

N_{th} = Term, der alle Verluste berücksichtigt
 c = Lichtgeschwindigkeit im Vakuum
 n = Brechungsindex des Lasermediums

Die Zunahme der Intensität erfolgt aufgrund der Inversion und die Abnahme aufgrund der Verluste wie Absorption, Streuung und Auskopplung, die zunächst durch den zweiten Term berücksichtigt werden.

Nimmt man an, daß die Entleerung des unteren Laserniveaus schnell erfolge, so läßt sich die Bilanzgleichung (1.1) vereinfacht darstellen

$$\frac{dN}{dt} = WN_0 - \frac{N}{\tau} - \frac{\sigma}{h\nu}NJ \text{ für } \tau_{10} \ll \tau \text{ und } N := N_2 - N_1 \approx N_2 \ . \quad (1.4)$$

Führt man die Sättigungsintensität J_s ein, bei der die Änderung der Besetzung durch spontane Emission und strahlungslose Übergänge genauso groß ist wie durch stimulierte Emission

$$J_s := \frac{h\nu}{\sigma\tau} \ , \quad (1.5)$$

dann wird (1.4) zu

$$\frac{dN}{dt} = WN_0 - \frac{N}{\tau}\left[1 + \frac{J}{J_s}\right] \quad \text{(Abbau der Inversionsdichte)} \ , \quad (1.6)$$

und mit $N_2 = N$ wird (1.3) zu

$$\frac{dJ}{dt} = \frac{\sigma cJ(N - N_{th})}{n} \quad \text{(Zunahme der Intensität)} \ . \quad (1.7)$$

Gleichung (1.6) und (1.7) sind die **Bilanzgleichungen** für ein 4-Niveau-System.

1.2 Verstärker

Bis jetzt wurde vorausgesetzt, daß keine Ortsabhängigkeit für die Inversion N und die Intensität J vorliegt. Berücksichtigt man die Ortsabhängigkeit in einer Koordinate (z-Richtung), dann müssen die Gleichungen (1.6) und (1.7) umformuliert werden zu

$$\left[\frac{c\partial}{n\partial z} + \frac{\partial}{\partial t}\right] N(z, t) = WN_0 - \frac{N(z, t)}{\tau}\left[1 + \frac{J(z, t)}{J_s}\right] \quad (1.8)$$

$$\left[\frac{c\partial}{n\partial z} + \frac{\partial}{\partial t}\right] J(z, t) = \frac{\sigma cJ(z, t)}{n}[N(z, t) - N_{th}] \ . \quad (1.9)$$

Stationärer Fall und $J \ll J_s$

Der stationäre Fall ist ebenfalls für den Pulsbetrieb erfüllt, falls die Pulsdauer T groß gegenüber der Fluoreszenzlebensdauer τ ist. Bei Schweißanwendungen liegt T im ms-Bereich und für Nd:YAG ist $\tau \approx 200\,\mu s$.

Bei geringer Intensität der eingestrahlten Welle ist die Rückwirkung auf die Inversion gering. Die Inversion $N(z,t) = N$ kann daher als konstant angesehen werden und (1.8) wird zu

$$0 = WN_0 - N/\tau \quad \text{bzw.} \quad N = \tau WN_0 = \text{const.} \tag{1.10}$$

und damit (1.9) zu

$$\frac{dJ(z)}{dz} = \sigma c J(z)\,(N - N_{th}) \tag{1.11}$$

mit der Lösung

$$J(z) = J_0 e^{\sigma(N-N_{th})z} \; . \tag{1.12}$$

Für ein Lasermedium der Länge l wird eine einfallende Welle mit der Intensität J_{in} auf die Intensität J_{out} verstärkt (Bild 1.3)

$$J_{out} = J_{in} e^{\sigma(N-N_{th})l} \quad \text{Verstärkung der Intensität für } J \ll J_s \; . \tag{1.13}$$

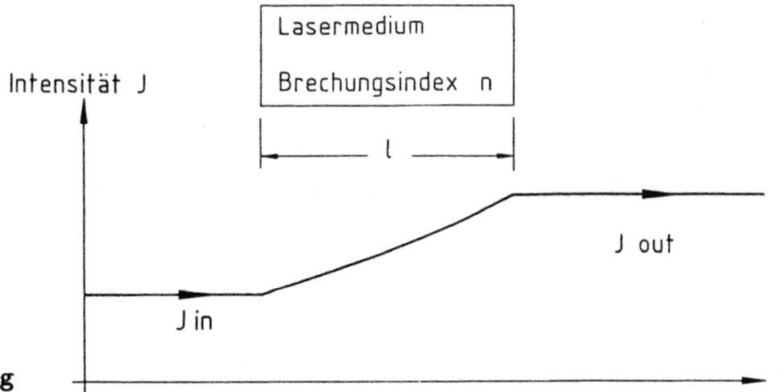

Bild 1.3. Verstärkeranordnung

Man bezeichnet deshalb

$$G := J_{out}/J_{in} \quad \text{als Verstärkungsfaktor} , \tag{1.14}$$

$$G_0 := e^{\sigma N l} \quad \text{als Kleinsignalverstärkung} , \tag{1.15}$$

$$g := \sigma N \quad \text{als Verstärkungskoeffizient} \tag{1.16}$$

und analog

$$V := e^{-\sigma N_{th} l} \quad \text{als Verlustfaktor (für Verstärker)} , \tag{1.17}$$

$$\alpha := \sigma N_{th} \quad \text{als Verlustkoeffizient (für Verstärker)} . \tag{1.18}$$

Stationärer Fall (oder $T \gg \tau$) und $J \geq J_s$

Für den stationären Zustand aber bei hoher Intensität hat die Inversion durch Abbau aufgrund des Strahlungsfeldes ebenfalls eine z-Abhängigkeit und die gekoppelten Differentialgleichungen lauten

$$\frac{c\,dN(z)}{n\,dz} = WN_0 - \frac{N(z)}{\tau}\left[1 + \frac{J(z)}{J_s}\right] \tag{1.19}$$

$$\frac{dJ(z)}{dz} = \sigma J(z)[N(z) - N_{th}] \tag{1.20}$$

mit der Näherungslösung:

$$J_{out} = J_{in}G_0^{1/(1+J/J_s)} \quad \text{Verstärkung der Intensität}$$

für $G_0 - 1 \ll 1$ und $N_{th} \approx 0$ nach [12.7] bzw.

$$J_{out} \approx J_{in} + J_s g l \quad [1.1] \ . \tag{1.21}$$

Die Ergebnisse für die beiden Fälle gelten für Pulsenergien analog falls die Pulsdauer T groß gegenüber der Lebensdauer τ des oberen Laserniveaus ist. Für die Energie E eines Rechteckpulses gilt

$$E = \int_0^T fJ\,dt \tag{1.22}$$

f = Querschnitt des Strahlungsfeldes
T = Pulsdauer (Rechteckpuls).

Pulsbetrieb $T \ll \tau$

Die Energieverstärkung kurzer Rechteckpulse wird in [1.1] angegeben zu

$$E_{out} = fE_s \ln\left[1 + (e^{E_{in}/fE_s} - 1)G_0\right] \quad \text{Verstärkung der Energie} \tag{1.23}$$

$E_s = h\nu/\sigma$ Sättigungsenergiedichte
f = Strahlquerschnitt ,

dabei sind Verluste nicht berücksichtigt. Zwei Fälle lassen sich als Näherung unterscheiden:

1.   für $E_{in} \ll fE_s$ ergibt sich $E_{out} = G_0 E_{in}$, $\qquad\qquad$ (1.24)

es liegt eine lineare Verstärkung des Eingangssignals vor, und

2.   für $E_{in} \gg fE_s$ folgt $E_{out} = E_{in} + fE_s g l = E_{in} + h\nu v N$. $\qquad$ (1.25)

Die Ausgangsenergie nimmt für den 2. Fall linear mit der gepumpten Länge zu. Der Wirkungsgrad ist günstiger als im ersten Fall, da die Eingangsenergie um die gesamte gespeicherte Energie $h\nu v N$ des gepumpten Volumens v erhöht wird.

Die Kleinsignalverstärkung G_0 und damit der Verstärkungskoeffizient g lassen sich nach (1.23) experimentell bestimmen aus

$$G_0 = \frac{e^{E_{out}/fE_s} - 1}{e^{E_{in}/fE_s} - 1} \; .$$
(1.26)

Zu beachten ist, daß keine Verluste berücksichtigt wurden und daß die Verstärkung unter der Selbsterregung bleibt.

Für Absorptionsverluste α wird die Grenze nach [1.1] durch

$$J_{out} = \frac{g}{\alpha} J_s \quad \text{gegeben} \; .$$
(1.27)

Die Selbsterregung bei Reflexion R_1 und R_2 der beiden Verstärkerendflächen setzt ein bei

$$R_1 R_2 e^{2gl} = 1 \quad \text{für} \quad \alpha = 0 \; .$$
(1.28)

Dies ist insbesondere bei hochverstärkenden Medien wie zum Beispiel Nd-YAG zu berücksichtigen.

1.3 Oszillator im stationären Fall

Es wird zunächst der Oszillator im stationären Fall behandelt. Den prinzipiellen Aufbau und den Intensitätsverlauf im Oszillator zeigt Bild 1.4.

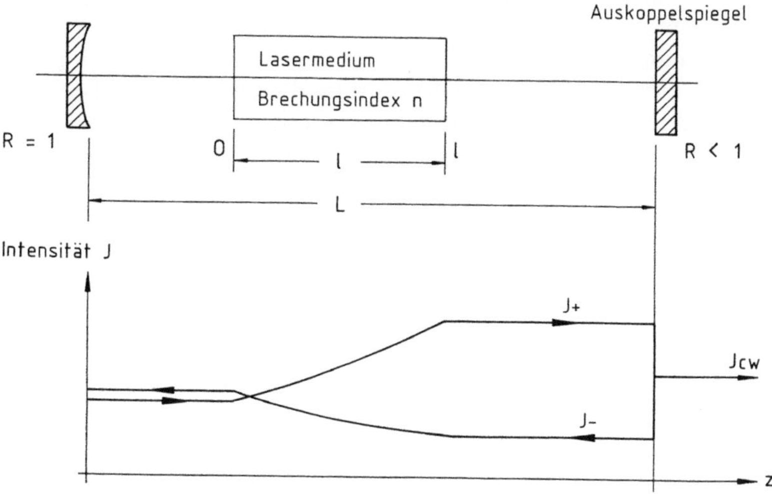

Bild 1.4. Oszillatoranordnung und Intensitätsverlauf

Die vereinfachten **Bilanzgleichungen** nach (1.6) und (1.7) lauten

$$\frac{dN}{dt} = WN_0 - \frac{N}{\tau}\left[1 + \frac{J}{J_s}\right] \tag{1.29}$$

L = Resonatorlänge
l = Länge des Lasermediums

$$\frac{dJ}{dt} = \frac{\sigma clJ(N - N_{th})}{L + l(n - 1)} \; . \tag{1.30}$$

Die Änderung der Inversion wird durch die Lichtintensität J erreicht, die im Medium herrscht. Die Intensitätserhöhung des Strahlungsfeldes, hervorgerufen durch die induzierte Emission im Medium, verteilt sich auf den ganzen Resonator. Der Anteil, der im Medium wirksam bleibt, ist somit nur $nl/(L + ln - l)$.

Für den stationären Fall werden die Bilanzgleichungen zu

$$0 = W\tau - \frac{N}{N_0}\left[1 + \frac{J}{J_s}\right] \tag{1.31}$$

$$0 = \frac{\sigma clJ(N - N_{th})}{L + l(n - 1)} \; . \tag{1.32}$$

Damit ergibt sich für die Inversion im stationären Fall

$$N = N_{th} = const. \tag{1.33}$$

Die Inversion ist oberhalb der Schwelle unabhängig von der Anregungsleistung zeitlich konstant, sobald die Schwellinversion erreicht wird. Die Anregungsleistung über der Schwelle erhöht die Intensität im Resonator und kann prinzipiell ausgekoppelt werden.

Die Inversion N und die Intensität J sind im allgemeinen ortsabhängig. Bei großem Reflexionsfaktor und geringen Verlusten ist die Ortsabhängigkeit jedoch gering. Deshalb wird die Inversion N als räumlich konstant angenommen und für die Intensität J mit einem Mittelwert aus hin- und rücklaufender Welle weiter gerechnet. Korrekte Lösungen findet man z. B. in [1.2, 1.3]

$$J := J_+(z) + J_-(z) \quad \text{Mittelwert der Intensität im Resonator} \; . \tag{1.34}$$

Koppelt man einen Verstärker durch einen hochreflektierenden Spiegel mit $R_1 = 1$ und einem Auskoppelspiegel mit $R_2 < 1$ zurück, dann muß bei stationärem Betrieb die Oszillatorbedingung erfüllt sein. Die Intensität der nach rechts laufenden Welle J_+, die im Punkt 0 startet, muß sich nach einem vollen Umlauf gerade reproduzieren, d. h. alle Verluste durch Absorption, Streuung und Auskopplung müssen durch die Verstärkung kompensiert werden.

$$(VG_0RVG_0)J_+ = J_+ \tag{1.35}$$

R = $R_1 R_2$ mittlerer Spiegelreflexionsfaktor
V = Verlustfaktor für interne Verluste
$G_0 = e^{gl}$ Verstärkungsfaktor $(J \ll J_s)$
$g = \sigma N$ Verstärkungskoeffizient

$$\mathbf{RV^2 G_0^2 = 1}\quad \textbf{Oszillatorbedingung} \;. \tag{1.36}$$

Durch die Schwellinversion N_{th} müssen hierbei nicht nur wie beim Verstärker die internen Verluste wie Streuung und Absorption kompensiert werden – erfaßt durch den Verlustkoeffizienten – sondern auch die Verluste, die aufgrund der Auskopplung entstehen.

Die Schwellinversionsdichte N_{th} läßt sich somit aus der Oszillatorbedingung bestimmen und ergibt sich zu

$$\ln(V^2 R) + 2\sigma N_{th}l = 0 \qquad N_{th} = -\frac{\ln(V^2 R)}{2\sigma l} = -\frac{\ln(V\sqrt{R})}{\sigma l} \;. \tag{1.37}$$

Gleichung (1.31) mit (1.34) ergibt für die Intensität im Resonator

$$J = J_s \left[\frac{W N_0 \tau}{N_{th}} - 1 \right] \;. \tag{1.38}$$

Bild 1.5 zeigt den prinzipiellen Verlauf der Inversionsdichte N und der Intensität J im Resonator abhängig von der Pumprate W.

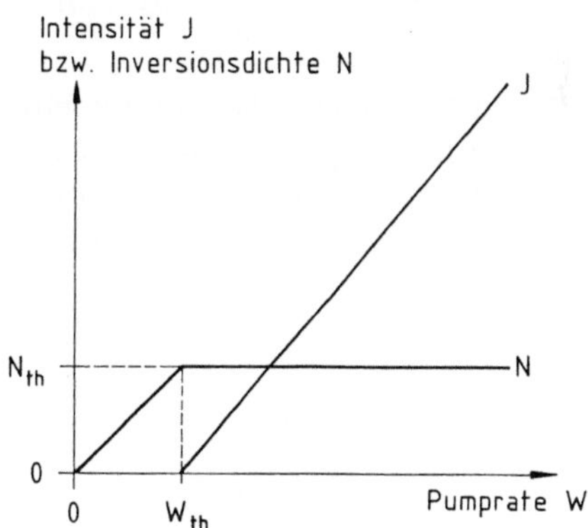

Bild 1.5. Prinzipieller Verlauf von Inversion und Intensität im 4-Niveau-System

Führt man die Schwellpumprate W_{th} für J = 0 ein,

$$W_{th} = N_{th}/\tau N_0 \;, \tag{1.39}$$

so folgt

$$J = J_s \left[\frac{W}{W_{th}} - 1 \right] \;. \tag{1.40}$$

Um die Pumprate W für das ganze Volumen v und alle Ionen N_0 im Grundzustand aufzubringen, ist die Anregungsleistung $vN_0h\nu W$ notwendig, die durch
die elektrische Leistung P_{in} der Lampe mit dem Anregungswirkungsgrad η_{excit}
gegeben ist

$$vN_0h\nu W = \eta_{excit}P_{in} \tag{1.41}$$

η_{excit} = Anregungswirkungsgrad
$h\nu$ = Photonenenergie
v = gepumptes Volumen.

Damit wird die mittlere Intensität im Resonator in Abhängigkeit der zugeführten
elektrischen Leistung P_{in}

$$J = J_s\left[\frac{P_{in}}{P_{th}} - 1\right] \quad \text{stationäre \textbf{Intensität im Resonator}} \tag{1.42}$$

mit $P_{th} = vN_0h\nu W_{th}/\eta_{excit}$

und die benötigte elektrische **Schwellpumpleistung** der Lampe beträgt

$$P_{th} = \frac{v\,h\nu\,N_{th}}{\eta_{excit}\,\tau} = -\frac{f\,J_s\ln(V\sqrt{R})}{\eta_{excit}} = -P_s\ln(V\sqrt{R}) \tag{1.43}$$

$f = v/l$ = Querschnitt des aktiven Mediums (Das ganze Medium wird gepumpt.)

$$P_s := \frac{fJ_s}{\eta_{excit}} = \text{Systemkonstante.} \tag{1.44}$$

P_s wird als Systemkonstante definiert, da sie nur von systemimmanenten Größen
wie Pumplampe oder Kavität abhängt. Sie hat die Dimension einer Leistung.

Die Laserintensität J_{cw} im stationären Fall hinter dem Auskoppelspiegel mit
dem Reflexionsfaktor R ergibt sich zu

$$J_{cw}(l) = (1 - R)J_+(l) \tag{1.45}$$

und der reflektierte Anteil beträgt

$$J_-(l) = RJ_+(l) \, . \tag{1.46}$$

Mit $J = J_+ + J_-$ folgt

$$J_{cw} = J\frac{1 - R}{1 + R} \tag{1.47}$$

und die Ausgangsleistung P_{cw} zu

$$P_{cw} = fJ_{cw} = f\frac{1 - R}{1 + R}J \, . \tag{1.48}$$

Es ergibt sich für die Laserleistung mit (1.42)

$$P_{cw} = fJ_s \frac{1-R}{1+R}\left[\frac{P_{in}}{P_{th}} - 1\right] \quad \textbf{Laserleistung} \tag{1.49}$$

Die Abhängigkeit der Laserleistung bzw. Laserenergie von dem Reflexionsfaktor R des Auskoppelspiegels wird mit (1.49) und (1.43) zu

$$P_{cw} = \eta_{excit}\frac{1-R}{-(1+R)\ln(V\sqrt{R})}\left[P_{in} + P_s\ln(V\sqrt{R})\right] \tag{1.50}$$

Dies ist eine Lösung für die Laserleistung, die unter stark vereinfachenden Annahmen entstanden ist. Mit

$$-\ln\sqrt{R} \approx \frac{1-R}{1+R} \tag{1.51}$$

ergibt sich für (1.50)

$$P_{cw} = \frac{\ln\sqrt{R}\,\eta_{excit}}{\ln(V\sqrt{R})}\left[P_{in} + P_s\ln(V\sqrt{R})\right] \; . \tag{1.52}$$

Diese Lösung für die Laserleistung wird nach [1.2] unter strengeren Voraussetzungen angegeben. Insbesondere wird in [1.2] gezeigt, daß für die Intensität der hin- und rückläufigen Welle gilt

$$J_+(z) \cdot J_-(z) = J^2 = \text{const.} \tag{1.53}$$

Die Annahme nach (1.33) – $[J_+(z) + J_-(z) = \text{const}]$ – kann also nur für hohe Reflexionen des Auskoppelspiegels gelten.

Die übliche Form für die Abhängigkeit der Laserleistung von der Pumpleistung ist

$$P_{cw} = \eta_{slope}[P_{in} - P_{th}] \tag{1.54}$$

$$\text{mit } \eta_{slope} = \eta_{excit}\frac{\ln\sqrt{R}}{\ln(V\sqrt{R}} \quad \text{und} \quad P_{th} = -P_s\ln(V\sqrt{R}) \; .$$

Der lineare Verlauf ist in Bild 1.6 dargestellt. Der differentielle Wirkungsgrad η_{slope} und die Schwellwertleistung P_{th} kennzeichnen die Effizienz eines Lasers. Beide sind jedoch abhängig von dem Reflexionsfaktor R des Auskoppelspiegels, der durch den Anwendungsfall bestimmt ist.

In der Nähe der Schwelle ist der Verlauf der Ausgangsleistung oder -energie nach den Messungen nicht linear. Eine mögliche Erklärung dafür ist die inhomogene Pumplichtverteilung. Der Laser beginnt zunächst durch das in der Mitte konzentrierte Pumplicht mit kleiner zentraler Querschnittsfläche und niedriger Schwelle anzuschwingen. Wenn die Schwelle mit zunehmender Pumpleistung über der ganzen Fläche erreicht wird, verläuft die Laserkennlinie linear.

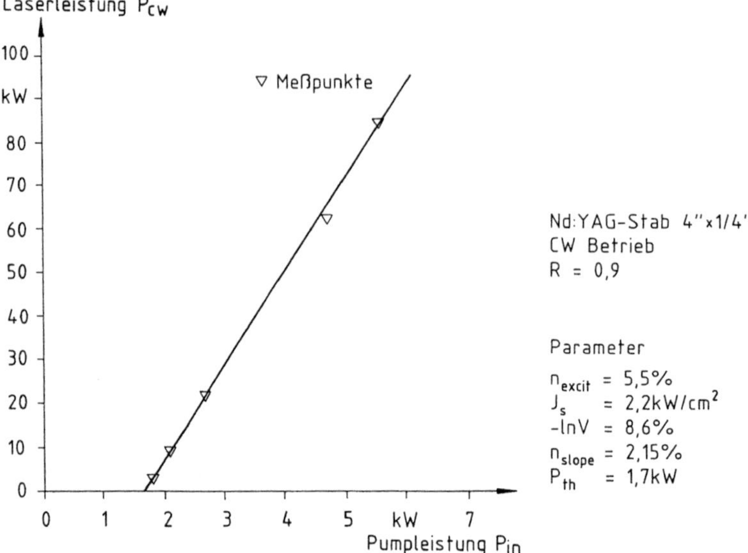

Bild 1.6. Ausgangsleistung eines CW-Lasers

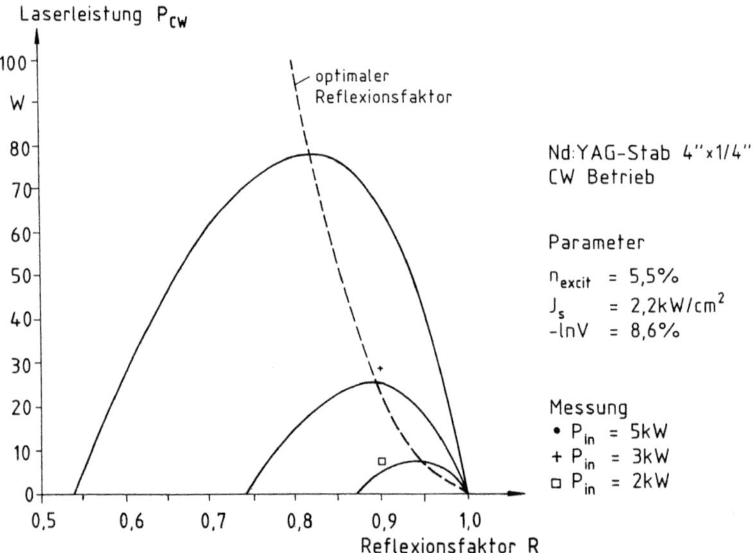

Bild 1.7. Berechnung der Laserleistung als Funktion der Reflexion

Gleichung (1.54) beschreibt ebenfalls die Abhängigkeit der Laserleistung von
dem Reflexionsfaktor des Auskoppelspiegels, wie für den CW-Fall in Bild 1.7 dargestellt. Der optimale Reflexionsfaktor nimmt mit zunehmender Pumpleistung

ab und sollte deshalb für die maximal benötigte Pumpleistung dimensioniert werden.

Mit den Konstanten P_s und V folgt aus (1.54) die Laserleistung

$$P_{cw} = -\eta_{excit}\,\ln\sqrt{R}\left[\frac{P_{in}}{-\ln(V\sqrt{R})} - P_s\right]\;. \qquad (1.55)$$

Aus (1.55) läßt sich die optimale Spiegelreflexion R_{opt} ableiten, die bei gegebener Eingangsleistung P_{in} die maximale Laserleistung ergibt

$$\begin{aligned}
-\ln\sqrt{R_{opt}} &= \sqrt{\alpha l P_{in}/P_s} - \alpha l \\
&= \sqrt{\alpha l g l} - \alpha l \quad \text{Optimaler Reflexionsfaktor}
\end{aligned} \qquad (1.56)$$

mit $\ln V = -\alpha l$.

Setzt man jeweils den optimalen Reflexionsfaktor R_{opt} bzw. die zugehörige Pumpleistung P_{in} ein, so ergibt sich für die maximal erreichbare Laserleistung P_{max}

$$P_{max} = \frac{fJ_s}{\alpha l}(\ln\sqrt{R_{opt}})^2\;, \qquad (1.57)$$

$$P_{max} = fJ_s\left(\sqrt{P_{in}/P_s} - \sqrt{\alpha l}\right)^2 = fJ_s\left(\sqrt{gl} - \sqrt{\alpha l}\right)^2 \qquad (1.58)$$

Laserleistung bei optimiertem Reflexionsfaktor nach (1.56).

Den Reflexionsfaktor des Auskoppelspiegels wählt man mit Toleranz zu größeren Werten so, daß bei der höchsten gewünschten Pulsleistung bzw. Energie der Wirkungsgrad am größten ist. Zu beachten ist, daß mit zunehmend geringerem Reflexionsfaktor, insbesondere beim Bohren und Schneiden, eine Rückwirkung durch Reflexion am Werkstück in den Resonator auftreten kann.

1.4 Schwelle und Verluste

Die Schwellenbedingung für den Oszillator lautet nach (1.43)

$$-\ln\sqrt{R} = \frac{P_{th}}{P_s} + \ln V \quad \text{mit} \quad P_s = \frac{fJ_s}{\eta_{excit}}\;. \qquad (1.59)$$

Trägt man $-\ln\sqrt{R}$ über dem Schwellenwert P_{th} auf [1.4] (Bild 1.8), so ergeben sich aus den Messungen Aussagen über die Verluste $-\ln V$ und die Systemleistung P_s und damit auch Angaben über den Verstärkungskoeffizienten g. Ein Vergleich von (1.59) mit (1.37) liefert

$$gl = \frac{P_{in}}{P_s} \quad \text{mit} \quad g = \sigma N = \sigma N_{th}\;. \qquad (1.60)$$

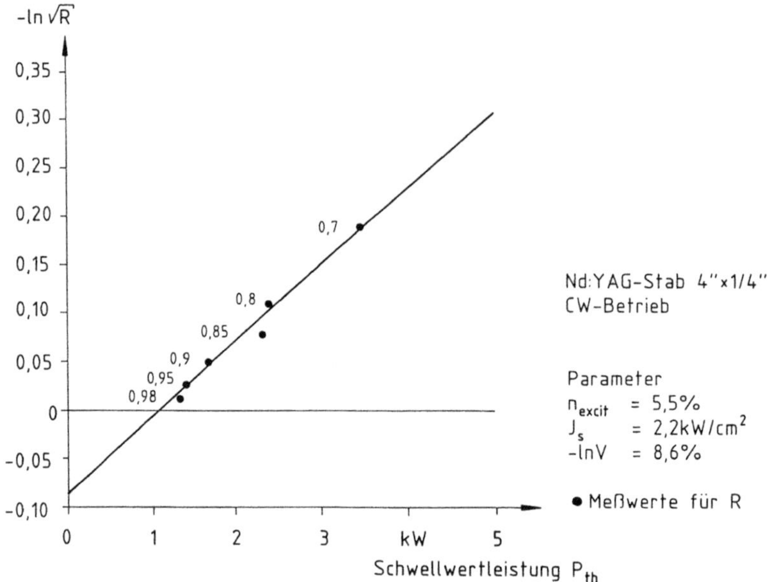

Bild 1.8. Verluste und Anregungsleistung eines Nd-YAG-Lasers im CW-Betrieb

Aus den Messungen der Steigung η_{slope} der Laserleistung über der Pumpleistung läßt sich bei verschiedenen Reflexionsfaktoren der Anregungswirkungsgrad bestimmen

$$\eta_{\text{slope}} = \eta_{\text{excit}} \frac{\ln\sqrt{R}}{\ln(V\sqrt{R})} \quad \text{differentieller Wirkungsgrad .} \tag{1.61}$$

1.5 Einfluß der Temperatur

Durch die Temperatur des Kühlmediums und durch die Erwärmung aufgrund der Pumpleistung selbst nimmt das Lasermedium eine mittlere Temperatur an. In einigen Fällen z. B. bei Alexandrit ist eine höhere mittlere Temperatur zur Steigerung des Wirkungsgrades sinnvoll, in anderen muß das Material möglichst bei tiefer Temperatur betrieben werden.

Mehrere Effekte wirken sich durch die Temperatur aus:

- Die Lebensdauer des oberen und des unteren Niveaus kann sich mit der Temperatur ändern.
- Es findet eine merkliche Besetzung des unteren Laserniveaus statt.
- Der Wirkungsquerschnitt ändert sich mit der Temperatur.

Da der Einfluß durch thermische Besetzung bei einem 4-Niveau-System überwiegt, soll dies näher diskutiert werden. Die Inversion reduziert sich durch die thermische Besetzungsdichte N_T, und die Annahme $N_1 \approx 0$ (1.4) ist nicht länger gültig. Bei konstanter mittlerer Temperatur im Lasermedium wird jetzt die thermische Besetzung

$$N_1 = N_T = \frac{N_0\, g_e\, e^{-E_\delta/kT}}{1 + e^{-E_\delta/kT}} \quad \text{angenommen ,} \tag{1.62}$$

g_e = Entartung des unteren Laserniveaus
E_δ = Energiedifferenz zwischen Grundniveau und unterem Laserniveau
k = Boltzmann-Konstante.

Beispiel 1.1   Nd:YAG

Aus $E_\delta/k = 2898$ K mit $N_0 = 1,4 \cdot 10^{20}/cm^3$ und $g_e = 2$
folgt $N_T = 1,8 \cdot 10^{16}/cm^3$ bei $T = 300$ K.

Für den stationären Fall lauten die Bilanzgleichungen für den Oszillator nach (1.1) und (1.3) jetzt

$$0 = W\tau N_0 - N_2 - \frac{J}{J_s}(N_2 - N_T) \, , \tag{1.63}$$

$$0 = \frac{\sigma c l J (N_2 - N_T - N_{th})}{L + l(n-1)} \, . \tag{1.64}$$

Damit ergibt sich sofort

$$N_2 = N_{th} + N_T \, . \tag{1.65}$$

Für die Intensität folgt mit (1.37)

$$J = J_s \frac{W\tau N_0 - N_{th} - N_T}{N_{th}} = J_s \frac{-W\tau N_0 \ln(V\sqrt{R})/\sigma l - N_T}{-\ln(V\sqrt{R})/\sigma l} \tag{1.66}$$

und mit (1.41), (1.48) und (1.51) ergibt sich für die temperaturabhängige Ausgangsleistung

$$P_{cw} = \frac{-\ln\sqrt{R}}{-\ln(V\sqrt{R})}\left(\eta_{excit}P_{in} + fJ_s\ln(V\sqrt{R}) - \sigma l f J_s N_T\right)$$

$$P_{cw} = \eta_{slope}\left(P_{in} - P_{th} - P_T\right) \, . \tag{1.67}$$

Mit zunehmender Temperatur wird abhängig von der Pumpleistung die Laserleistung abnehmen. Die Schwellwertleistung P_{th} erhöht sich um

$$P_T = P_s \sigma l N_T \, . \tag{1.68}$$

Im Bild 1.9 ist das Ergebnis einer solchen Messung dargestellt. Gemessen wurde die Laserausgangsleistung in Abhängigkeit von der Kühlwassertemperatur. Die mittlere Kristalltemperatur erhöht sich durch den Temperatursprung vom Kühlwasser zum Lasermaterial und aufgrund der Temperaturverteilung im Materialinnern. Diese Erhöhung ist mit ungefähr $10\,°C$ pro kW Pumpleistung bei den theoretischen Kurven berücksichtigt worden.

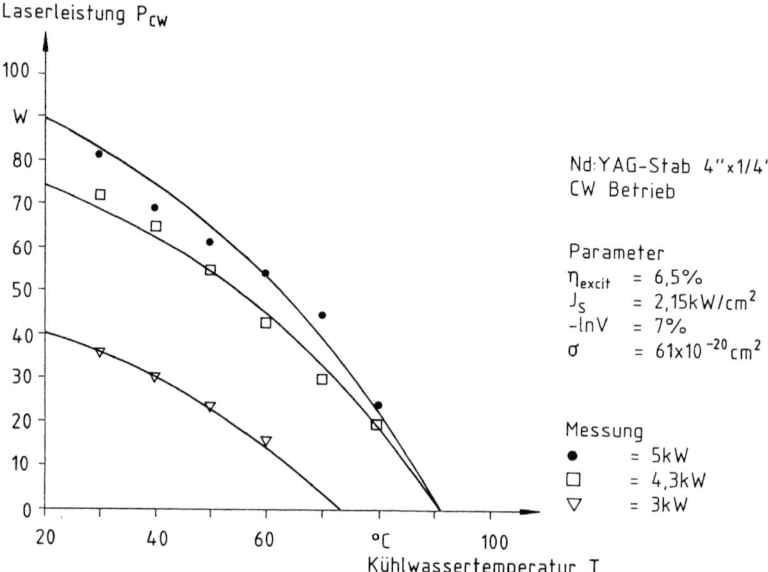

Bild 1.9. Temperaturabhängigkeit eines Nd-YAG Lasers im CW-Betrieb

1.6 Oszillator im Pulsbetrieb

Bei mittleren Leistungen bis maximal 1 kW wird ein FK-Laser – von einigen Ausnahmen abgesehen – in der Materialbearbeitung nur im Pulsbetrieb eingesetzt. Die Pulslänge variiert vom ns-Bereich im Q-Switch-Betrieb, der im Abschnitt 1.7 behandelt wird, bis zu ca. 10 ms. Der Bereich, bei dem die Fluoreszenzlebensdauer τ klein gegenüber der Pulsdauer T ist, läßt sich ähnlich wie der stationäre Fall behandeln.

Schwelle [1.5]

Am Anfang eines Pulses ist bis zum Zeitpunkt T_{th}, an dem die Schwellinversion erreicht wird, die Intensität im Resonator sehr klein und besteht nur aus dem Anteil der spontanen Emission, der in die laserfähigen Moden emittiert wird. In Näherung kann $J = 0$ bis zum Zeitpunkt T_{th} gesetzt werden (siehe Bild 1.11).

Für $0 < t < T_{th}$ mit $J = 0$ wird (1.29) zu

$$\frac{dN(t)}{dt} = WN_0 - \frac{N(t)}{\tau} \tag{1.69}$$

und läßt sich bei konstanter Pumprate integrieren zu

$$N(t) = W\tau N_0 \left[1 - e^{-t/\tau}\right] \quad \text{für } W = \text{const.} \tag{1.70}$$

Für die Schwelle ($t = T_{th}$) gilt damit nach (1.39)

$$W_{th} = W \left[1 - e^{-T_{th}/\tau}\right] \tag{1.71}$$

bzw. mit (1.41) und (1.42)

$$P_{th} = P_{in} \left[1 - e^{-T_{th}/\tau}\right] \quad \text{für } P_{in} = \text{const.} \tag{1.72}$$

Durch Nachweis der beginnenden Laserstrahlung (Spike-Einsatz) läßt sich T_{th} messen, und mit (1.43) $P_{th} = -P_s(\ln V + \ln\sqrt{R})$ bei verschiedenen Reflexionsfaktoren können die Verluste $-\ln V$ und die Systemkonstante P_s bestimmt werden. (1.72) gilt nur bei rechteckförmigen Pumplichtverlauf. Eine allgemeingültige Meßmethode ist in [4.9] beschrieben.

Die Zeit T_{th} zur Erreichung der Schwellinversion ergibt sich zu

$$T_{th} = \tau\ln\frac{P_{in}}{P_{in} - P_{th}} = \tau\ln\frac{E_0}{E_0 - P_{th}T_{th}} \ . \tag{1.73}$$

E_0 ist die Pumpenergie, die bis zum Lasereinsatz benötigt wird

$$E_0 = P_{in}T_{th} \ . \tag{1.74}$$

Die gesamte Schwellenergie E_{th} während der Pumppulsdauer T_p setzt sich damit aus dem Energieanteil E_0 bis zum Erreichen der Inversion und dem Energieanteil zur Deckung der Verluste für den stationären Fall zusammen

$$E_{th} = P_{in}T_{th} + P_{th}(T_p - T_{th}) = P_{th}T_p - (P_{in} - P_{th})\tau\ln\left[1 - \frac{P_{th}}{P_{in}}\right] \tag{1.75}$$

Schwellenergie im Pulsbetrieb.

In Bild 1.10 ist dieser Zusammenhang für konstante Pumpleistung prinzipiell dargestellt.

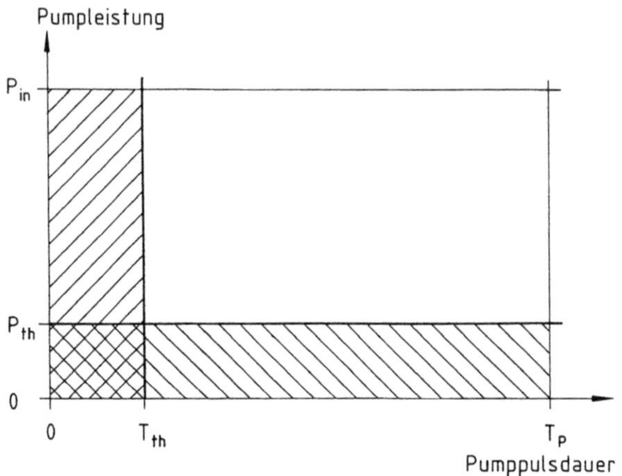

Bild 1.10. Energieanteile zur Erreichung der Laserschwelle

Hohe Pumpleistung $P_{in} \gg P_{th}$

Bei hoher Pumpleistung lassen sich (1.73) und (1.75) näherungsweise angeben zu

$$T_{th} \approx \tau P_{th}/P_{in} \tag{1.76}$$

$$E_{th} \approx P_{th}T_P + P_{th}\tau - P_{th}^2\tau/P_{in} \quad \text{für } P_{th} \ll P_{in}. \tag{1.77}$$

Die Pulsenergie eines Laserpulses E bei Mittelung über die Spikes und bei konstanter Pulsleistung für die Pumppulsdauer T_P ergibt sich dann mit (1.52) zu

$$E = P_{cw}(T_P - T_{th}) = \eta_{slope}(P_{in} - P_{th})\left[T_P - \frac{P_{th}}{P_{in}}\tau\right]$$

$$E = \eta_{slope}\left[E_{in} - P_{th}T_P - P_{th}\tau + \frac{P_{th}^2}{P_{in}}\tau\right] \tag{1.78}$$

Energie im Pulsbetrieb.

Bei kurzen Pulsen ist ein guter Wirkungsgrad nur bei hoher Pumpleistung zu erreichen.

Relaxationsschwingungen

Ab dem Zeitpunkt T_{th} wird die Schwelle erreicht und es kann sich ein Strahlungsfeld aufbauen. Es gelten jetzt die zeitabhängigen Differentialgleichungen (1.29) und (1.30)

$$\frac{dN}{dt} = WN_0 - \frac{N}{\tau}\left[1 + \frac{J}{J_s}\right] \tag{1.79}$$

$$\frac{dJ}{dt} = \frac{\sigma lJ(N - N_{th})}{\tau_R} \tag{1.80}$$

mit $\tau_R = [L + l(n - 1)]/c$ der Resonatorlaufzeit. $\hspace{2cm}$ (1.81)

Betrachtet werden jetzt kleine Abweichungen N_δ und J_δ von den stationären Werten; Inversion und Strahlungsfeld werden wie folgt angenommen

$$N = N_{th} + N_\delta \hspace{4cm} (1.82)$$

$$J = J_\infty + J_\delta \quad \text{mit } J_\infty = J_s(P_{in}/P_{th} - 1) \text{ nach (1.42).} \hspace{1cm} (1.83)$$

Setzt man dies in die Bilanzgleichungen (1.79) und (1.80) ein, eliminiert J_δ und vernachlässigt die quadratischen Terme, dann ergibt sich die Differentialgleichung für den gedämpften harmonischen Oszillator

$$0 = \tau \frac{d^2 N_\delta}{dt^2} + \frac{P_{in}}{P_{th}} \frac{dN_\delta}{dt} + \frac{1}{\tau_R} \frac{P_{in} - P_{th}}{P_s} N_\delta \hspace{2cm} (1.84)$$

mit der Bedingung für Oszillationen

$$\frac{(P_{in})^2}{P_{th}} < 4 \frac{\tau}{\tau_R} \frac{P_{in} - P_{th}}{P_s} \,, \hspace{3cm} (1.85)$$

der **Dämpfungszeit** τ_D für die Relaxationsschwingung

$$\tau_D = \frac{P_{th}}{P_{in}} \tau \quad (\tau_D = T_{th} \text{ nach (1.76)}) \hspace{2cm} (1.86)$$

und der **Frequenz** f

$$4\pi^2 f^2 = \frac{P_{in} - P_{th}}{\tau_R \tau P_s} - \frac{P_{in}^2}{4 P_{th}^2 \tau^2} \approx \frac{P_{in} - P_{th}}{\tau_R \tau P_s} \,. \hspace{2cm} (1.87)$$

Falls die Oszillationsbedingung erfüllt ist, werden bei kleinen Störungen die Intensität und die Inversion gedämpfte Schwingungen um den stationären Wert ausführen. Bei Nd:YAG liegt die Dämpfungszeit im $100\,\mu$s-Bereich und die Periodendauer bei $10\,\mu$s.

Spiking

Bei Einschaltvorgängen und auch bei starken Störungen gelten die linearen Näherungsgleichungen nicht mehr und (1.79) sowie (1.80) müssen numerisch gelöst werden. Es treten anharmonische Schwingungen auf, die man als Spikes bezeichnet. Bei hoher Pumpleistung überschreitet man beim Einschalten schnell die Schwellinversion, ohne daß ein genügend starkes Strahlungsfeld bereits aufgebaut ist. Das Feld kann sich dann aber schnell aufbauen und erreicht einen Wert über dem des stationären Falls. Die Inversion wird unter die Schwelle reduziert und das Strahlungsfeld nimmt danach wieder einen geringen Wert an. Dieser Vorgang pendelt sich, ähnlich wie im gering gestörten Fall, auf den stationären Zustand ein, jedoch nicht mit harmonischem Verlauf. Bild 1.11a zeigt

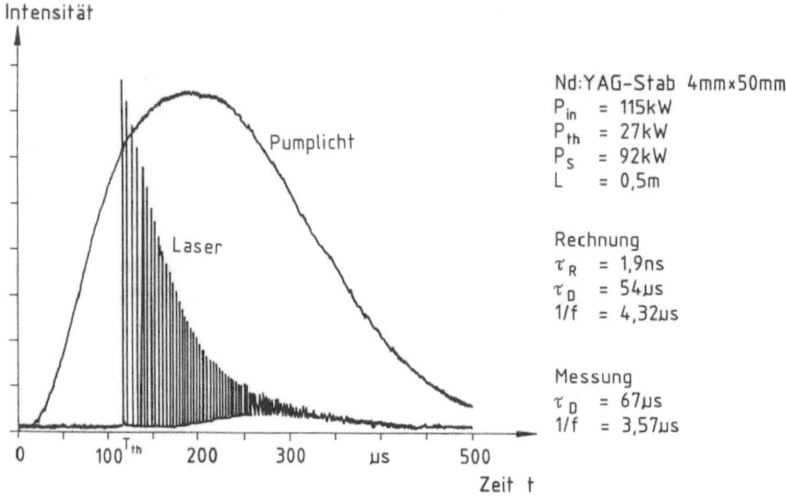

Bild 1.11a. Spiking beim Einschalten, Monomode-Fall [1.6]

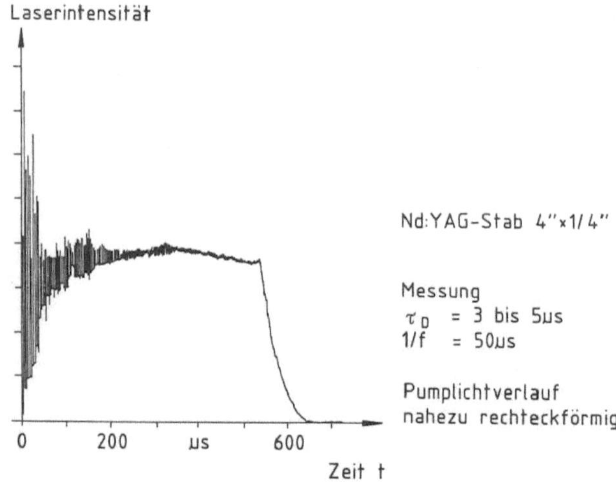

Bild 1.11b. Spiking beim Einschalten, Multimode-Fall

den zeitlichen Verlauf der Laserstrahlung und des Blitzlampenlichts nach dem Einschalten für nahezu Monomodebetrieb [1.6], im Teil b für Multimodebetrieb.

Lange Pulse

Für lange Pulse mit $T_p \gg T_{th}$ und hoher Anregung wird

$$E_{th} = P_{th}T_p \quad \text{die Schwellenenergie ,} \tag{1.88}$$

die Laserpulsdauer T wird gleich der Pumppulsdauer T_p und es gilt in guter Näherung für die **Laserenergie**

$$E = P_{cw}T = \frac{\eta_{excit}\ln\sqrt{R}}{\ln(V\sqrt{R})}(P_{in} - P_{th})T = \eta_{slope}(E_{in} - E_{th}) \qquad (1.89)$$

Bei der Schwellenergie E_{th} kann jetzt der Anteil bis zum Einsatz der Lasertätigkeit vernachlässigt werden. Die Schwellwertleistung läßt sich aus Messungen analog zu Bild 1.12 bestimmen.

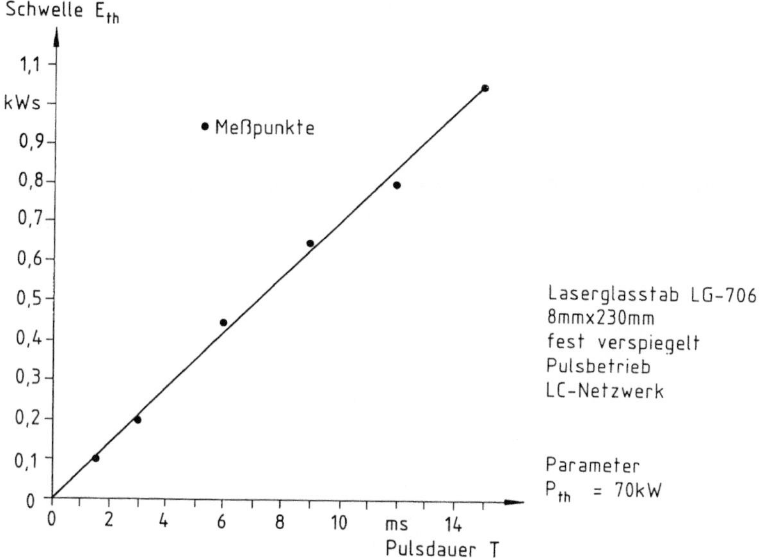

Bild 1.12. Schwelle eines gepulsten Glaslasers

Die Temperaturabhängigkeit wird analog zum CW-Fall nach (1.67) beschrieben

$$E = \frac{\eta_{excit}\ln\sqrt{R}}{\ln(v\sqrt{R})}(P_{in} - P_{th} - P_T)T \qquad (1.90)$$

mit $P_{th} = -P_s\ln(V\sqrt{R})$, $\quad P_T = P_s\sigma lN_T$ und T = Pulsdauer.

Die Gleichungen zur Beschreibung der Laserenergie für lange Pulse (1.88) in Abhängigkeit des Reflexionfaktors und der Temperaturabhängigkeit der Laserenergie (1.90) gelten analog wie im CW-Fall (Bild 1.13 und 1.14).

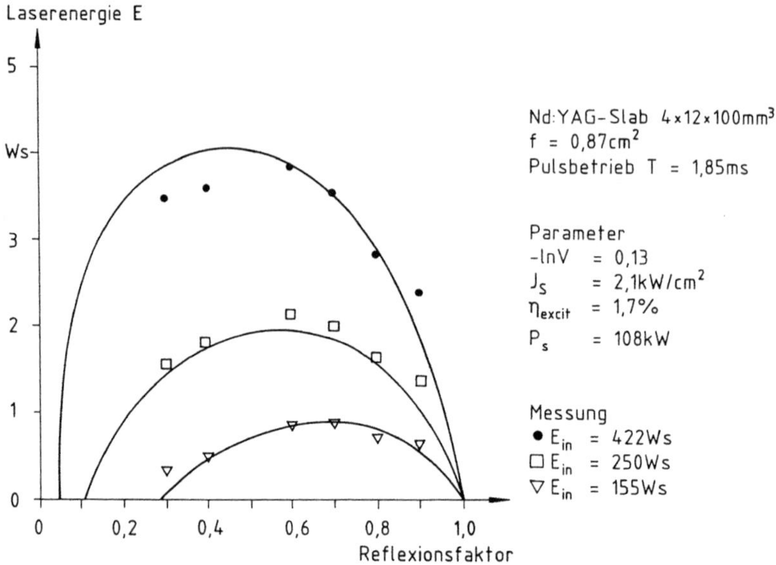

Bild 1.13. Laserenergie als Funktion der Reflexion des Auskoppelspiegels

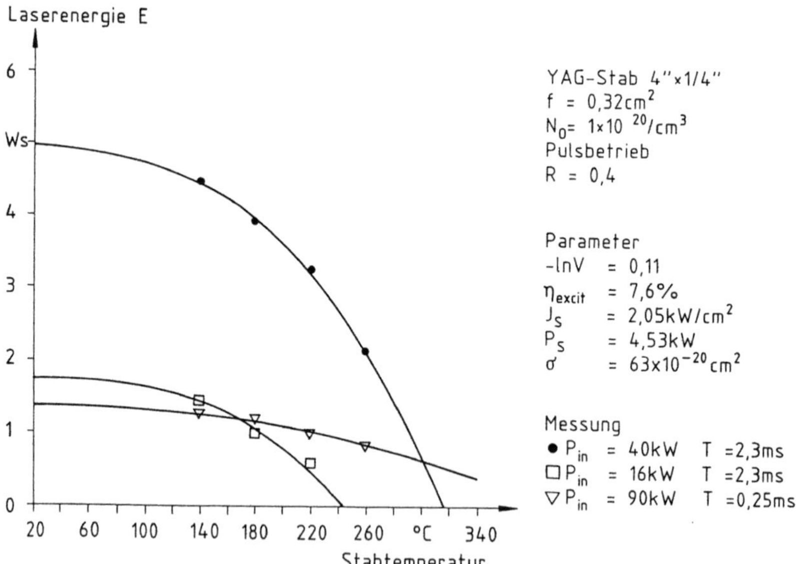

Bild 1.14. Temperaturabhängigkeit im Pulsbetrieb

1.7 Q-Switch-Betrieb

Zum Beschriften soll die Oberfläche eines Materials sichtbar verändert werden. Mit kurzen Laserpulsen hoher Intensität kann das Material an der Oberfläche verdampft werden und die thermische Einwirkung bleibt trotzdem gering. Eine Methode, die dazu verwendet wird, ist die Fokussierung und Ablenkung des Laserstrahls im sogenannten Q-Switch-Betrieb [1.7], bei dem die Güte des Resonators zwischen zwei Extremwerten mit einem geeigneten Schalter geändert wird.

Im Idealfall wird für eine gewisse Zeit der Lichtweg im Resonator unterbrochen und es stellt sich bei konstanter Pumprate eine maximale Inversion ein, die nur durch die spontane Emission begrenzt wird. Wird dann der Lichtweg im Resonator sehr schnell freigegeben ($\leq 1\,\mu s$), kann die überhöhte Inversion schlagartig abgebaut werden und es entsteht ein kurzer, intensiver Lichtpuls. Den prinzipiellen zeitlichen Verlauf zeigt Bild 1.15.

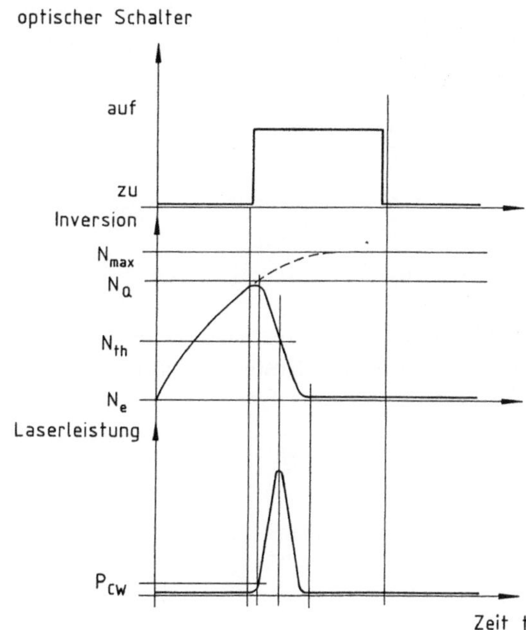

Bild 1.15. Prinzipieller Verlauf beim Q-Switch

Zwei Bereiche können leicht näherungsweise diskutiert werden. Zum einen der Einzelpulsbetrieb, bei dem die Pulsabstände so groß sind, daß sich die maximal mögliche Inversion einstellen kann, zum anderen der Pulsbetrieb mit so hoher Frequenz, daß sich die Inversion nur wenig um einen stationären Wert vor und nach dem Puls ändert. Der Bereich dazwischen läßt sich nur numerisch beschreiben. Numerisch gelöst wurden die Bilanzgleichungen in [1.8] und die theoretischen Ergebnisse für Pulsenergie und mittlere Laserleistung mit den experimentellen Ergebnissen verglichen.

Einzelpuls

Gleichung (1.70) beschreibt den zeitlichen Aufbau der Inversion

$$N(t) = W\tau N_0(1 - e^{-t/\tau}) \quad \text{für } W = \text{const.} \tag{1.91}$$

Die maximale Inversion nach genügend langer Pumpzeit beträgt

$$N_{max} = W\tau N_0 = \frac{\tau}{vh\nu}\eta_{excit}P_{in} \quad \text{für } J = 0 \text{ nach (1.41)} \tag{1.92}$$

und damit die maximal speicherbare Energie E_{max}

$$E_{max} = h\nu N_{max}v = \eta_{excit}\tau P_{in} \ . \tag{1.93}$$

Nachdem sich die Inversion bis auf N_{max} aufgebaut hat, wird jetzt durch den Q-Switch der Lichtweg freigegeben. Die Änderung der Inversion durch die Resonatorrückwirkung ist bei kurzer Resonatorlaufzeit groß gegenüber Änderungen aufgrund spontaner Emission und Pumprate. Die Bilanzgleichungen (1.29) und (1.30) lauten damit näherungsweise

$$\frac{dN}{dt} = -\frac{NJ}{\tau J_s} = -\frac{NJ}{E_s} \quad \textbf{Bilanzgleichungen für} \tag{1.94}$$

$$\frac{dJ}{dt} = \frac{\sigma lJ(N - N_{th})}{\tau_R}, \quad \textbf{schnellen Q-Switch} \tag{1.95}$$

mit $\tau_R = [L + l(n - 1)]/c$ der Resonatorlaufzeit. $\tag{1.96}$

Am Anfang des Pulses wird $N_a \approx N_{max}$ für kurze Zeiten konstant angenommen, die Intensität im Resonator und damit die Pulsleistung werden exponentiell ansteigen

$$J(t) = J_a e^{\sigma l(N_{max}-N_{th})t/\tau_R} \quad \text{für } t \approx 0 \ , \tag{1.97}$$

wobei J_a die spontane Emission in den laserfähigen Moden ist.

Division von (1.95) durch (1.94) und anschließender Integration mit den Anfangsbedingungen $J(0) = J_a$ (spontane Emission in den Lasermoden) und $N(0) = N_a$ für $t = 0$, führt zu

$$J = \frac{lh\nu}{\tau_R}[N_a - N + N_{th}\ln(N/N_a)] \ . \quad J_a \approx 0 \tag{1.98}$$

Das Maximum der Intensität im Resonator wird für $N = N_{th}$ erreicht und (1.98) wird zu

$$J_{max} = \frac{lh\nu}{\tau_R}[N_a - N_{th} + N_{th}\ln(N_{th}/N_a)] \ . \tag{1.99}$$

Da die Intensität jetzt aber wesentlich höher ist als im stationären Fall, wird die Inversion weiter abgebaut und die Ausgangsleistung sinkt näherungsweise bis auf Null zurück. Danach wird der Q-Switch-Schalter geschlossen. Im CW-Pumpbetrieb erreicht die Inversion nach einer gewissen Zeit erneut Werte weit über N_{th}, der Schalter kann geöffnet und der Zyklus erneut gestartet werden.

Mit (1.99) kann das Maximum der nutzbaren Laserpulsleistung P_{max} abgeschätzt werden

$$P_{max} = -f \ln \sqrt{R}\, J_{max} \tag{1.100}$$

nach (1.48) und (1.51) und bei genügend langer Pumpzeit mit $N_a = N_{max}$

$$P_{max} = -f \ln \sqrt{R}\, \frac{lh\nu}{\tau_R} N_{max} \left[1 - \frac{N_{th}}{N_{max}} + \frac{N_{th}}{N_{max}} \ln \left[\frac{N_{th}}{N_{max}} \right] \right] \tag{1.101}$$

folgt mit (1.92)

$$P_{max} = -\ln \sqrt{R}\, \frac{\tau}{\tau_R} \eta_{excit} P_{in} \left[1 - \frac{P_{th}}{P_{in}} + \frac{P_{th}}{P_{in}} \ln \left[\frac{P_{th}}{P_{in}} \right] \right] \tag{1.102}$$

die maximale Spitzenleistung eines Q-Switch-Pulses.

Die maximale Gesamtenergie E_{max} eines Pulses läßt sich durch die Differenz der Inversion am Anfang N_a und am Ende N_e abschätzen. N_e ist die Inversion bei der die Ausgangsintensität nach (1.98) verschwindet, also definiert durch die Gleichung

$$0 = N_a - N_e + N_{th} \ln \frac{N_e}{N_a} \ . \tag{1.103}$$

Für den Energieanteil, der ausgekoppelt werden kann, ergibt sich mit (1.48)

$$E = \int_0^\infty P\, dt = -f \ln \sqrt{R} \int_0^\infty J\, dt$$

$$= f E_s \ln \sqrt{R} \int_{N_a}^{N_e} \frac{dN}{N} = f E_s \ln \sqrt{R} \ln \frac{N_e}{N_a} \tag{1.104}$$

und mit (1.103), (1.37)

$$E = -f E_s \ln \sqrt{R}\, \frac{N_a - N_e}{N_{th}}$$

$$= \frac{-vh\nu \ln \sqrt{R}}{-\ln \sqrt{VR}} (N_{max} - N_e) \quad \text{für } N_a \approx N_{max} \ . \tag{1.105}$$

Bei hoher Pumpleistung kann N_e gegenüber N_{max} vernachlässigt werden und mit (1.92) ergibt sich

$$E = \frac{-\eta_{excit}\ln\sqrt{R}}{-\ln(V\sqrt{R})}\tau P_{in} = \eta_{slope}\tau P_{in} \qquad (1.106)$$

die **maximale Energie** eines Q-Switch-Pulses.

Mit Leistung und Energie kann eine Aussage über die **Laserpulsdauer** gemacht werden

$$T = \frac{E}{P_{max}} = \frac{\tau_R\, P_{in}}{-\ln\sqrt{VR}[P_{in} - P_{th} - \ln(P_{in}/P_{th})]} \ . \qquad (1.107)$$

Beispiel 1.2   Nd:YAG

Mit folgenden Randbedingungen

$\tau = 200\,\mu s \quad \eta_{excit} = 5\% \quad \eta_{slope} = 2\% \quad L = 1\,m$
$P_{in} = 5\,kW \quad P_{th} = 1\,kW \quad R = 0{,}9$

ergeben sich nach den vorangegangenen Gleichungen als Abschätzung:

Maximal speicherbare Energie $E_{max} = 50\,mWs$
Maximale Laserenergie $E = 20\,mWs$
Resonatorlaufzeit $\tau_R = 3{,}3\,ns$
Spitzenpulsleistung $P_{max} = 0{,}4\,MW$
Pulsdauer $T = 50\,ns$

Periodischer Q-Switch für hohe Pulsrate ($r\tau \gg 1$)

Im periodischen Q-Switch-Betrieb wird der Laser im CW-Betrieb gepumpt und der Güteschalter rechteckförmig mit der Pulsrate r ein- und ausgeschaltet. Die Inversion wird sich nur gering um die Schwellinversion N_{th} zwischen N_a und N_e ändern (Bild 1.16).

Im Intervall T_p ist der zeitliche Verlauf der Inversion nach (1.70) für $J = 0$

$$N(t) = N_e + (N_{max} - N_e)(1 - e^{-t/\tau}) \qquad (1.108)$$

mit der Näherung

$$N(t) \approx N_e + (N_{max} - N_e)t/\tau \quad \text{für } t \ll \tau \qquad (1.109)$$

und für das Ende des Pumpzyklus

$$N_a \approx N_e + (N_{max} - N_e)T_p/\tau \quad \text{für } T_p \ll \tau \ . \qquad (1.110)$$

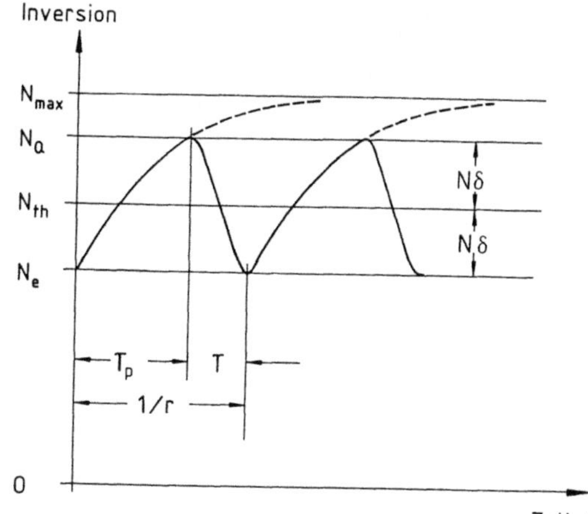

Bild 1.16. Verlauf der Inversion beim periodischen Q-Switch ($N_a - N_{th} \ll N_{th}$)

Nimmt man symmetrische Änderung um die Schwellinversion an mit dem Betrag N_δ

$$N_\delta = N_a - N_{th} = N_{th} - N_e \, ,\tag{1.111}$$

dann kann die Änderung beschrieben werden mit

$$N_\delta = \frac{N_{max} - N_{th}}{2\tau/T_p - 1} \, .\tag{1.112}$$

Damit wird die **Energie** eines Pulses im periodischen Betrieb mit (1.105)

$$E = -fE_s \ln\sqrt{R}\,\frac{2N_\delta}{N_{th}}\tag{1.113}$$

und die **Pulsleistung** mit (1.99) und (1.100)

$$P_{max} = -f\ln\sqrt{R}\,\frac{lh\nu}{\tau_R}\left[N_\delta - N_{th}\ln\left(\frac{N_{th} + N_\delta}{N_{th}}\right)\right]$$
$$\approx -f\ln\sqrt{R}\,\frac{lh\nu}{\tau_R}\,\frac{N_\delta^2}{2N_{th}} \, .\tag{1.114}$$

Die **Pulsdauer** kann ebenfalls abgeschätzt werden zu

$$T = \frac{E}{P_{max}} = \frac{4\tau_R}{l\sigma N_\delta} \, .\tag{1.115}$$

Das Produkt aus Pulsenergie und Pulsdauer ist eine Systemkonstante

$$E \cdot T = 8\eta_{slope}P_s\tau\tau_R \, .\tag{1.116}$$

Eine Erhöhung der Pulsenergie ist mit einer Verkürzung der Pulsdauer verbunden.

(1.112) in (1.113) eingesetzt ergibt für die Energie mit N_{max} nach (1.92) und mit N_{th} nach (1.43)

$$E = \eta_{slope}\frac{2\tau}{2\tau/T_p - 1}(P_{in} - P_{th}) \approx T_p P_{cw} \qquad (1.117)$$

und für den Mittelwert der Leistung

$$P_{av} = Er \approx rT_p P_{cw} = \frac{T_p P_{cw}}{T_p + T} \quad \text{für } T_p/\tau \ll 1 \ . \qquad (1.118)$$

Bei hohen Pulsraten r konvergiert die Durchschnittsleistung im Q-Switch-Betrieb gegen die CW-Laserleistung.

Pulsdauer und Spitzenleistung ergeben sich sofort zu

$$T = \frac{E \cdot T}{E} = \frac{8\eta_{slope}\tau\tau_R}{T_p P_{cw}} \qquad (1.119)$$

und

$$P_{max} = \frac{E}{T} = \frac{T_p^2 P_{cw}^2}{8\eta_{slope}\tau\tau_R} \ . \qquad (1.120)$$

In Bild 1.17 sind experimentelle Ergebnisse [1.8] für die mittlere Leistung und für die Pulsenergie dargestellt.

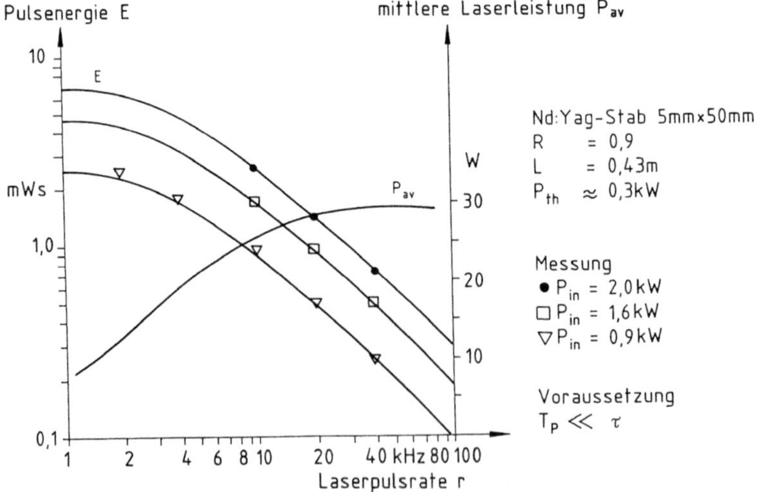

Bild 1.17. Abhängigkeit der Pulsenergie und der mittleren Laserleistung von der Repetitionsrate nach [1.8]

Die Verhältnisse von Pumpdauer, Pulsdauer und Repetitionsrate des Q-Switch zueinander bestimmen wie regelmäßig der Pulsverlauf ist. Falls der Q-Switch z. B. kurz nach Erreichen der Schwelle geöffnet wird, entsteht ein kleiner Puls, der die Inversion nur geringfügig verändert. Im nächsten Pumpzyklus kann dann eine hohe Inversion erreicht werden, die zu einem großen Puls und geringer Anfangsinversion führt. Kleine Pulse entstehen somit im Wechsel mit großen. Es sind Pulsmuster möglich, die sich mehr oder minder regelmäßig wiederholen. Da die Schwellen für die einzelnen Moden unterschiedlich sind, wird ebenfalls ein Modehopping zu beobachten sein [1.9].

1.8 3-Niveau-System

Am vereinfachten Termschema eines 3-Niveau-Systems (Bild 1.18) sollen die Unterschiede zum 4-Niveau-System abgeleitet werden.

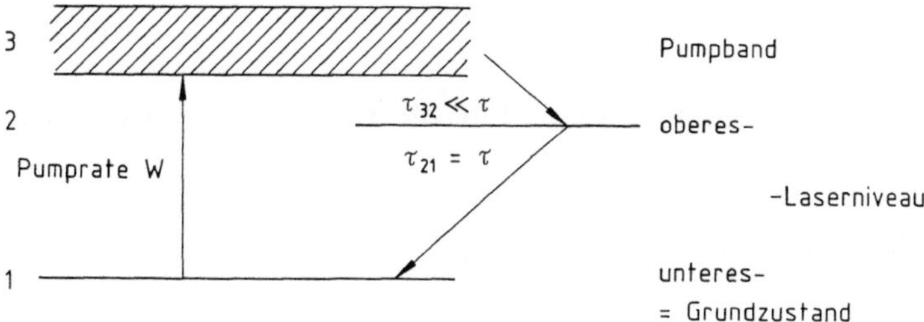

Bild 1.18. Vereinfachtes Termschema eines 3-Niveau-Systems

Die Rategleichungen für das obere Laserniveau und die Intensität lauten

$$\frac{dN_2}{dt} = WN_1 - \frac{N_2}{\tau} - \frac{\sigma J}{h\nu}(N_2 - N_1) \tag{1.121}$$

$$\frac{dJ}{dt} = \frac{\sigma cJ}{n}(N_2 - N_1) - \frac{\sigma cJ}{n}N_{th} \ . \tag{1.122}$$

Führt man folgende Bezeichnungen ein

$$N = N_2 - N_1 \quad \text{für die Inversionsdichte,}$$

$$N_0 = N_2 + N_1 \quad \text{für die Gesamtdichte der aktiven Ionen und}$$

$$J_s = \frac{h\nu}{2\sigma\tau} \text{für die Sättigungsintensität ,}$$

dann lassen sich die Besetzungsdichten N_1 und N_2 in (1,121) und (1.122) eliminieren und man erhält die **Bilanzgleichungen** für das 3-Niveau-System

$$\frac{dN}{dt} = W(N_0 - N) - \frac{1}{\tau}(N_0 + N) - \frac{J}{\tau J_s}N \tag{1.123}$$

$$\frac{dJ}{dt} = \frac{\sigma c J}{n}(N - N_{th}) \ . \tag{1.124}$$

Damit eine Inversion vorliegt, muß $N \geq 0$ sein, d. h. die Hälfte aller Ionen muß sich im angeregten Niveau 2 befinden

$$N_2 \geq N_0/2 \ .$$

Stationärer Fall mit dN/dt = 0 und dJ/dt = 0

Im stationären Fall gilt wie beim 4-Niveau-System

$$N = N_{th} \tag{1.125}$$

die Inversion ist gleich der Schwellinversion. Für die Intensität im Resonator folgt mit (1.123)

$$J = J_s[W\tau(N_0/N_{th} - 1) - (N_0/N_{th} + 1)] \ . \tag{1.126}$$

Damit überhaupt die Intensität $J \geq 0$ erreicht wird, muß mindestens mit der **Schwellpumprate**

$$W_{th} = \frac{1}{\tau}\frac{(N_0 + N_{th})}{(N_0 - N_{th})} \tag{1.127}$$

gepumpt werden. Bild 1.19 zeigt den prinzipiellen Verlauf der Intensität J und der Inversionsdichte abhängig von der Pumprate W.

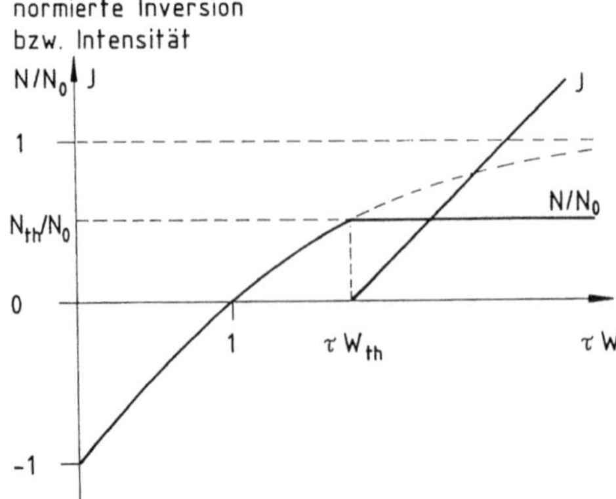

Bild 1.19. Prinzipieller Verlauf von Inversion und Intensität im 3-Niveau-System (stationärer Fall)

Die Pumprate wird nach (1.41) durch die elektrische Leistung der Anregungsquelle bestimmt

$$vN_1\, h\nu W = \eta_{excit}P_{in}\;,$$

und wird damit zu

$$W = \frac{2\eta_{excit}\,P_{in}}{v(N_0 - N_{th})h\nu}\;. \tag{1.128}$$

Für die Intensität im Resonator ergibt sich

$$J = \frac{\eta_{excit}}{\sigma v N_{th}}\left[P_{in} - \frac{\sigma v J_s(N_0 + N_{th})}{N_{excit}}\right] \tag{1.129}$$

und die stationäre **Laserleistung** P_{cw} wird mit (1.37), (1.47) und (1.51) zu

$$P_{cw} = \eta_{excit}\frac{\ln(\sqrt{R})}{\ln(V\sqrt{R})}\left[P_{in} - P_s\left(\sigma N_0 l - \ln(V\sqrt{R})\right)\right] \tag{1.130}$$

mit $P_s = \frac{fJ_s}{\eta_{excit}}$.

Die Slope-Efficiency beträgt

$$\eta_{slope} = \eta_{excit}\frac{\ln(\sqrt{R})}{\ln(V\sqrt{R})}\;.$$

Die Schwelle erhöht sich gegenüber dem 4-Niveau-System um die Absorption $\sigma N_0 l$. Die Pumpleistung P_{in} muß um $\sigma l N_0 P_s$ höher gewählt werden als im 4-Niveau-System. Wegen der damit verbundenen thermischen Belastung werden 3-Niveau-Laser fast ausschließlich gepulst. Die **Pulsenergie** beträgt

$$E = \eta_{excit}\frac{\ln(\sqrt{R})}{\ln(V\sqrt{R})}\left[P_{in} - P_s\left(\sigma l N_0 - \ln(V\sqrt{R})\right)\right]T \tag{1.131}$$

$$T = \text{Pulsdauer}\ (T \gg \tau)$$

mit der Schwellenergie

$$E_{th} = \left[\sigma l N_0 - \ln(V\sqrt{R})\right]TP_s\;. \tag{1.132}$$

Durch Messung von E_{th} bei zugehörigem Reflexionsfaktor R des Auskoppelspiegels lassen sich die Gesamtverluste $(\ln V - \sigma l N_0)$ bestimmen.

Der Einfluß des Reflexionsfaktors R auf die Schwelle gegenüber dem der Absorption $\sigma l N_0$ z. B. beim Rubin ist unbedeutend.

Die Reflexion R_{opt} des Auskoppelspiegels, bei dem sich die maximale Puls-energie E_{max} des Lasers einstellt, ergibt sich analog nach (1.56) zu

$$-\ln\sqrt{R_{opt}} = \sqrt{-\ln V(P_{in}/P_s - \sigma N_0 l)} + \ln V \qquad (1.133)$$

und die maximale Laserenergie

$$E_{max} = f J_s T \left[\sqrt{P_{in}/P_s - \sigma N_0 l} - \sqrt{-\ln V}\right]^2 . \qquad (1.134)$$

Beispiel 1.3 Rubin-Stab mit $1\,cm$ Durchmesser und $10\,cm$ Länge bei einer Cr:Dotierung von $0{,}05\,WT\%$

$$\sigma = 2 \cdot 10^{-20}\,cm^2 \quad N_0 = 0{,}16 \cdot 10^{20}\,cm^{-3} \quad l = 10\,cm \quad r_0 = 0{,}5\,cm$$

$$R = 0{,}5 \quad V = 0{,}9 \quad \eta_{excit} = 0{,}8\%$$

ergibt

$$\sigma N_0 l = 3{,}2 \quad -\ln(V\sqrt{R}) = 0{,}45 \quad J_s = 1{,}9\,kW/cm^2 \quad f \approx 0{,}8\,cm^2$$

$$P_s \approx 190\,kW \quad E_{th} \approx 3{,}4\,kWs \quad \eta_{slope} \approx 0{,}7\%$$

Laserenergie ca. $5\,Ws$ bei $10\,kWs$ Pumpenergie.

Alle Gleichungen für 3- und 4-Niveau-Systeme wurden unter vereinfachenden Voraussetzungen abgeleitet und können im wesentlichen durch Messungen bestätigt werden. Einige Einschränkungen sollen jedoch näher diskutiert werden.

- Die Inversion wird nicht homogen über dem Strahlquerschnitt erzeugt und abgebaut. Das Strahlungsfeld hat jedoch im allgemeinen eine Struktur senkrecht zur Ausbreitungsrichtung; es gibt eine wechselseitige Rückwirkung durch Strahlungfeld und Inversion. Der longitudinale Verlauf muß nicht mit der Geometrie des Lasermediums übereinstimmen. Dies wird im wesentlichen durch den Extraktionswirkungsgrad η_{extr} berücksichtigt [1.11].
- Insbesondere an der Schwelle wird der Laser bevorzugt an den Stellen höchster Inversion anschwingen, und der Verlauf der Laserenergie bzw. Leistung über der Anregung (bei geringer Pumpleistung) ist nicht linear.
- Bei höherer Intensität im Resonator, insbesondere bei großem Reflexionsfaktor und großer Anregungsleistung, weicht der Verlauf von Laserleistung bzw. Energie über der Anregung vom linearen Verhalten ab. Es ist ein Sättigungseffekt festzustellen.

Verlustmechanismen für Pumplicht und Laserstrahlungsfeld sind:

- Verstärkung spontan emittierten Lichts außerhalb des nutzbaren Bereichs (ASE = amplified spontanous emission),
- Inversionsminderung durch thermische Besetzung des unteren Niveaus,
- Absorption des Strahlungsfeldes im Medium durch das obere Laserniveau und Anregung höherer Energiezustände (excited state absorption),
- Streuung des Strahlungsfeldes im Medium und an den Spiegeln,

– Beugung des Strahlungsfeldes durch die endliche Geometrie des Lasermediums,
– Strahlungsfeld und Inversion sind in ihrer Struktur nicht angepaßt.

Alle diese Effekte führen zu Verlusten und damit zur Erwärmung des Lasermediums, sind aber nicht weiter explizit in den Gleichungen untersucht worden, sondern sind im wesentlichen im Verlustterm $-\ln V$ und P_s berücksichtigt. Ausführlich diskutiert werden sie in [1.3, 1.5].

In der Tabelle 1.1 sind alle wesentlichen Gleichungen für 4- und 3-Niveau-Systeme noch einmal zusammengestellt. Typische Parameter sind für CW- und Pulsbetrieb in Tabelle 1.2 und 1.3 angegeben.

Tabelle 1.1. Zusammenstellung der wichtigsten Gleichungen für verschiedene Systeme

	4-Niveau (Nd : YAG)	3-Niveau (Cr : Rubin)
Sättigungsintensität	$J_s = \frac{h\nu}{\sigma\tau}$	$J_s = \frac{h\nu}{2\sigma\tau}$
Sättigungsenergiedichte	$E_s = \frac{h\nu}{\sigma}$	$E_s = \frac{h\nu}{2\sigma}$
Kleinsignalverstärkung	$G_0 = e^{\sigma Nl}$	$G_0 = e^{\sigma Nl}$
Inversionsdichte	$N = N_2$	$N = N_2 - N_1$
Intensitätsverstärkung	$G = G_0 1/(1 + J/Js)$	$G = G_0 1/(1 + J/Js)$
Verlustfaktor pro Durchgang	$V = e^{-\alpha l}$	$V = e^{-\alpha l}$
Systemkonstante	$P_s = fJ_s/\eta_{\text{excit}}$	$P_s = fJ_s/\eta_{\text{excit}}$
Schwellinversion	$N_{th} = \frac{-\ln\sqrt{VR}}{\sigma l}$	$N_{th} = \frac{-\ln\sqrt{VR}}{\sigma l}$
Schwellpumpleistung	$P_{th} = -P_s \ln\sqrt{VR}$	$P_{th} = P_s(\sigma l N_0 - \ln\sqrt{VR})$
Schwelle (Temperatur)	$P_T = P_s \sigma l N_T$	
Slope	$\eta_{\text{slope}} = \frac{\eta_{\text{excit}}\ln(\sqrt{R})}{\ln(V\sqrt{R})}$	$\eta_{\text{slope}} = \frac{\eta_{\text{excit}}\ln(\sqrt{R})}{\ln(V\sqrt{R})}$
Laserleistung	$P_{cw} = \eta_{\text{slope}}(P_{in} - P_{th} - P_T)$	$P_{cw} = \eta_{\text{slope}}(P_{in} - P_{th})$
Laserenergie (Rechteckpuls)	$E = P_{cw}T$ für $\tau \ll T$	$E = \eta_{\text{slope}}(E_{in} - E_{th})$ [1.13]

h	Plancksches Wirkungsquantum	ν	Frequenz des Laserlichts
σ	Wirkungsquerschnitt der induz. Emission	τ	Lebensdauer des oberen Niveaus
J	Intensität des Laserstrahls	N	Inversion
f	Strahlquerschnittsfläche	N_T	thermische Besetzung des unteren Laserniveaus
l	Länge des Lasermediums		
R	Reflexionsfaktor des Auskoppelspiegels	η_{excit}	Anregungswirkungsgrad
P_{in}	Elektrische Leistung der Lampe	T	Pulsdauer
α	Verlustkoeffizient	V	Verlustfaktor

Tabelle 1.2. Typische Werte für Verluste und Anregungsleistung im CW-Betrieb

	Abmessungen	f cm²	$-\ln V$ %	P_s kW	η_{excit} %	J_s kW/cm²	Literatur
Nd:YAG							
Stab	4" · 1/4"	0,32	8,6	11,6	6	2,18	Autor
Nd:GGG							
Stab	3" · 1/4"	0,32	10	5	11	1,9	Autor

Tabelle 1.3. Typische Werte für Verluste und Anregungsleistung im Pulsbetrieb

4-Niveau	Abmessungen mm bzw. "	f cm²	$-\ln V$ %	P_s kW	η_{excit} %	J_s kW/cm²	Literatur
Nd:Glas							
LG 760							
Slab	6 · 20 · 300	1,8	10	307	4	6,8	[1.14]
Nd:YAG							
Stab [a]	5 · 65	0,2		33	0,9	1,6	
Stab	3" · 1/4"	0,32			3,5		[1.15]
Stab	4" · 1/4"	0,32	12	4,53	7	1	
Slab	4 · 12 · 100	0,87	13	108	1,7	2,1	
Nd:GGG							
Stab [b]	5 · 59	0,2	10	53	1,8	4,9	
Stab	3" · 1/4"				7,7		[1.15]
Cr:Alexandrit							
Stab	4" · 1/4"	0,32	7	2,2 MW	2,2	157	[1.13]

3-Niveau	Abmessungen mm · mm	f cm²	σN_0 %cm⁻¹	$1/K$ kWs	T ms	η_{slope} %	E_{th} kWs	Literatur
Cr:Rubin								
Stab	104 · 9,5	2,84	0,2	1,5	0,8	0,75	2,2	[1.1]
Stab	150 · 9,5	2,84	0,2	0,6		0,82	1,3	[1.16]

[a] Pumplänge 43 mm, Kavität nicht optimiert
[b] Pumplänge 43 mm, Kavität nicht optimiert, GGG nicht entspiegelt

1.9 Wirkungsgrad, Optimierung [1.10]

Der Wirkungsgrad bestimmt im wesentlichen die Größe des Netzteils und des Kühlaggregates und damit auch wesentlich den Preis des Gesamtgerätes.

Der Wirkungsgrad soll anhand des Leistungstransfers von der Quelle – im allgemeinen das Stromnetz – bis hin zur nutzbaren mittleren Laserleistung näher erläutert und definiert werden (Bild 1.20). Für gepulste Laser ergibt sich für die

Energie eine analoge Definition des Wirkungsgrades, falls die Pulsdauer groß gegenüber der Lebensdauer des Laserniveaus ist und weit über der Schwelle gepumpt wird.

1. Netzteil

Aus dem Netz wird die elektrische Leistung in geeigneter Form den Anregungslampen zur Verfügung gestellt. Leistungen für Hilfs- und Steuerkreise sowie für das Kühlaggregat werden zunächst nicht berücksichtigt

$$P_{in} = \eta_{Netzteil}\, P_{Netz} \qquad \eta_{Netzteil} \approx 0{,}8 - 0{,}9 \ . \tag{1.135}$$

2. Anregungslampe

Die Anregungslampen setzen die aufgenommene Leistung außer in Strahlung innerhalb der Pumpbanden auch in nicht nutzbare Strahlung und in Wärme um

$$P_{Lampe} = \eta_{Lampe}\, P_{in} \qquad \eta_{Lampe} \approx 0{,}5 - 0{,}6 \ . \tag{1.136}$$

η_{Lampe} gibt den Anteil des Lampenlichts an, der für das optische Pumpen genutzt werden kann.

3. Kavität

Das Pumplicht wird durch den Reflektor auf das Lasermedium konzentriert. Es treten geometrische und Absorptionsverluste durch Reflektor, Flow-tubes und Kühlmittel auf. Die Strahlung im Lasermedium steht dann zum optischen Pumpen zur Verfügung

$$P_{Pump} = \eta_{Kavität}\, P_{Lampe} \qquad \eta_{Kavität} \approx 0{,}5 \ . \tag{1.137}$$

4. Lasermedium

Mit dem Pumplicht, das zur Anregung zur Verfügung steht, wird das obere Laserniveau angeregt. Anteile des nutzbaren Pumplichts werden durch das Material absorbiert, Lichtquanten aus dem oberen Niveau spontan emittiert. Der Quantendefekt, d. h. der Energieunterschied zwischen Pump- und Laserlicht heizt das Lasermedium auf

$$P_{Niveau} = \eta_{Medium}\, P_{Pump} \qquad P_{Niveau} = vN_0 h\nu W \ , \tag{1.138}$$

$$\eta_{Medium} = 0{,}4 - 0{,}5 \ .$$

5. Anregungswirkungsgrad – Speicherwirkungsgrad

Für Pulsbetrieb mit $T \gg \tau$ bzw. im CW-Betrieb gilt

$$P_{Niveau} = \eta_{excit}\, P_{in}$$

$$\eta_{excit} = \text{Anregungswirkungsgrad nach (1.41)} \tag{1.139}$$

$$\eta_{excit} = \eta_{Medium}\, \eta_{Kavität}\, \eta_{Lampe} \ ,$$

$$\eta_{excit} = 0{,}07 - 0{,}12 \ , \tag{1.140}$$

für Pulsbetrieb mit kurzen Pulsen $T < \tau$

$$E_{\text{Niveau}} = \eta_{\text{storage}} E_{\text{in}} \qquad \eta_{\text{storage}} = \text{Speicherwirkungsgrad} \ . \qquad (1.141)$$

6. Resonator

Die Anregungsenergie, die im oberen Laserniveau abhängig von der Anregungs-verteilung im Material zur Verfügung steht, kann je nach longitudinalem Strahl-verlauf und (radialem) Modenprofil nur begrenzt genutzt werden. Üblich ist es, diesen Wirkungsgrad als Extraktionswirkungsgrad zu bezeichnen [1.11]

$$P = \eta_{\text{extr}} P_{\text{Niveau}} \qquad \eta_{\text{extr}} = -\ln\sqrt{R}\left[\frac{1}{-\ln(V\sqrt{R})} - \frac{1}{gl}\right] \ . \qquad (1.142)$$

Für $V = 1$ und Rechteckmodenprofil (große Modenordnung) konvergiert η_{extr} gegen 1

$$\eta_{\text{extr}} = \left[1 - \frac{-\ln\sqrt{R}}{gl}\right] \ ,$$

für $R = R_{\text{opt}}$ wird

$$\eta_{\text{extr}} = \left[\frac{\sqrt{gl} - \sqrt{\alpha l}}{gl}\right]^2$$

$$\eta_{\text{extr}} \approx 0{,}5 \ .$$

7. Übertragungsoptik

Durch die Übertragungsoptik wird der Laserstrahl optimal dem Verwendungs-zweck in seinen Parametern Fokusdurchmesser und Schärfentiefe angepaßt. Es gibt Verluste durch Reflexion z. B. an den Linsenflächen oder Lichtleiterenden oder durch geometrische Einschränkungen

$$P_{\text{Nutz}} = \eta_{\text{Optik}} P \qquad \eta_{\text{Optik}} \approx 0{,}85 - 0{,}95 \ . \qquad (1.143)$$

Aus meßtechnischen Gründen werden jedoch noch andere Definitionen des Wir-kungsgrades verwendet.

8. Der totale Wirkungsgrad der Strahlquelle

Das Verhältnis, der von der Strahlquelle aufgenommenen mittleren Leistung bzw. Energie zur abgegebenen Laserleistung bzw. Laserenergie, ist als totaler Wirkungsgrad definiert

$$P = \eta_{\text{total}} P_{\text{in}} \qquad \eta_{\text{total}} = \eta_{\text{Lampe}} \, \eta_{\text{Kavität}} \, \eta_{\text{Medium}} \, \eta_{\text{extr}} \qquad (1.144)$$

$$\eta_{\text{total}} = \eta_{\text{extr}} \, \eta_{\text{excit}}$$

$$\eta_{\text{total}} \approx 0{,}03 \ .$$

Da diese Größe vom Arbeitspunkt abhängt, verwendet man den differentiellen Wirkungsgrad η_{slope}

$$dP_L = \eta_{slope}\, dP_{in}\, , \tag{1.145}$$

bzw. $dE_L = \eta_{slope}\, dE_{in}$ für $E_{in} \gg E_{th}$

$$\eta_{slope} = \eta_{excit}\, \frac{-\ln\sqrt{R}}{-\ln\sqrt{VR}} \qquad \eta_{slope} \approx 0{,}05\, . \tag{1.146}$$

9. Der gesamte Wirkungsgrad des Laseraggregats

Die nutzbare mittlere Laserleistung am Ort der Anwendung wird auf die gesamte, vom Netz aufgenommene Leistung bezogen (ab Steckdose). Leistungen für Hilfskreise und für die Kühlung werden mitberücksichtigt

$$P_{Nutz} = \eta_{plug}\, P_{Netz} \qquad \eta_{plug} = \eta_{Optik}\, \eta_{total}\, \eta_{Netzteil}\, \eta_{Kühlung} \tag{1.147}$$
$$\eta_{plug} \approx 0{,}02 \text{ bis } 0{,}03\, .$$

Bild 1.20 gibt eine Übersicht über die Verluste und Hinweise den Gesamtwirkungsgrad zu verbessern.

1. Die Leistung für die Steuerung, die Lüfter, die Hilfskreise und das Kühlaggregat beträgt bis zu 30% der gesamten Netzteilleistung und muß ebenfalls als Wärme aus dem Versorgungsgerät abgeführt werden. Der Netzteilwirkungsgrad kann durch den Einsatz von verlustarmen Schaltnetzteilen erhöht (90 bis 95%) werden.

2. Der Anschlußquerschnitt muß ausreichend dimensioniert werden, auch um eine unzulässige Erwärmung des Kabels zu vermeiden. Im Pulsbetrieb beträgt die Verlustleistung P des Anschlußkabels mit dem Widerstand R für Rechteckpulse $P = I^2 R f T$.

   Beispiel: Betreibt man zwei Lampen parallel mit $I = 200\,A$ mit je einer Zu- und Rückführung von je $R = 5\,m\Omega$ (entspricht 3 m Länge bei einem Querschnitt von $6\,mm^2$) bei einer Taktfrequenz von $f = 100\,Hz$ und einer Pulsdauer von $T = 1\,ms$, dann wird das gesamte Kabel mit $P = 4 \cdot 200^2 A^2 \cdot 5\,m\Omega \cdot 100\,Hz \cdot 1\,ms = 80\,W$ erwärmt.

3. Der Lampenwirkungsgrad kann durch Wahl des Pumpgases beeinflußt werden. Zum Pumpen von Nd-Lasern ist der Wirkungsgrad von Kr-Lampen im allgemeinen höher, der Gesamtwirkungsgrad, d.h. das Verhältnis von Licht zu elektrischer Energie, liegt aber bei Xe-Lampen besser.

4. Die bessere spektrale Anpassung von Kr-Lampen an das Lasermedium überwiegt also den höheren Gesamtwirkungsgrad der Xe-Lampe. Optische Rückkopplung in die Lampe, z.B. durch selektiv beschichtete Flow-tubes um die Lampe, konserviert die Energie außerhalb der Pumpbanden.

Wirkungsgrad	Leistung	Verluste
Steckdose Netzteil		
	Netzaufnahme $P_{netz} = 100\%$	
Netzteil Speicher		1 Leistung für Steuerung, Kühlaggregat Wärme im Netzteil Lüfterleistung
	Netzteilabgabe Speicherenergie $P_{in} = 100\%$	
Lampe		2 Ohmsche Verluste im Lampenstromkreis 3 Erwärmung der Lampe 55% 4 Strahlung außerhalb der Mediumabsorption
	Lampenlicht $P_{lampe} = 45\%$	
Kavität		5 Geometrische Verluste, Reflexionen 6 Absorptionsverluste durch Lampe, 7 Kühlmittel 19% und Reflektor 17%
	Anregung des oberen Niveaus $P_{pump} = 7\%$	
Lasermedium		8 Wärmeverluste durch strahlungslose Übergänge und spontane Emission ASE
	induzierte Emission $P_{niveau} = 2,6\%$	
Resonator		9 Beugung und Streuung bis 0,6% 10 Modenvolumen kleiner Anregungsvolumen bis 10%
	ausgekoppelte Strahlung $P = 2\%$	
Optik		11 Reflexions- und Absorptionsverluste durch Übertragungsoptik 0,05%
	nutzbare Strahlung $P_{nutz} = 1,95\%$	
Anwendung		

Bild 1.20. Wirkungsgrad (Zahlenwerte nach [1.12])

5. Der Reflektor muß möglichst eng an Lasermedium und Lampen angepaßt werden. Das Pumplicht darf keine „Lücken" sehen, durch die es entweichen kann. Grenzflächenübergänge (Flow-tube des Stabes) müssen entspiegelt sein.

6. Das Wandmaterial der Lampe sollte absorptionsfrei gewählt sein.

7. Wasser hat bei Wellenlängen ab 700 nm zunehmend mit der Wellenlänge schon eine merkliche Absorption. Der Pumpweg durch das Wasser sollte daher so kurz wie möglich sein. Zusätze im Kühlmittel, z. B. als Fluoreszenzkonverter, müssen spektral abgestimmt sein. Silberreflektoren sind spektral günstiger als Goldreflektoren, müssen aber gegen Oxidation geschützt werden.

8. Der Beitrag von kurzwelligem ($\lambda < 550\,$nm) Pumplicht ist im allgemeinen gering und führt zu besonders starker Erwärmung des Lasermediums. Der Anteil von polierter Oberfläche zu matter Fläche des Lasermediums sollte gering sein, um Verluste durch spontane verstärkte Emission und „Whispermoden" zu vermeiden.

9. Gute Materialqualität ist notwendig, um Streuverluste gering zu halten.

10. Durch Optimieren des Resonators kann das radiale und longitudinale Modenvolumen für den Anwendungsfall maximiert werden.

11. Die Übertragungsoptik muß für die Laserwellenlänge schwerpunktentspiegelt sein. Die Durchmesser müssen ausreichend groß gewählt werden.

2 Gaußsche Optik

Durch die Wechselwirkung des Strahlungsfeldes mit den angeregten Atomen des Lasermaterials – der induzierten Emmission – wird die nutzbare Laserleistung erzeugt. Die Eigenschaften des Strahlungsfeldes, insbesondere die Intensitätsverteilung, bestimmen neben der Laserleistung die Möglichkeiten des Lasers für verschiedene Verwendungen. Daher muß der Laserstrahl hinsichtlich seiner optischen Eigenschaften beschrieben werden können.

2.1 Gauß-Strahl

Als Näherung wird die Lichtwelle im Resonator als skalares Wellenfeld behandelt und die Beugung an den endlichen Ausdehnungen, z. B. am Lasermedium selbst, nur in erster Näherung berücksichtigt. Die Amplitude A des elektrischen Feldes erfüllt dann die zeitunabhängige Wellengleichung [2.1]

$$\nabla^2 A + k^2 A = 0 \quad \text{mit} \tag{2.1}$$

$$k = 2\pi/\lambda \quad \text{der \textbf{Wellenzahl}}. \tag{2.2}$$

Die einfachste Näherungslösung für den rotationssymmetrischen Fall [2.2] ist der Gauß-Strahl mit der Amplitude $A(r,z)$

$$A(r,z) = A_0 \frac{w_{t0}}{w_0} \exp\left[-r^2\left(\frac{1}{w_0^2} + \frac{ik}{2R}\right) + i(kz - \Phi)\right] \qquad (2.3)$$

Amplitudenverteilung des Gauß-Strahls mit

w_{t0}	der **Strahltaille** für den 00-Mode,
$w_0 = w_0(z)$	der **Strahlradius** für den 00-Mode,
$\Phi = \arctan(z/s)$	der longitudinalen **Phase**,
$R = R(z)$	der **Krümmungsradius** der Wellenfront,
$s := \dfrac{\pi w_{t0}^2}{\lambda}$	wird definiert als **Rayleigh-Länge**, **Schärfentiefe** bzw. als konfokaler Parameter

Für den Strahlradius w_0 und den Krümmungsradius R gelten (2.39) und (2.40)

$$w_0^2(z) = w_{t0}^2[1 + (z/s)^2] \quad \textbf{Strahlradius,}$$
$$R(z) = s[s/z + z/s] \quad \textbf{Krümmungsradius,}$$

wenn man den Ursprung der z-Koordinate in die Taille legt.

Der Gauß-Strahl ist durch zwei Parameter, durch die Strahltaille w_{t0} und die Rayleigh-Länge s eindeutig bestimmt. Eine Strahltaille mit dem Radius w_{t0} liegt vor für $R = \infty$.

Die **Divergenz** Θ für den 00-Mode eines Strahls ist definiert als

$$\Theta_0 := \lim_{z \to \infty} w_0(z)/z \; . \qquad (2.4)$$

Führt man den komplexen **Strahlparameter** $q = q(z)$ ein

$$\frac{1}{q} = \frac{1}{R} - \frac{i\lambda}{\pi w_0^2}, \quad q = \frac{R\pi w_0^2}{\pi w_0^2 - i\lambda R} \quad \text{oder } q = z + is \; , \qquad (2.5)$$

dann wird (2.3) zu

$$A(r,z) = A_0 \frac{w_{t0}}{w_0} \exp\left[-\frac{kr^2}{2q} + i(kz - \Phi)\right] \qquad (2.6)$$

mit dem Krümmungsradius

$$R = (\operatorname{Re} 1/q)^{-1} \qquad (2.7)$$

und dem Strahlradius

$$w_0^2 = -\frac{\lambda}{\pi}(\operatorname{Im} 1/q)^{-1} \; . \qquad (2.8)$$

Der komplexe Strahlparameter erlaubt in Verbindung mit dem ABCD-Gesetz auf einfache Art und Weise, den Strahlverlauf in erster Näherung zu berechnen. Dieses wird nachfolgend noch gezeigt.

Der Intensitätsverlauf $J = J(r, z)$ folgt mit (2.3) durch Bildung von $|A(r, z)|^2$ zu

$$J(r, z) = J_0 \frac{w_{t0}^2}{w_0^2} e^{-2r^2/w_0^2} \quad J_0 = A_0^2 \,. \tag{2.9}$$

Intensitätsabhängigkeit des Gauß-Strahls

J_0 ist die Spitzenintensität des Gauß-Strahls am Ort der Strahltaille w_{t0}. Den Verlauf des Strahls in Ausbreitungsrichtung zeigt Bild 2.1.

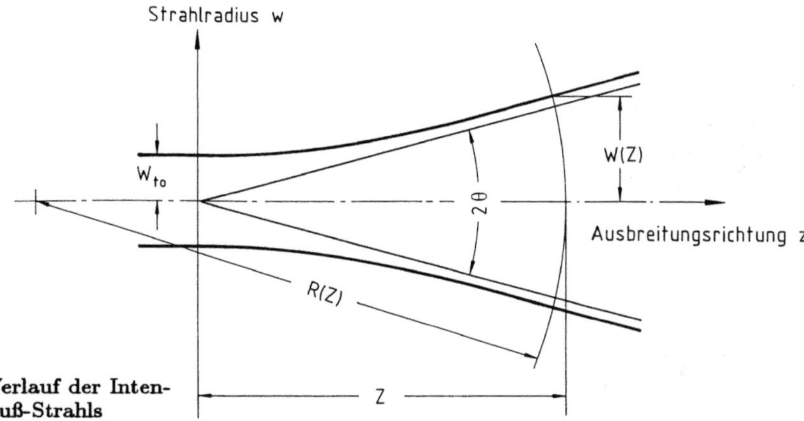

Bild 2.1. Z-Verlauf der Intensität eines Gauß-Strahls

Die radiale Intensitätsverteilung für $z = 0$, also am Ort der Taille

$$J(r, 0) = J_0\, e^{-2r^2/w_{t0}^2} \tag{2.10}$$

zeigt Bild 2.2.

Für $r = w_{t0}$ sinkt die Intensität auf etwa 14% der Maximalintensität $J(0, z)$. Für die Leistung P in dem Strahlquerschnitt mit dem Radius r gilt

$$P(r, z) = \int_0^r 2\pi r J(r, z)\, dr = P_0 \left[1 - e^{-2r^2/w_0^2}\right] \tag{2.11}$$

$$\text{mit } P_0 = \int_0^\infty 2\pi r J(r, 0)\, dr = \frac{\pi}{2} w_{t0}^2 J_0 \,.$$

Der ebenfalls gaußförmige Verlauf ist in Bild 2.3 dargestellt.

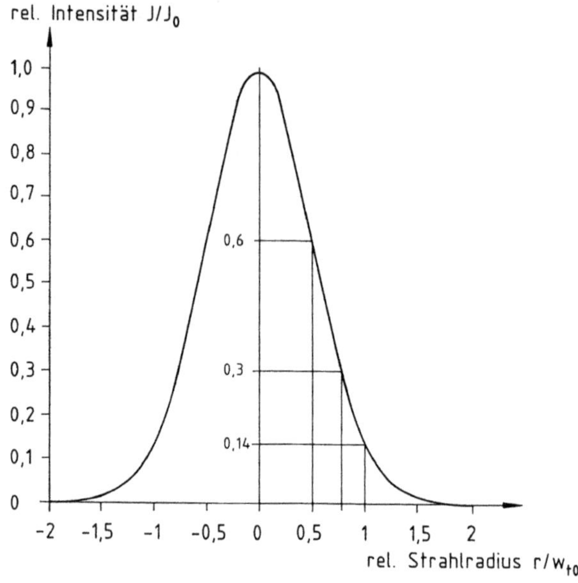

Bild 2.2. Radialer Verlauf der Intensität eines Gauß-Strahls

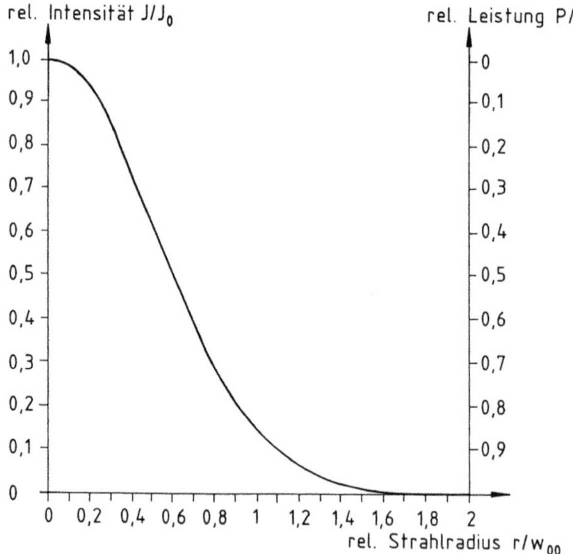

Bild 2.3. Leistung des Gauß-Strahls innerhalb des Radius r

Tabelle 2.1. Intensität und Leistung eines Gauß-Strahls

r/w_{t0} bzw. r/w_0	0,23	0,59	1,0	1,25	1,5	2,0
$J(r/w_{t0})/J_0$	0,9	0,5	0,135	0,044	0,011	0,0003
$P(r/w_0)/P_0$	0,1	0,5	0,865	0,956	0,989	0,9997

Wählt man die Linsen und Öffnungen, durch die der Laserstrahl geführt wird, im Durchmesser $D = 2 \cdot 1{,}5w_0$, dann ist der Leistungsverlust durch die geometrische Abschattung pro Element etwa 1%. Tabelle 2.1 gibt die entsprechenden Werte an.

2.2 Multimode

Allgemeinere Lösungen der Wellengleichung, abhängig von den Resonatoreigenschaften, für die Intensitätsverteilung werden im Band „Resonatoren" aus dieser Reihe behandelt. Hier sollen nur die notwendigen Ergebnisse angegeben werden.

Die longitudinalen Moden, deren Ordnung q aus der Resonanzbedingung der Phasenlage an den Spiegeln bestimmt wird, sollen hier nicht weiter untersucht werden sondern nur die transversalen Moden. Für die Materialbearbeitung ist die Leistung und die Fokussierbarkeit des Strahls von Wichtigkeit, weniger die spektrale Bandbreite. Die transversalen Moden werden abgekürzt mit $\mathrm{TEM_{mn}}$-Mode bezeichnet (**Transversal elektromagnetische Welle mit den Modenordnungen m und n**).

Rechteckgeometrie

Für Rechteckgeometrie wie Slab oder Platte oder rechteckige Begrenzung beim Stab lautet die Ortsabhängigkeit für die, auf die Leistung normierte Intensität im allgemeinen Fall (Multimode)

$$J_{mn}(x,y) = \frac{P_{mn}}{\pi w_0^2 / 2\, n!\, m!\, 2^{n+m}} e^{-2(x^2+y^2)/w_0^2}$$
$$\times [H_m(\sqrt{2}x/w_0)]^2 [H_n(\sqrt{2}y/w_0)]^2 \qquad (2.12)$$

Intensitätsverteilung bei Rechteckgeometrie

$P_{mn} = \iint J_{mn}\,dxdy$ ist die gesamte Leistung des Strahls

H_i = Hermitesche Polynome mit $\Omega = \sqrt{2}x/w0$ bzw. $\Omega = \sqrt{2}y/w_0$

$H_0(\Omega) = 1$
$H_1(\Omega) = \Omega$
$H_2(\Omega) = 4\Omega^2 - 2$
$H_3(\Omega) = 8\Omega^2 - 13\Omega$
$H_4(\Omega) = 16\Omega^4 - 48\Omega + 12$

m = Modenordnung in x-Richtung, n = Modenordnung in y-Richtung.

Im Bild 2.4 ist der Intensitätsverlauf bei niedrigen Modenordnungen dargestellt. Die Modenordnung gibt also die Anzahl der Intensitätsnullstellen innerhalb des Strahlquerschnitts in Richtung der jeweiligen Koordinate an. Auf der rechten Seite ist ein zweidimensionaler Höhenschnitt durch die Intensität dargestellt.

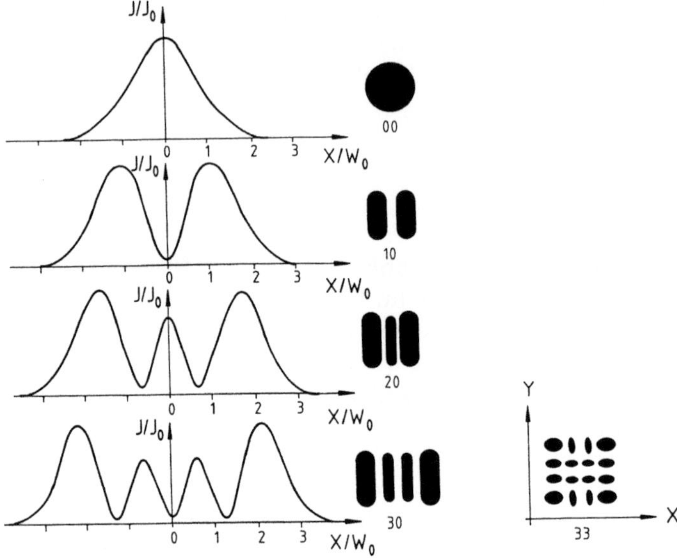

Bild 2.4. Transversale Strahlstruktur für Rechtecksymmetrie bei niedriger Modenordnung TEM$_{mn}$

Kreissymmetrie

Für Rotationssymmetrie wie Stab oder Rohr beträgt die ebenfalls auf die Strahl-leistung $P_{p,l}$ normierte Intensität

$$J_{p,l}(r,\delta) = \frac{P_{p,l}}{\pi w_0^2/2}\frac{2p!}{(1+p)!}\left[\frac{2r^2}{w_0^2}\right]^l [L_{p,l}(2r^2/w_0^2)]^2 e^{-2r^2/w_0^2} f(\delta) \qquad (2.13)$$

Intensitätsverteilung bei Rotationssymmetrie

$P_{p,l} = \iint J_{p,l} r\, dr d\delta$ ist ebenfalls die gesamte Leistung des Strahls.

$L_{p,l} = $ Laguerre Polynome mit $\Omega = 2r^2/w_0^2$

$L_{0,l}(\Omega) = 1$
$L_{1,l}(\Omega) = 1 - 1 - \Omega$
$L_{2,l}(\Omega) = (1+1)(1+2)/2 - (1+2)\Omega + \Omega^2/2$

$l = $ azimutale Modenordnung $p = $ radiale Modenordnung

$\delta = $ Azimutwinkel $f(\delta) = \sin^2\delta,\ \cos^2\delta$

1. $l = 0$ und $f(\delta) = 1$

In Bild 2.5 ist für niedrige Modenordnungen der Intensitätsverlauf bei Kreissym-metrie dargestellt.

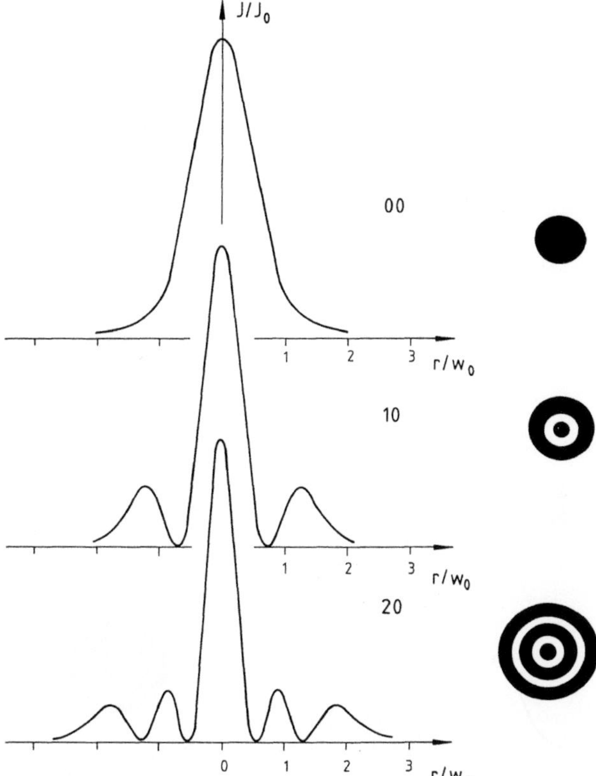

Bild 2.5. Laserintensitätsverlauf für Kreissymmetrie bei niedriger Modenordnung TEM_{p0}

2. $l = 0$ und $f(\delta) = 1$

Donat-Moden

Für $l = 0$ besitzt die Intensitätsverteilung nach (2.13) ein Minimum bei $r = 0$. Es können ebenfalls rotationssymmetrische Verteilungen, sogenannte Donat-Moden mit einem Minimum im Zentrum enstehen (Bild 2.6).

Für den niedrigsten Mode (Monomode oder 00-Mode) d. h. n, m, l und $p = 0$ ergibt sich für alle Fälle

$$J(x, y) = J_0(z)\, e^{-2(x^2+y^2)/w_0^2} = J_0(z)\, e^{-2r^2/w_0^2} \tag{2.14}$$

der Gauß-Strahl mit w_0 dem Strahlradius für den 00-Mode an der Stelle z.

3. $p = 0$ und $f(\delta) = \sin^2\delta$ oder $\cos^2\delta$

Die Verteilung ist gekennzeichnet durch die azimutale Struktur (Bild 2.7).

Die Intensitätsverteilung eines Resonators wird also bestimmt durch die Geometrie d. h. Rotations- oder Rechteckgeometrie, durch die Modenordnungen und durch die Art und Weise wie sich die Moden überlagern. Die Modenzahl ist die Anzahl der am Strahl beteiligten verschiedenen Modenordnungen.

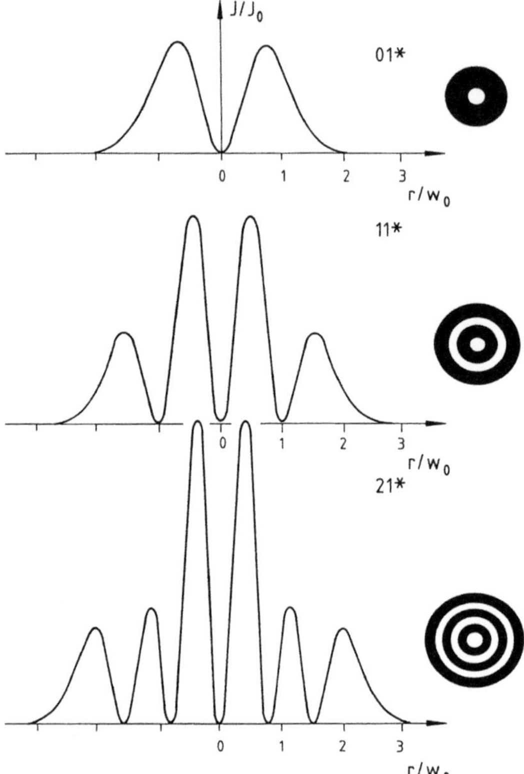

Bild 2.6. Laserintensitätsverlauf für Kreissymmetrie für Hybridmoden der Modenordnung TEM$^*_{p1}$

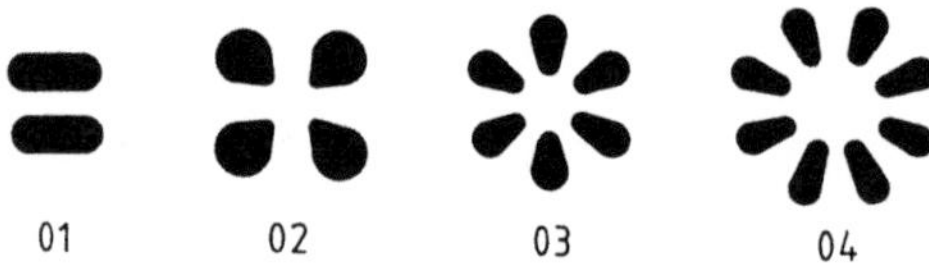

Bild 2.7. Azimutale Modenstruktur

Realer Resonator

Die Darstellungen in Bild 2.4 bis Bild 2.7 gelten nur für den leeren Resonator, im Resonator mit verstärkendem Medium werden die Flanken angehoben [2.3] und die Nullstellen sind nur als Minima erkennbar (Bild 2.8).

Läßt man den Laserstrahl für kurze Zeit z. B. auf schwarzes Fotopapier einwirken, dann erhält man inverse Höhenschnitte. Dies ist eine schnelle Methode zur Überprüfung des Lasers auf Justierfehler und Symmetrie. In Bild 2.9 sieht man solche „Burn pattern" für den kreissymmetrischen Stab und für den Slab mit Rechtecksymmetrie.

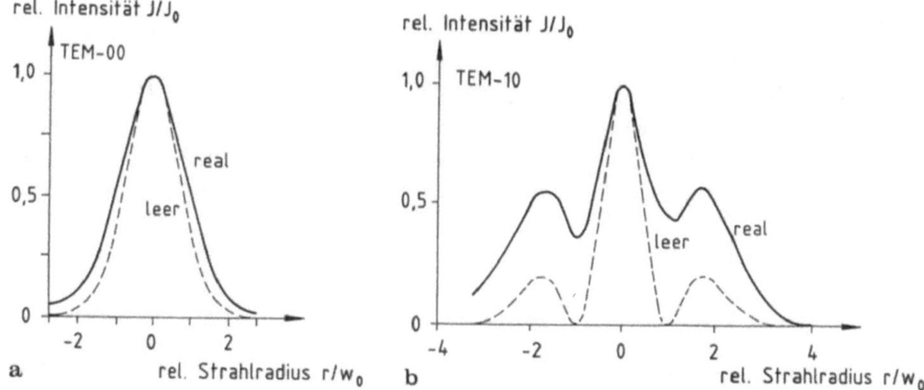

Bild 2.8. Realer Intensitätsverlauf nach [2.4]

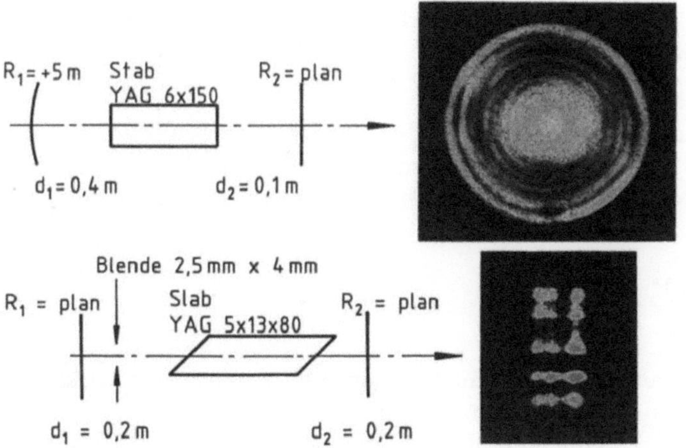

Bild 2.9. Einbrand in Fotopapier für zwei verschiedene Resonatoren

In [2.5, 2.6] wird gezeigt, daß der Strahlradius proportional zur Wurzel aus der Modenordnung und zum 00-Moderadius ist

$$w_m = \sqrt{m+1}\, w_0 \tag{2.15a}$$

$w_m = w_m(z)$ Strahlradius für Multimode bei Rechtecksymmetrie

w_m kann für x- und y-Richtung unterschiedlich sein, bzw.

$$w_{p,l} = \sqrt{2p+l+1}\, w_0 \tag{2.15b}$$

$w_{p,l} =$ Strahlradius für Multimode bei Kreissymmetrie .

Als Strahlradius wird nicht mehr der 1/e-Abfall wie im 00-Mode definiert, sondern der äußerste Wendepunkt der Feldverteilung.

In den meisten Fällen ist insbesondere bei Stäben als Lasermedium die Intensitätsverteilung radialsymmetrisch, das heißt $l = 0$. Damit haben die beiden Gleichungen (2.15) dieselbe Struktur, und im folgenden wird zunächst nicht zwischen der jeweiligen Symmetrie unterschieden. Als Modenordnung wird m verwendet.

Mit der Definition für die Divergenz ergibt sich damit für den Multimodefall

$$\Theta_m^2 = (m + 1)\Theta_0^2 \tag{2.16}$$

Θ_m = Divergenz für Multimode
Θ_0 = Divergenz für 00-Mode

$$s = \frac{w_{tm}}{\Theta_m} = \frac{w_{t0}}{\Theta_0} = \frac{\pi w_{t0}^2}{\lambda} \tag{2.17}$$

s = Schärfentiefe für Multimode und 00-Mode
w_{tm} = Taillenradius für Multimode.

Die Schärfentiefe bleibt unverändert [2.7].

Im Resonator nimmt der Radius des größten Modes etwa den Radius a der begrenzenden Apertur an. Im allgemeinen wird die Aperturblende durch das Lasermedium selbst gebildet, und die Modenordnung läßt sich mit (2.15) angeben zu

$$m + 1 \approx \frac{w_m(a)^2}{w_0(a)^2} \quad m = \text{Modenordnung}, \tag{2.18}$$

mit w_0 dem 00-Mode-Radius im Lasermedium am Ort der Apertur. Bild 2.10 verdeutlicht dies am Beispiel eines Laserstabes.

Wird andererseits eine Blende mit dem Radius a in den Strahlverlauf gebracht, dann läßt sich damit auch eine kleinere Modenordnung als (2.18) erzwingen – allerdings auf Kosten des Wirkungsgrades. Die in dem Volumen $\pi(r_0^2 - a^2)l$

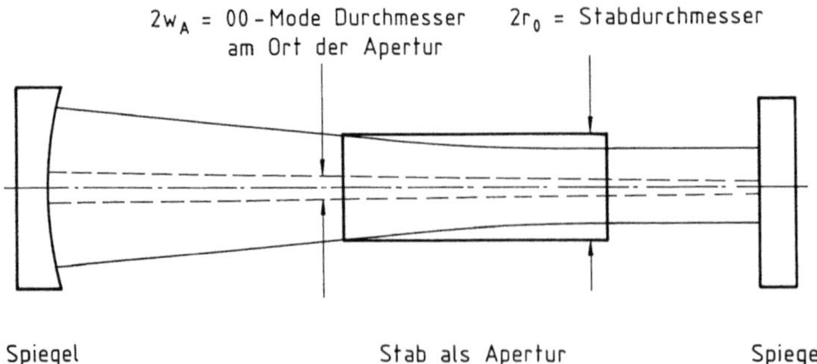

Bild 2.10. Apertur durch das Lasermedium

gespeicherte Energie kann nicht mehr abgeräumt werden und somit verringert sich die Strahlleistung. Bei höheren mittleren Leistungen (20 W) sollte die Blende gekühlt werden.

2.3 ABCD-Gesetz

Die Beschreibung des Strahlverlaufs für den 00-Mode und höhere Moden erfolgt üblicherweise mittels des Matrixformalismus [2.2, 2.8–2.10].

Geometrische Optik

Für kleine Winkel (paraxiale Näherung) kann ein Strahl an jeder Stelle z durch seinen Winkel α_1 und seinen Abstand w_1 relativ zu einer Achse charakterisiert werden (Bild 2.11).

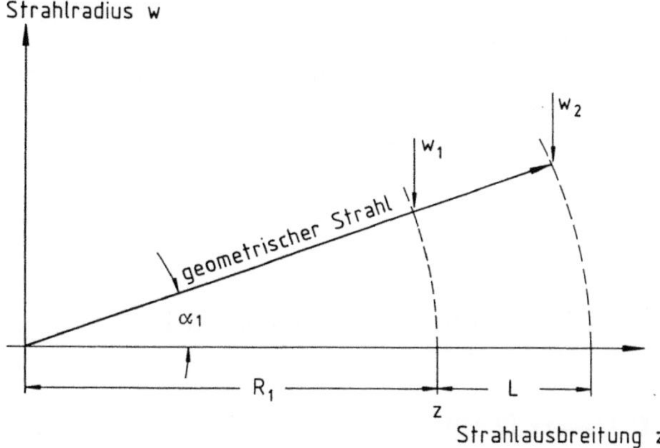

Bild 2.11. Verlauf eines geometrischen Strahls

Falls der Strahl im 0-Punkt entspringt, kann man ihm für die Stelle z den Krümmungsradius R_1 zuordnen

$$R_1 = w_1/\alpha_1 \ . \tag{2.19}$$

Nach der Strecke L lassen sich die neuen Parameter α_2, w_2 angeben

$$\begin{aligned} w_2 &= 1 \cdot w_1 + L \cdot \alpha_1 \\ \alpha_1 &= 0 \cdot w_1 + 1 \cdot \alpha_1 \end{aligned} \quad \text{bzw.} \quad \begin{vmatrix} w_2 \\ \alpha_2 \end{vmatrix} = \begin{vmatrix} 1 & L \\ 0 & 1 \end{vmatrix} \begin{vmatrix} w_1 \\ \alpha_1 \end{vmatrix} \tag{2.20}$$

oder allgemeiner

$$\begin{aligned} w_2 &= Aw_1 + B\alpha_1 \\ \alpha_2 &= Cw_1 + D\alpha_1 \end{aligned} \quad \text{bzw.} \quad \begin{vmatrix} w_2 \\ \alpha_2 \end{vmatrix} = \begin{vmatrix} A & B \\ C & D \end{vmatrix} \begin{vmatrix} w_1 \\ \alpha_1 \end{vmatrix} \ . \tag{2.21}$$

Die Ausbreitung im homogenen Medium wird also durch eine Matrix beschrieben, oder allgemeiner, jedes optische Element wird durch seine Matrix M repräsentiert

$$M = \begin{vmatrix} A & B \\ C & D \end{vmatrix} \quad \text{(optische Matrix)} . \qquad (2.22)$$

Für den Krümmungsradius R gilt nach (2.21) das geometrische ABCD-Gesetz

$$R_2 = \frac{AR_1 + B}{CR_1 + D} \quad \text{(geometrisches ABCD-Gesetz)} . \qquad (2.23)$$

Die optischen Matrizen können mittels geometrischer Optik für einfache Elemente, wie Linsen oder Platten, leicht hergeleitet werden. Zur Übersicht werden die Matrizen für optische Elemente in Abschnitt 2.5 aufgelistet und die wichtigsten Größen definitionsartig zusammengestellt.

Der erweiterte Krümmungsradius mit dem Beugungsanteil ist der inverse komplexe Strahlparameter q

$$\frac{1}{q} = \frac{1}{R} - \frac{i\lambda}{\pi w_m^2} \quad q = \frac{R\pi w_m}{\pi w_m^2 - i\lambda R} , \qquad (2.24)$$

der analog nach dem ABCD-Gesetz transformiert werden kann [2.10]

$$q_2 = \frac{Aq_1 + B}{Cq_1 + D} \quad \textbf{ABCD-Gesetz} \ [2.10] . \qquad (2.25)$$

Damit lassen sich die Transformationen der optischen Strahlparameter berechnen. Die wichtigsten Zusammenhänge für die Transformation eines Strahles mit den Parametern Θ_1 und w_1, in den neuen Strahl mit den Parametern Θ_2 und w_2 (Bild 2.12), sind nachfolgend dargestellt. Die Matrix der optischen Elemente verknüpft die Strahlparameter von einer gestrichelten Ebene bis zur nächsten gestrichelten Ebene.

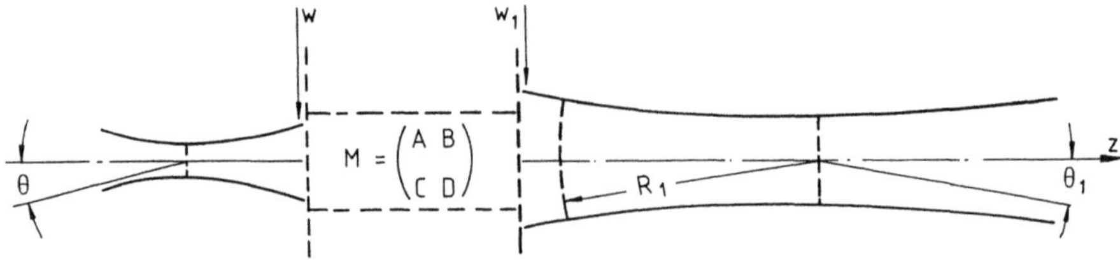

Bild 2.12. Transformation der optischen Strahlparameter

Die Transformationsgleichungen für die Strahlparameter lauten

$$\frac{1}{R_2} = \frac{AC + (AD + BC)/R_1 + BD(1/R_1^2 + \lambda^2/(\pi w_1^2)^2)}{(A + B/R_1)^2 + (B\lambda/\pi w_1^2)^2} \tag{2.26}$$

$$w_2^2 = w_1^2[(A + B/R_1)^2 + (B\lambda/\pi w_1^2)^2] \tag{2.27}$$

$$\Theta_2^2 = w_1^2[(C + D/R1)^2 + (D\lambda/\pi w_1^2)^2] \tag{2.28}$$

R_i = Krümmungsradius
w_i = Strahlradien
Θ_i = Divergenz.

Die Gleichungen (2.26) bis (2.28) gelten für jede Modenordnung, deshalb wird von hier an nur, falls zum Verständnis notwendig, zwischen Monomode und Multimode im Index unterschieden.

Wird die Strahltaille w_{t1} abgebildet ($R = \infty$), dann gilt nach [2.7]

$$w_{t2}^2 = A^2 w_{t1}^2 + B^2 \Theta_1^2 \quad w_{t1} \; = \; \text{Taillenradius} \tag{2.29}$$

$$\Theta_2^2 = C^2 w_{t1} 2 + D^2 \Theta 1^2 \tag{2.30}$$

$$s_2^2 = \frac{A^2 s_1^2 + B^2}{C^2 s_1^2 + D^2} \; . \tag{2.31}$$

Bildet man eine Strahltaille w_{t1} wieder in eine Taille w_{t2} ab, dann läßt sich für das Produkt aus Taille und Divergenz zeigen

$$w_{t2}\Theta_2 = w_{t1}\Theta_1 = \text{const.} \quad w_{t2}, \, w_{t1} = \text{Taillenradien} \tag{2.32}$$

und eine allgemeine Erhaltungsgröße (Abbesches-Sinusgesetz) ist

$$w_t\Theta = w_t^2/s = \Theta^2 s = (m + 1)\lambda/\pi \tag{2.33}$$

m = Modenordnung nach (2.15).

Diese Größe läßt sich nach dem Laser durch passive Optik ohne Verluste nicht mehr verringern. Das Produkt aus dem vollen Winkel $2\cdot\Theta$ für die Strahldivergenz und dem Taillendurchmesser $2\cdot w_t$ ist daher ein praktisches Maß für die optische Strahlqualität. Je kleiner dieses Produkt bzw. die Modenordnung ist, desto höher ist die Qualität des Laserstrahls.

$$2w_t 2\Theta = 4(m + 1)\lambda/\pi \quad \text{reziproke } \textbf{Strahlqualität} \; . \tag{2.34}$$

Beispiel 2.1

Ein beugungsbegrenzter YAG-Laser ($m = 0$) hat die Strahlqualität $2w_t \cdot 2\Theta \approx$ 1,3 mm·mrad. Ein Laserstab mit 10 mm Durchmesser kann in einem Bereich von ca. 100 W mittlerer Laserleistung mit einer Divergenz von etwa 10 mrad erzeugt werden. Die Strahlqualität beträgt etwa 100 mm · mrad und die Modenordnung liegt bei 80.

2.4 Vorzeichenkonvention [2.11]

Zur Berechnung des Strahlverlaufs ist das Vorzeichen aller Krümmungsradien richtig einzusetzen, insbesondere muß beim Auskoppelspiegelsubstrat beachtet werden, daß die Spiegelfläche ein anderes Vorzeichen hat, wenn die damit gebildete Linse berücksichtigt wird. Es empfiehlt sich daher, die Radien zusätzlich durch die Angaben konvex bzw. konkav eindeutig zu beschreiben.

1. Ausbreitung z

Die Ausbreitungsrichtung des Strahls wird als positive z-Achse gewählt. Insbesondere ist dadurch die Matrix des Planspiegels die Einheitsmatrix.

2. Grenzflächenradien insbesondere Linsenradien

Der Radius R ist größer Null, wenn der Strahl auf eine für ihn konvexe Fläche trifft.

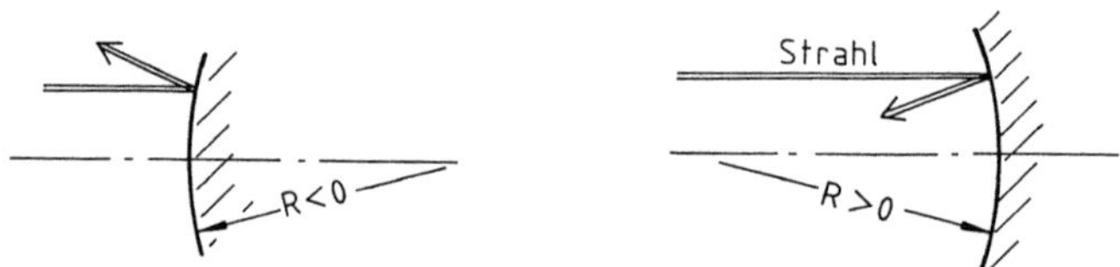

3. Spiegelradien R

Der Spiegelradius R ist größer Null, wenn der Strahl auf eine konkave Fläche trifft; also umgekehrt wie beim Grenzflächendurchtritt. Dies ist insbesondere bei teiltransparenten Spiegeln zu beachten.

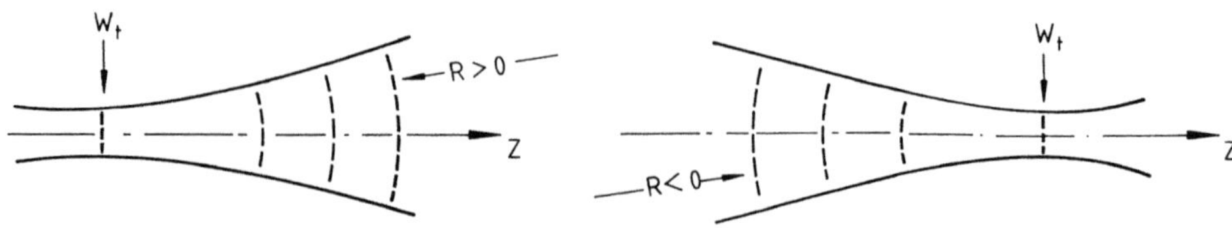

4. Krümmungsradius R des Strahls

5. Linsenbrennweiten f

6. Hauptebenenabstand h, Schnittweite s

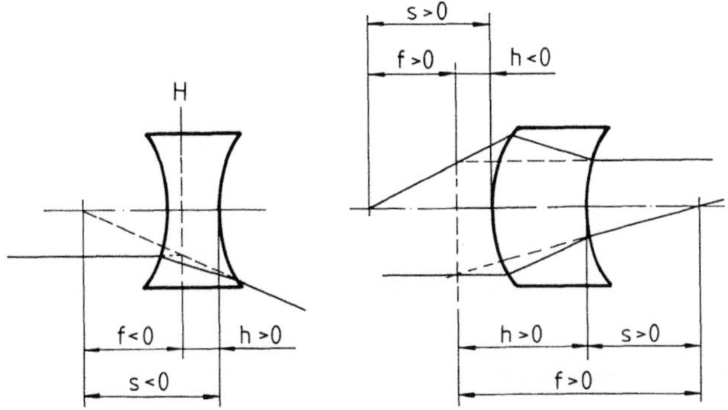

2.5 Matrizen optischer Elemente [2.1, 2.9, 2.10, 2.12]

Zur Charakterisierung des Strahlverlaufs ist die Kenntnis der optischen Matrix des jeweiligen Elements notwendig. In den Tabellen 2.2 bis 2.4 sind die zugehörigen Matrizen einiger einfacher optischer Elemente angegeben. Die Elemente müssen dabei zentriert und nicht verkippt sein, und der Strahlverlauf muß achsnah verlaufen.

Tabelle 2.2. Optische Matrizen einfacher Elemente

---

freie Ausbreitung

$$M = \begin{vmatrix} 1 & z \\ 0 & 1 \end{vmatrix}$$

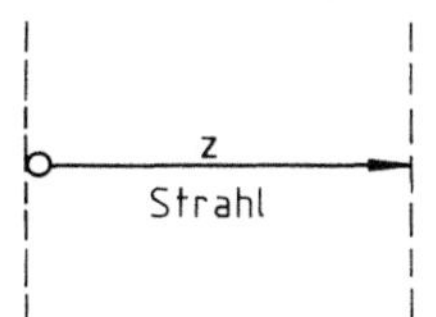

Brechung

$$M = \begin{vmatrix} 1 & 0 \\ \dfrac{n_1 - n_2}{n_2 R} & \dfrac{n_1}{n_2} \end{vmatrix}$$

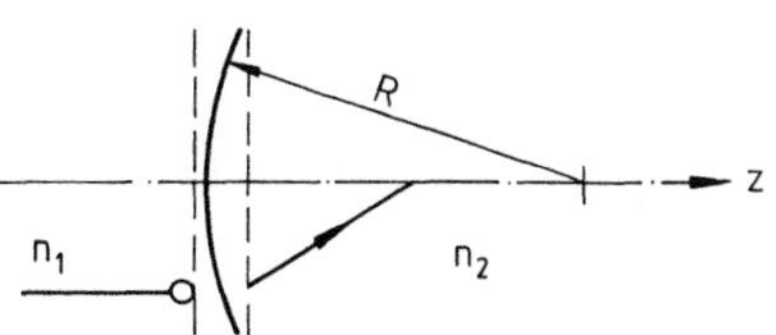

dünne Linse

$$M = \begin{vmatrix} 1 & 0 \\ -1/f & 1 \end{vmatrix}$$

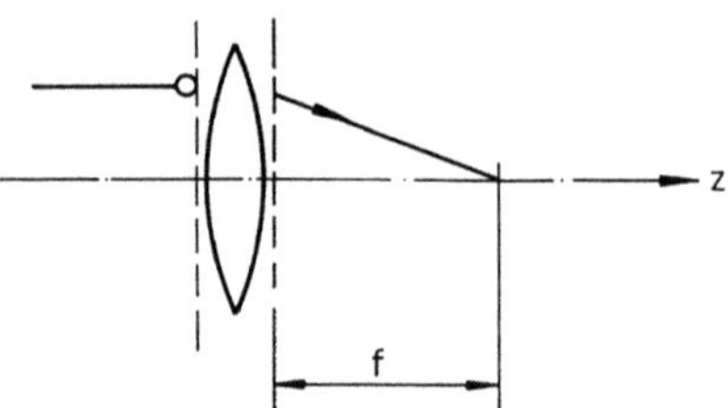

Spiegel

$$M = \begin{vmatrix} 1 & 0 \\ -2/R & 1 \end{vmatrix}$$

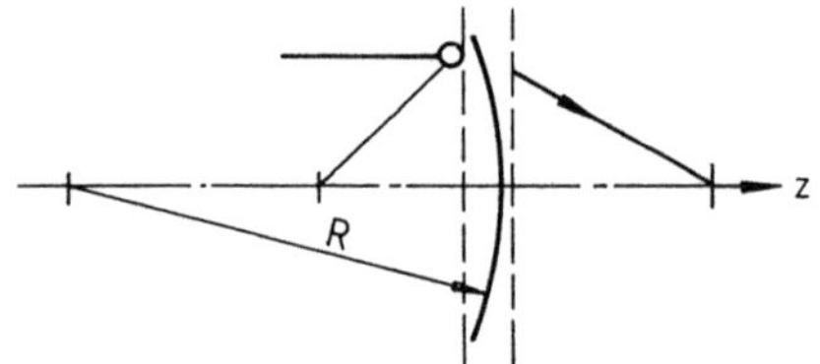

Tabelle 2.3. Optische Matrizen zusammengesetzter Elemente

Teleskop mit $l = f_1 + f_2$

$$M = \begin{vmatrix} -f_2/f_1 & f_1 + f_2 \\ 0 & -f_1/f_2 \end{vmatrix}$$

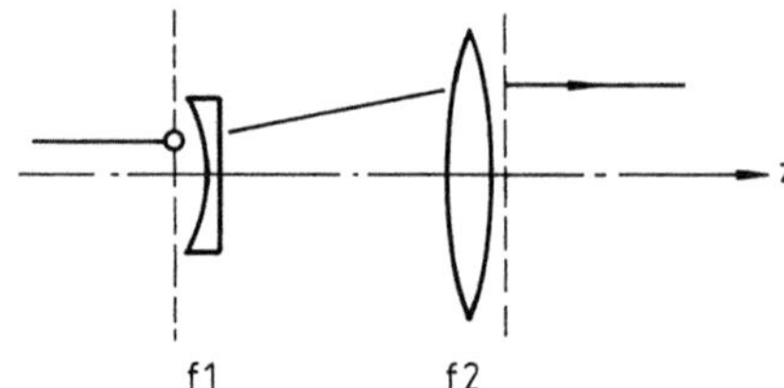

Planplatte

$$M = \begin{vmatrix} 1 & dn_1/n_2 \\ 0 & 1 \end{vmatrix}$$

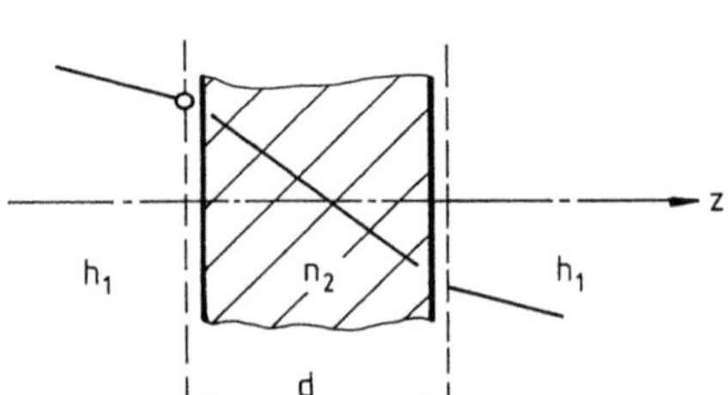

Linse $(d \ll R)$

$$M = \begin{vmatrix} 1 & 0 \\ -(n-1)\left[\frac{1}{R_1} - \frac{1}{R_2}\right] & 1 \end{vmatrix}$$

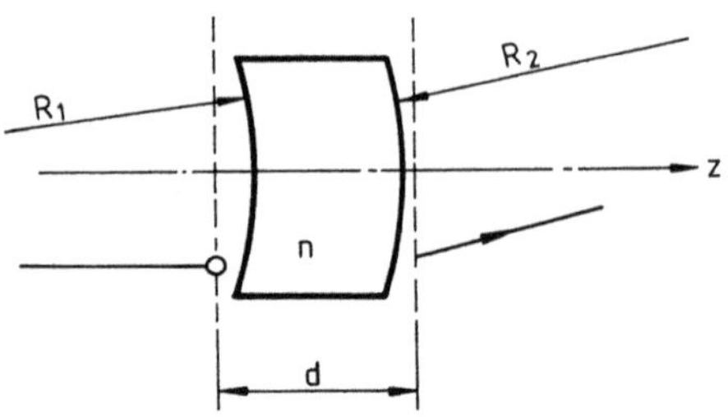

dicke Linse

$$M = \begin{vmatrix} 1 - h_2/f & h_1 + h_2 - h_1 h_2/f \\ -1/f & 1 - h_1/f \end{vmatrix}$$

$$= \begin{vmatrix} 1 & h_2 \\ 0 & 1 \end{vmatrix} \begin{vmatrix} 1 & 0 \\ -1/f & 1 \end{vmatrix} \begin{vmatrix} 1 & h_1 \\ 0 & 1 \end{vmatrix}$$

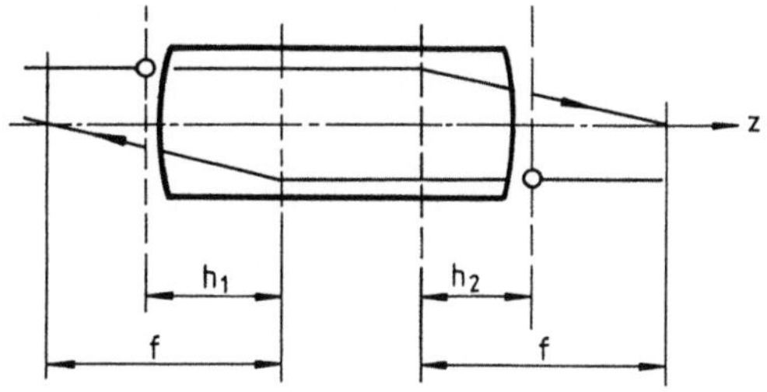

angepaßter Spiegel nach (3.16)

$$M = \begin{vmatrix} 1 & 0 \\ \frac{n}{R} & n \end{vmatrix} \begin{vmatrix} 1 & d \\ 0 & 1 \end{vmatrix} \begin{vmatrix} 1 & 0 \\ \frac{1-n}{nR} & \frac{1}{n} \end{vmatrix}$$

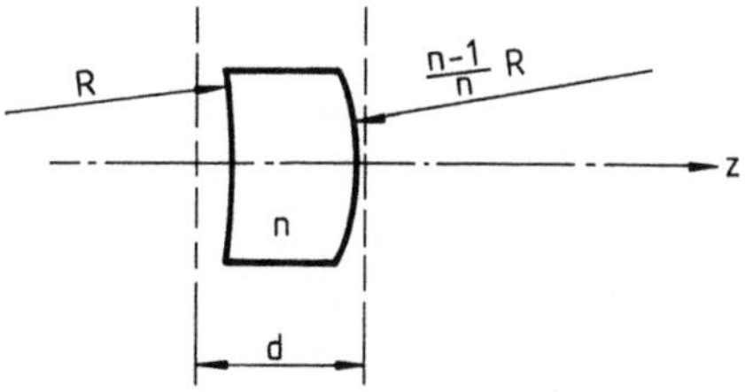

Tabelle 2.4. Optische Matrizen der thermischen Linse, mit radialem Brechungsindexverlauf

fokussierend

$$n(r) = n\left[1 - \frac{r^2}{2\beta^2}\right] \qquad \beta = \text{charakteristische Länge der thermischen Linse}$$

Referenzebenen innerhalb [2.1]

$$M = \begin{vmatrix} \cos(1/\beta) & \beta\sin(1/\beta) \\ -\sin(1/\beta)/\beta & \cos(1/\beta) \end{vmatrix}$$

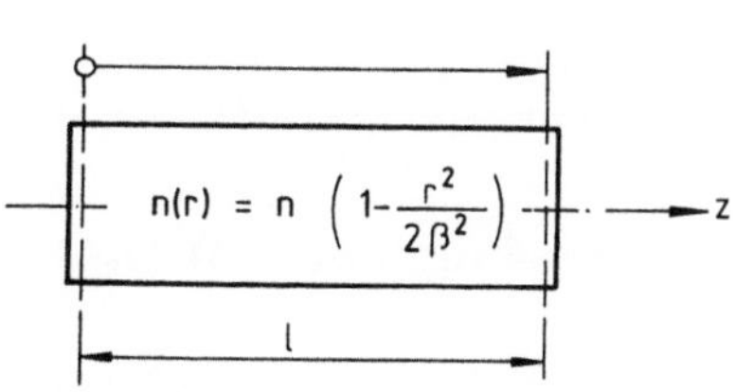

Referenzebenen außerhalb [2.1]

$$M = \begin{vmatrix} \cos(1/\beta) & \beta\sin(1/\beta)/n \\ -n\sin(1/\beta)/\beta & \cos(1/\beta) \end{vmatrix}$$

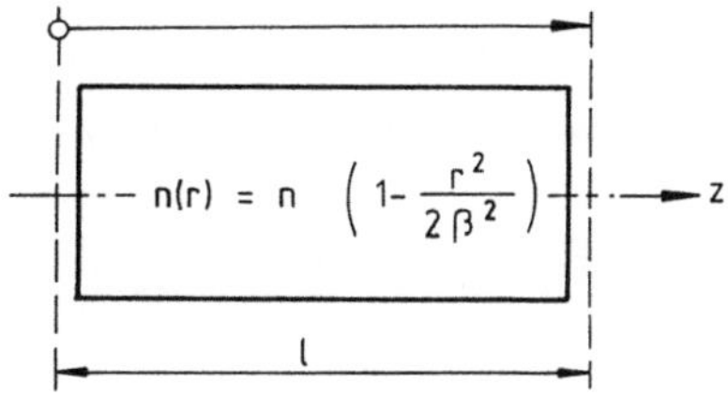

Für $\beta \gg 1$ kann die thermische Linse näherungsweise als dicke Linse beschrieben werden.

$$M = \begin{vmatrix} 1 - l^2/2\beta^2 & 1 \\ -1/\beta^2 & 1 - l^2/2\beta^2 \end{vmatrix} \quad \text{mit } 1/f = 1/\beta^2 \text{ und } h = 1/2n$$

---

divergierend

$$n(r) = n\left[1 + \frac{r^2}{2\beta^2}\right] \quad \beta = \text{charakteristische Länge der thermischen Linse}$$

Referenzebenen innerhalb [2.1]

$$M = \begin{vmatrix} \cosh(1/\beta & \beta\sinh(1/\beta) \\ \sinh(1/\beta)/\beta & \cosh(1/\beta \end{vmatrix}$$

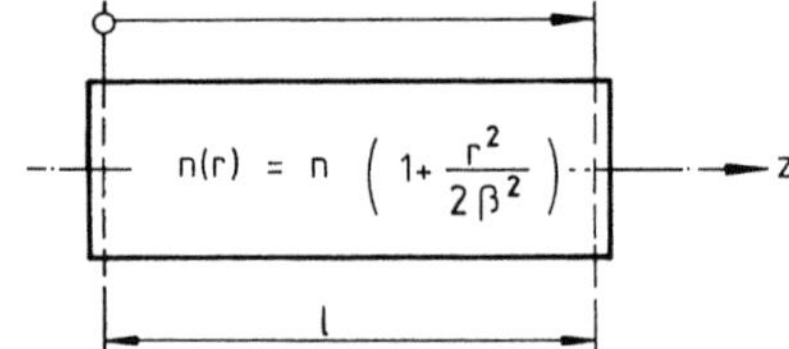

Referenzebenen außerhalb [2.1]

$$M = \begin{vmatrix} \cosh(1/\beta & \beta\sinh(1/\beta)/n \\ n\sinh(1/\beta)/\beta & \cosh(1/\beta \end{vmatrix}$$

2.6 Anwendung des ABCD-Gesetzes

Freie Ausbreitung in z-Richtung [2.13]

Die Matrix für die freie Ausbreitung nach Tabelle 2.2 ergibt für die z-Abhängigkeit von Strahl- und Krümmungsradius mit (2.26) bis (2.28)

$$w_2^2(z) = w_1^2\left[(1 + z/R_1)^2 + (z\lambda/\pi w_1^2)^2\right] \tag{2.35}$$

$$\frac{1}{R_2(z)} = \frac{1/R_1 + z(1/R_1^2 + \lambda^2/(\pi w_1^2)^2)}{(1 + z/R_1)^2 + (z/\pi w_1^2)^2} \cdot \tag{2.36}$$

Die Divergenz Θ

$$\Theta^2 = w_1^2/R^2 + w_1^2\lambda^2/(\pi w_1^2)^2 \tag{2.37}$$

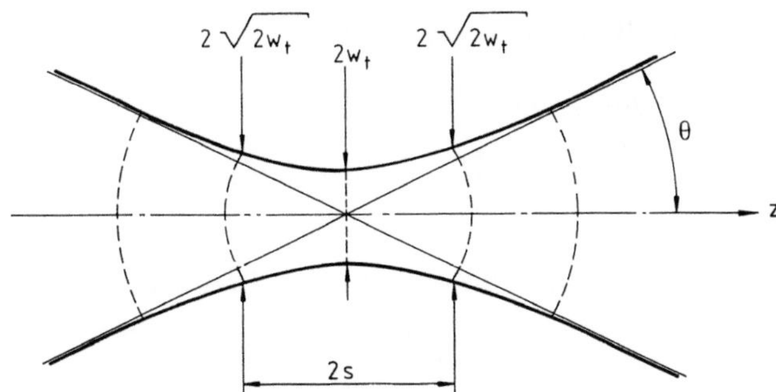

Bild 2.13. Freie Strahlausbreitung

ist nicht z-abhängig. Der erste Term für die Divergenz Θ gibt den geometrischen Öffnungswinkel, der zweite den Beugungsanteil an.

Ist $w_1 = w_t$ ein Taillenradius ($R_1 = \infty$, Bild 2.13), dann folgt

$$w^2(z) = w_t^2[1 + (z/s)^2] \quad \text{für den Strahlradius,} \tag{2.38}$$

$$R(z) = s[s/z + z/s] \quad \text{für den Krümmungsradius und} \tag{2.39}$$

$$\Theta = \frac{w_t}{s} \quad \text{für die Divergenz .} \tag{2.40}$$

Die Querschnittsfläche verdoppelt sich für den Abstand $z = s$. Damit ist die Rayleigh-Länge s anschaulich als Schärfentiefe erklärt. Gleichzeitig liegt ein Minimum für den Krümmungsradius vor, $R(s) = 2s$. In der Praxis kann man etwa eine Änderung um 10% in der Leistungsdichte tolerieren ($w(z)^2/w_t^2 = 1{,}1$). Diese Änderung liegt bei etwa $z/s \approx 0{,}33$ vor.

Abbildung mit dünner Linse

Durch eine Linse bzw. Linsenkombination wird die Taille des Lasers auf das Werkstück oder auf das Faserende fokussiert (Bild 2.14).

Die Erhaltungsgröße $w_{t2}\Theta_2 = w_t\Theta$ und damit die Strahlqualität lassen sich wiederum nicht von der Linse beeinflussen.

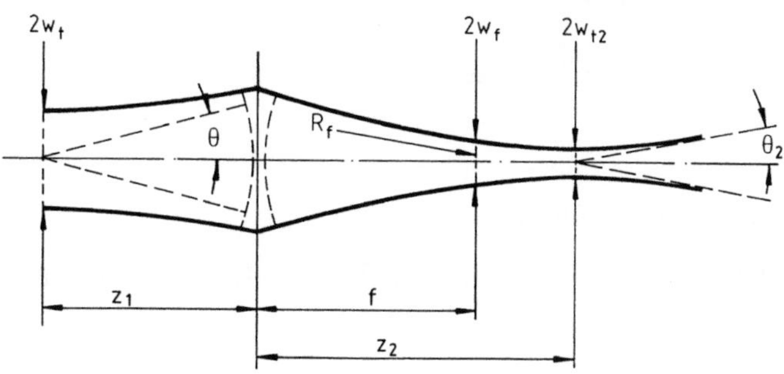

Bild 2.14. Abbildung mit dünner Linse

In der Brennebene $z_2 = f$ gilt

$$2w_f = 2f\Theta \qquad \text{für den Durchmesser und} \tag{2.41}$$

$$\frac{1}{R_f} = \frac{1}{f} - \frac{z_1}{f^2} \quad \text{für den Krümmungsradius .} \tag{2.42}$$

Da der Strahldurchmesser in der Brennebene der Divergenz proportional ist, bietet sich damit eine Methode, die Divergenz zu messen.

Für die neue Taille gelten die Abbildungsgleichungen

$$\frac{1}{z_2} = \frac{1}{f} - \frac{1}{z_1 + s^2/(z_1 - f)} \quad \text{bzw.} \tag{2.43}$$

$$z_2 = f + \frac{f^2(z_1 - f)}{(z_1 - f)^2 + s^2} \qquad \text{für den Abstand und}$$

$$w_{t2}^2 = \frac{\Theta^2 f^2}{1 + (z_1 - f)^2/s^2} \qquad \text{bzw.} \tag{2.44}$$

$$w_{t2}^2 = \frac{w_t^2 f^2}{(z_1 - f)^2 + s^2} \qquad \text{für den Taillenradius .}$$

Die Gleichungen unterscheiden sich von den normalen Abbildungsgleichungen der geometrischen Optik durch Berücksichtigung der Schärfentiefe s, die sich mit dem Betriebszustand des Lasers verändern kann. Der Öffnungswinkel Θ_2 hinter der Linse beträgt nach (2.30)

$$\Theta_2^2 = \frac{w_t^2}{f^2} + \frac{(z_1 - f)^2}{f^2}\Theta^2 \;. \tag{2.45}$$

Für $z_1 = f$ ergibt sich

$$z_2 = z_1 \quad (1:1\text{-Abbildung}) \;, \tag{2.46}$$

$$w_2 = w_f = f\Theta \;, \tag{2.47}$$

$$\Theta_f = w_0/f \quad \text{und} \tag{2.48}$$

$$s_1 = \frac{f^2\Theta^2}{\Theta w_0} = \frac{w_f^2}{\Theta w_0} \;. \tag{2.49}$$

Abbildung mit Teleskop (Bild 2.15)

Das Teleskop sei fokussiert d. h. $l = f_1 + f_2$. Als Aufweitungsfaktor A wird definiert

$$A := \frac{|f_2|}{|f_1|} \;. \quad A = \text{Aufweitungsfaktor} \tag{2.50}$$

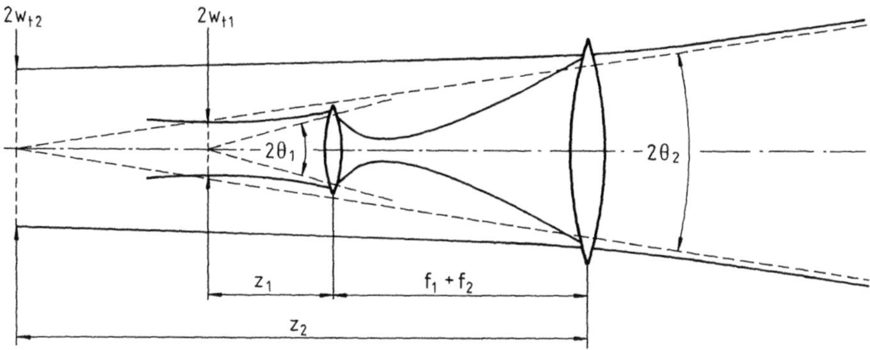

Bild 2.15. Abbildung mittels Teleskop

Durch Anwendung des ABCD-Gesetzes mit der entsprechenden Matrix für das Teleskop ergeben sich für die Strahlparameter

$$w_{t2} = Aw_{t1} \qquad \text{für den Taillenradius,} \qquad (2.51)$$

$$\Theta_2 = \Theta_1/A \qquad \text{für die Divergenz,} \qquad (2.52)$$

$$s_2 = w_{t2}/\Theta_2 = A^2 s_1 \qquad \text{für die Schärfentiefe} \qquad (2.53)$$

$$z_2 = A^2 z_1 - A(f_1 + f_2) \qquad \text{für die Lage der Taille .} \qquad (2.54)$$

Die neue Strahltaille w_1 ist um den Faktor A vergrößert und liegt scheinbar im Abstand z_1 vor dem Teleskop, die Divergenz ist um den Faktor A verkleinert. Die Verwendung eines Teleskops vor der Fokussierungslinse ermöglicht es, den Fokusdurchmesser um den Aufweitungsfaktor A zu reduzieren, allerdings auf Kosten der Schärfentiefe und des Öffnungswinkels im Fokus.

3 Resonatoren

Für ein Lasersystem zur Materialbearbeitung sollen die Strahlparameter am Ort der Bearbeitung bei allen zulässigen Betriebsbedingungen konstant bleiben. Insbesondere bedeutet dies konstanten Fokusdurchmesser und Schärfentiefe, konstante Fokuslage, konstante Laserenergie und -leistung. Die Effizienz soll aus wirtschaftlichen Gründen groß sein und die Strahlqualität hoch, damit eine große Verfahrensbreite gegeben ist. Unsymmetrie für die Bearbeitungsrichtung muß vermieden werden, dazu muß – abgesehen von Sonderfällen – der Strahlquerschnitt rund und die Polarisation zirkular oder der Strahl statistisch polarisiert sein.

Setzt man stabile Eingangsparameter wie Pumpleistung und Kühlung voraus, dann bedeuten diese Anforderungen für den Resonator:

– konstante optische Parameter

$$w\Theta = (m+1)\lambda/\pi \tag{3.1}$$

d.h. konstante und geringe Modenordnung und im einzelnen konstanten Strahlradius und zugleich konstante Divergenz. Dadurch ist die Fokuslage ebenfalls stabil.
– hohe Effizienz
Das Modenvolumen muß an die Geometrie des Lasermediums angepaßt werden. Für Stäbe kann das Modenvolumen V_m bei linearisiertem Verlauf als Kegelstumpf geometrisch abgeschätzt werden (Bild 3.1) zu

$$V_m/\pi r_0^2 l = 1/3 + w/3r_0 + w^2/3r_0^2 \, , \quad \text{nach [3.1]}. \tag{3.2}$$

– konstante Laserparameter wie Energie und Leistung
Das Modenvolumen muß während der Zustandsänderungen konstant bleiben.
– Rotationssymmetrie für den Strahl bezüglich Geometrie und Polarisation.

Es müssen kreisförmige Begrenzungen und Spiegel vorliegen aber keine polarisierende Elemente wie Strahlteiler und Brewster-Flächen im Resonator.

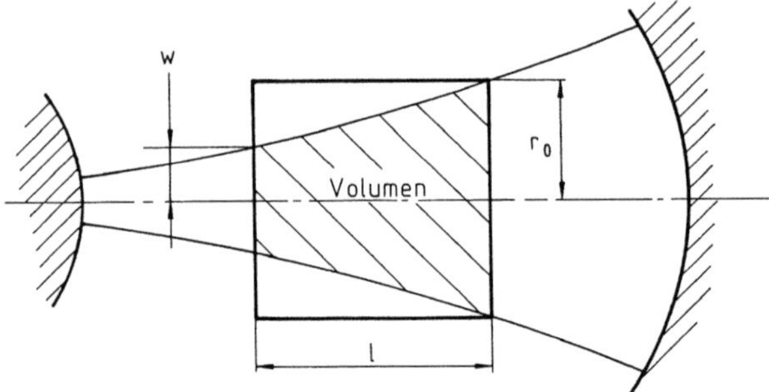

Bild 3.1. Modenvolumen

3.1 Stabiler Resonator

Bisher werden zur Materialbearbeitung mit Festkörperlasern fast ausschließlich stabile Resonatoren eingesetzt. Sie zeichnen sich durch einfachen Aufbau aus. Die stationäre Feldverteilung läßt sich mit der paraxialen Näherung und dem Matrixformalismus beschreiben. Als stabil bezeichnet man den Resonator, wenn der Modendurchmesser bei unbegrenzten Spiegeln und unbegrenztem Medium endlich bleibt.

Eigenwerte für TEM-00-Mode

Der Strahl werde durch den Parameter q (2.24) beschrieben. Für stationäre Verhältnisse muß sich q nach einem vollen Umlauf (Bild 3.2) reproduzieren

$$q = q_1 \qquad M = \begin{vmatrix} A & B \\ C & D \end{vmatrix} \quad \text{Matrix für vollen Umlauf .} \tag{3.3}$$

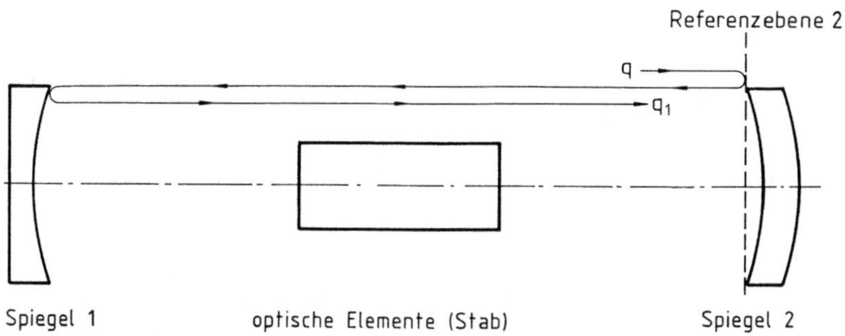

Bild 3.2. Stabiler Resonator

Sei M die Matrix für einen vollen Umlauf, dann gilt nach einem Umlauf

$$q = \frac{Aq + B}{Cq + D} \quad \text{mit der Lösung} \tag{3.4}$$

$$\frac{1}{q} = \frac{D - A}{2B} \pm \frac{i}{2B} \sqrt{-A^2 + 2AD - D^2 - 4BC} \ . \tag{3.5}$$

Damit der Strahlradius endlich und reell bleibt, muß der Ausdruck unter der Wurzel ebenfalls reell sein. Dies führt mit der allgemeinen Eigenschaft der optischen Matrizen für dasselbe Medium (Brechungsindex n = const.)

$$\det \begin{vmatrix} A & B \\ C & D \end{vmatrix} = AD - BC = 1 \quad \text{über} \tag{3.6}$$

$$\frac{1}{q} = \frac{D - A}{2B} \pm \frac{i}{2B} \sqrt{-(A + D)^2 + 4} \tag{3.7}$$

stationärer Wert des Strahlparameters im stabilen Resonator

zu

$$-2 < A + D < 2 \quad \text{dem **Stabilitätskriterium** .} \tag{3.8}$$

Wählt man die Referenzebene 2 so, daß in ihr eine ebene Wellenfront vorliegt (Planspiegel), dann ist

$$1/R = \mathrm{Re}(1/q) = (D - A)/2B = 0 \quad \text{insbesondere für } A = D \tag{3.9}$$

und der Taillienradius und die Rayleigh-Länge am Spiegel 2 ergeben sich zu

$$w_{t2}^2 = \frac{\lambda}{\pi}\sqrt{-B/C} \qquad s_2^2 = -\frac{B}{C} \qquad\qquad (3.10)$$

mit (2.24) und (2.3).

Darstellung mit Planspiegeln

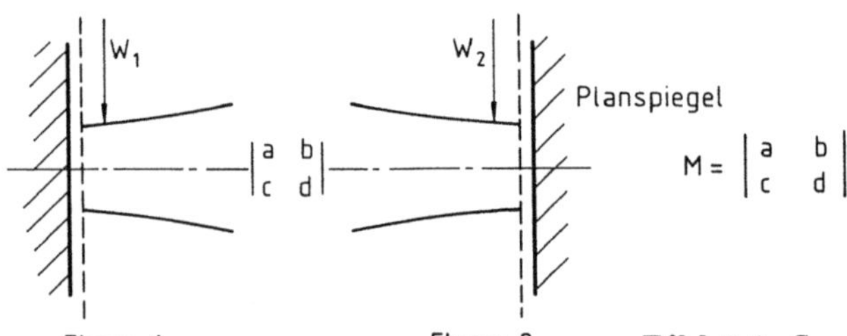

Bild 3.3. Spezielle Eigenwertdarstellung

In Bild 3.3 sei M die Matrix für den einfachen Übergang von der Referenzebene 1 auf Ebene 2. M enthalte alle optischen Elemente bis hin zu den planen
Flächen. Die Matrix für einen vollen Umlauf von Ebene 2 über Spiegel 2 durch
den Resonator über Spiegel 1 wieder durch den Resonator bis zur Ebene 2 lautet

$$\begin{vmatrix} A & B \\ C & D \end{vmatrix} = \begin{vmatrix} a & b \\ c & d \end{vmatrix}\begin{vmatrix} 1 & 0 \\ 0 & 1 \end{vmatrix}\begin{vmatrix} d & b \\ c & a \end{vmatrix}\begin{vmatrix} 1 & 0 \\ 0 & 1 \end{vmatrix} = \begin{vmatrix} ad+bc & 2ab \\ 2cd & ad+bc \end{vmatrix} . \qquad (3.11)$$

Da $A = D$ gilt, folgt mit (3.10) für die Rayleigh-Längen und Taillenradien

$$s_2^2 = -\frac{ab}{cd} \qquad s_1^2 = -\frac{db}{ca} \qquad \text{Rayleigh-Längen [3.2] ,} \qquad\qquad (3.12)$$

$$w_{t2}^2 = \frac{\lambda s_2}{\pi} \qquad w_{t1}^2 = \frac{\lambda s_1}{\pi} \qquad \text{Taillenradien .}$$

Die Bedingung, daß die Strahlradien w_i endlich bzw. reell bleiben, lautet analog
zu (3.8)

$$\text{abcd} < 0 \qquad \textbf{Stabilitätskriterium [3.3] .} \qquad\qquad (3.13)$$

Sobald einer der Parameter a bis d verschwindet, wird der Resonator instabil.

Die vereinfachte Darstellung des Umlaufs mit ebenen Wellenfronten in den
Referenzebenen soll im folgenden bei der Diskussion der verschiedenen Resonatoren übertragen werden.

Einführung einer fiktiven planen Ebene (Bild 3.4)

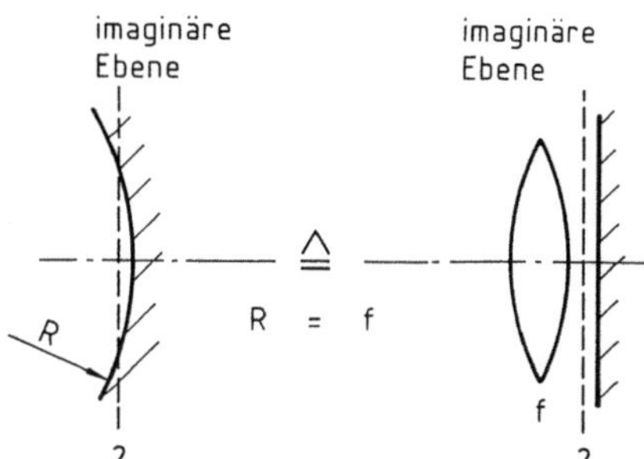

Bild 3.4. Simulation von gekrümmten Spiegeln

Um die Ergebnisse (3.12) und (3.13) anwenden zu können, muß die Lage der Referenzebene so gewählt werden, daß in ihr scheinbar eine ebene Wellenfront vorliegt. Da ein gekrümmter Spiegel sich durch eine Kombination von Linse und ebenem Spiegel simulieren läßt,

$$
\begin{vmatrix} 1 & 0 \\ -2/R & 1 \end{vmatrix} = \begin{vmatrix} 1 & 0 \\ -1/f & 1 \end{vmatrix} \begin{vmatrix} 1 & 0 \\ 0 & 1 \end{vmatrix} \begin{vmatrix} 1 & 0 \\ -1/f & 1 \end{vmatrix} = \begin{vmatrix} 1 & 0 \\ -2/f & 1 \end{vmatrix} \tag{3.14}
$$

kann man diese Ebenen imaginär in den Spiegel legen.

Der Strahlradius w_2 am Spiegel 2 ergibt sich analog zu (3.12) zu

$$
w_2 = \sqrt{\frac{\lambda p_2}{\pi}} \quad \text{mit} \quad p_2 = \sqrt{-\frac{ab}{cd}} \quad \text{dem Resonatorparameter} . \tag{3.15}
$$

Für Planspiegel ist der Resonatorparameter die Rayleigh-Länge.

Der Strahlanteil, der von dem teilreflektierenden Spiegel transmittiert wird (Bild 3.5), muß noch mit der entsprechenden Spiegelmatrix transformiert werden. Es ist auf das richtige Vorzeichen des Krümmungsradius R, gemäß der Konvention zu achten, je nachdem, ob R als Linsenradius oder Krümmungsradius

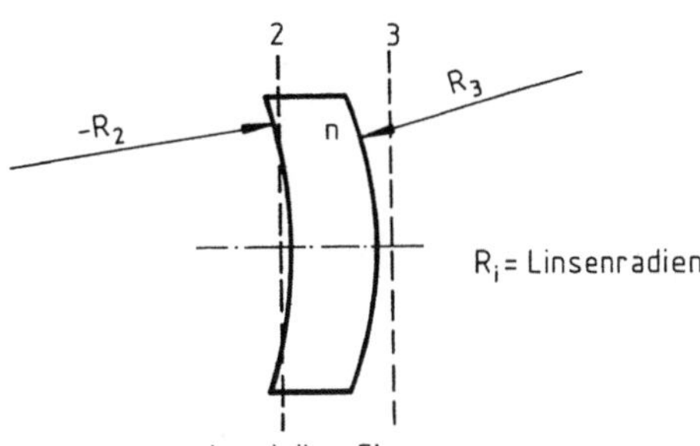

Bild 3.5. Referenzebenen im Auskoppelspiegel

für die Wellenfront betrachtet wird.

$$M_{23} = \begin{vmatrix} 1 & 0 \\ \frac{n-1}{R_3} & n \end{vmatrix} \begin{vmatrix} 1 & 0 \\ -\frac{1}{R_2} & \frac{1}{n} \end{vmatrix} = \begin{vmatrix} 1 & 0 \\ \frac{n-1}{R_3} - \frac{n}{R_2} & 1 \end{vmatrix} \qquad (3.16)$$

$R_i =$ Linsenradien .

Für angepaßte Außenspiegel, die am Spiegel in Ebene 3 wieder eine ebene Wellenfront erzeugen [3.4], muß in (3.16) nach (2.26) das Matrixelement C verschwinden. Es gilt somit für die Übergangsmatrix von Referenzebene 2 zur Ebene 3 beim angepaßten Spiegel, $R_3 = R_2(1 - 1/n)$.

Die Matrixelemente a bis d ergeben sich aus den optischen Elementen innerhalb des Resonators. Im allgemeinen zeigt das Lasermedium durch das optische Pumpen eine Linsenwirkung, die in erster Näherung durch die äquivalente Brechkraft D berücksichtigt wird. Die Matrix dazu lautet

$$M = \begin{vmatrix} 1 & 0 \\ -D & 1 \end{vmatrix} \quad \text{Matrix für thermische, dünne Linse .} \qquad (3.17)$$

Die Matrixelemente a bis d eines Resonators für den einfachen Durchgang sind daher im allgemeinen von der Brechkraft D abhängig. Man bezeichnet die Brechkraft D als kritische Brechkraft D_i, bei der das entsprechende Matrixelement i von a bis d verschwindet

$$i(D_i) = 0 \quad D_i = \text{kritische Brechkraft}, \quad i = a, b, c, d. \qquad (3.18)$$

Die Berechnung von Strahlradius und Divergenz eines Resonators erfolgt in folgenden Schritten:

- Die Resonatormatrix für den Verlauf von Ebene 1 bis 2 mit den Elementen a bis d wird aus den Elementen des jeweiligen Resonators bestimmt und die kritischen Brechkräfte D_i werden berechnet.
- Die Resonatorparameter p_i an den beiden Spiegeln werden nach (3.15) berechnet.
- Die Modenordnung wird bestimmt, indem der Strahlradius am Ort der Apertur nach (2.27) berechnet wird. Das Verhältnis der Quadrate der Radien ergibt dann die Modenordnung nach (2.18).
- Mit der Modenordnung und der Rayleigh-Länge liegt der Multimoderadius (3.15) in der Spiegelebene und bei dünnen Spiegeln damit unmittelbar hinter dem Auskoppelspiegel vor.
- Die Multimodedivergenz in der Spiegelebene wird nach (2.34) bestimmt und für die Divergenz hinter dem Auskoppelspiegel muß mit (2.30) der Spiegel selbst noch berücksichtigt werden.

3.2 Leerer Resonator

Der einfachste Resonator, an dem die Stabilitätsgrenzen diskutiert werden können, ist der leere Resonator (Bild 3.6). Die Spiegel werden als unendlich dünne Schalen angenommen, die den Krümmungsradius des Strahls vorgeben.

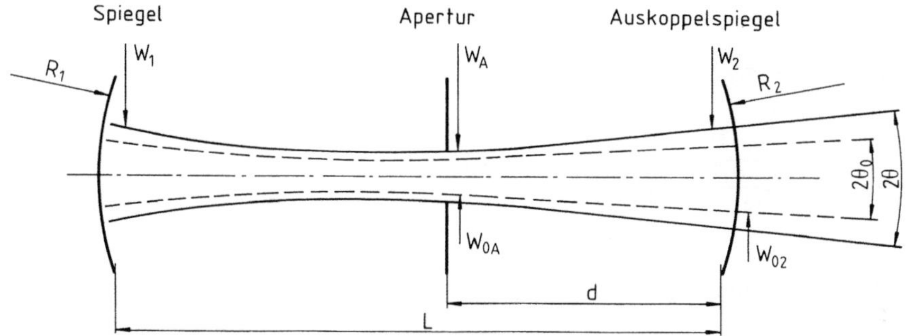

Bild 3.6. Leerer Resonator

Bei vorgegebener Apertur, Länge und Spiegelradien, können die Strahlparameter nach den angebenen Schritten berechnet werden.

Resonatormatrix

$$M = \begin{vmatrix} a & b \\ c & d \end{vmatrix} = \begin{vmatrix} 1 & 0 \\ -1/R_2 & 1 \end{vmatrix} \begin{vmatrix} 1 & L \\ 0 & 1 \end{vmatrix} \begin{vmatrix} 1 & 0 \\ -1/R_1 & 1 \end{vmatrix} \tag{3.19}$$

Resonatormatrixelemente

$$\begin{aligned} a &= 1 - L/R_1 & b &= L \\ c &= -1/R_1 - 1/R_2 + L/R_1 R_2 & d &= 1 - L/R_2 \end{aligned} \tag{3.20}$$

Resonatorparameter und Strahlradius

$$p_2^2 = -\frac{ab}{cd} \qquad w_{02}^2 = \frac{\lambda p_2}{\pi} \tag{3.21}$$

Übergangsmatrix von w_{02} auf w_{0A}

$$\begin{vmatrix} 1 & d \\ 0 & 1 \end{vmatrix} \begin{vmatrix} 1 & 0 \\ -1/R_2 & 1 \end{vmatrix} = \begin{vmatrix} 1 - d/R_2 & d \\ -1/R_2 & 1 \end{vmatrix} \tag{3.22}$$

00-Moderadius w_{0A} am Ort der Apertur

$$w_{0A}^2 = (1 - d/R_2)^2 w_{0t2}^2 + d^2 \Theta_{02}^2 \quad \text{nach (2.29)} \tag{3.23}$$

Multimode-Radius w_2 am Auskoppelspiegel

$$w_2^2 = \frac{w_A^2}{w_{0A}^2} w_{02}^2 \qquad \text{nach (2.15) und (2.18)} \tag{3.24}$$

$$\frac{w_2^2}{w_A^2} = \frac{1}{\frac{(R_2-d)^2}{R_2} + \frac{d^2}{p^2}} \quad \text{nach (2.33)} \tag{3.25}$$

Multimode-Divergenz Θ_2 am Auskoppelspiegel

$$\frac{\Theta_2^2}{w_A^2} = \frac{1}{\frac{p^2(R_2-d)^2}{R_2} + d^2} \tag{3.26}$$

Führt man die in der Literatur verwendeten g-Parameter ein,

$$g_1 := 1 - L/R_1 \quad \text{und} \quad g_2 := 1 - L/R_2\,, \tag{3.27}$$

so ergeben sich die Resonatormatrix und die Resonatorparameter zu

$$M = \begin{vmatrix} g_1 & L \\ -(1 - g_1 g_2)/L & g_2 \end{vmatrix}. \tag{3.28}$$

Das Stabilitätskriterium

$$\mathrm{abcd} = g_1 g_2(g_1 g_2 - 1) < 0 \quad \text{ist erfüllt für}$$
$$0 < g_1 g_2 < 1\,. \tag{3.29}$$

Bild 3.7 zeigt das in der Literatur üblicherweise verwendete Stabilitätsdiagramm mit den Grenzen und einigen speziellen Resonatoren.

3.3 Konventionelle stabile Resonatoren

Im folgenden werden die Ergebnisse für Strahldivergenz und Strahlradius für einige Resonatoren angegeben. Die Angaben beziehen sich auf den Auskoppelspiegel für den Strahlverlauf von links nach rechts.

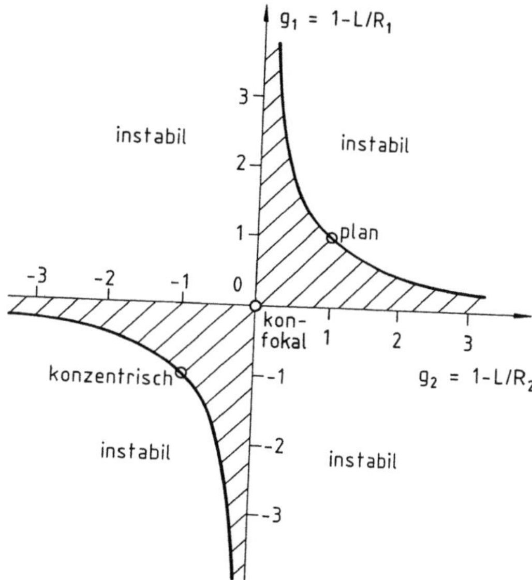

Bild 3.7. Stabilitätsdiagramm

1. Laserstab fest verspiegelt (Bild 3.8) nach [3.5]

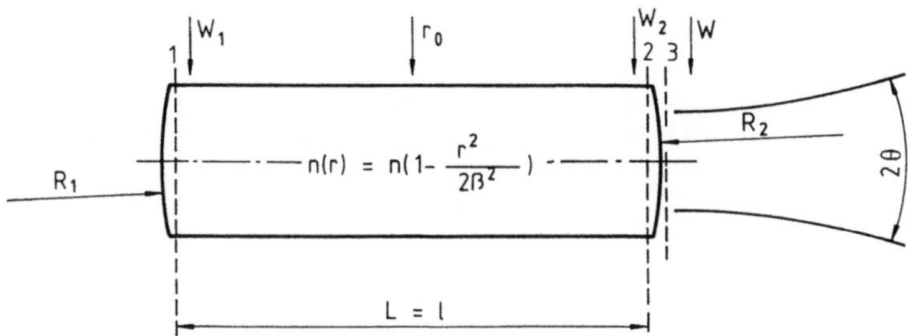

Bild 3.8. Fest verspiegelter Laserstab

Die Matrix M_{stab} für das Lasermedium (Stab) ist nach Tabelle 2.4 zu wählen.

Resonatormatrix

$$M_{12} = \begin{vmatrix} a & b \\ c & d \end{vmatrix} = \begin{vmatrix} 1 & 0 \\ -1/R_2 & 1 \end{vmatrix} M_{stab} \begin{vmatrix} 1 & 0 \\ -1/R_1 & 1 \end{vmatrix} \tag{3.30}$$

Resonatorparameter

$$p_2^2 = -\frac{ab}{cd} \tag{3.31}$$

Spiegelübergangsmatrix

$$M_{23} = \begin{vmatrix} 1 & 0 \\ -1/R_2 & n \end{vmatrix} \tag{3.32}$$

Referenzebenen 1 und 2 liegen im Spiegel

Multimode-Radius

$$w_2 \approx r_0 \tag{3.33}$$

Multimode-Divergenz

$$\frac{\Theta_2^2}{r_0^2} = \frac{w_2^2}{w_A^2}\left[\frac{1}{R_2^2} + \frac{n^2}{p_2^2}\right] \tag{3.34}$$

$w_A = $ 00-Mode Radius am Ort der Apertur

Für einen plan-plan-Resonator gilt

$$w_2 \approx r_0 \quad \text{für } n(r) = n\left[1 \pm \frac{r^2}{2\beta^2}\right] \text{ Brechungsindexverlauf ,} \tag{3.35}$$

$$\Theta_2 = \pm n r_0 / \beta \ . \tag{3.36}$$

für einen plan-sphärischen-Resonator gilt

$$w_2 \approx r_0 \tag{3.37}$$

$$\frac{\Theta_2^2}{r_0^2} = \frac{n^2}{\beta^2} + \frac{n^2}{R_1 L} \quad \text{für } n(r) = n\left[1 \pm \frac{r^2}{2\beta^2}\right] \text{ und } R_2 = \infty \tag{3.38}$$

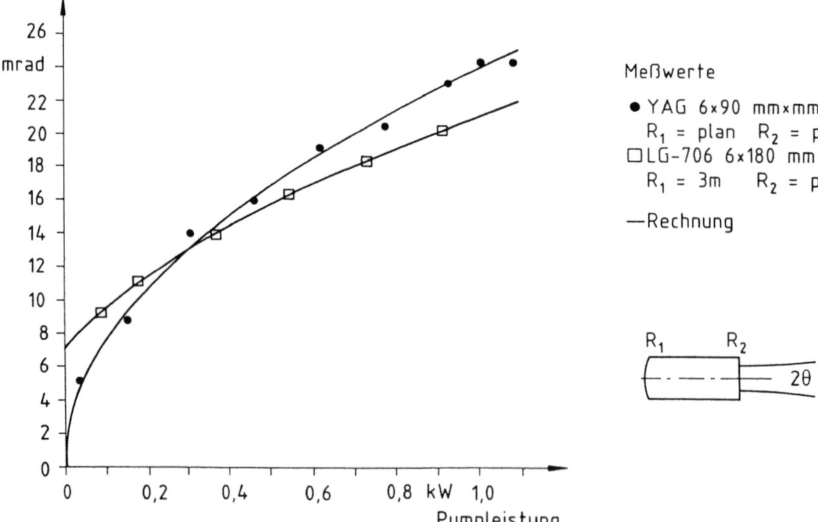

Bild 3.9. Divergenzverlauf fest verspiegelter Laserstäbe

Im Kapitel 4 wird gezeigt, daß die Brechkraft D des Stabes proportional zur Pumpleistung P_{in} und proportional zu $1/\beta^2$ ist. Das Quadrat der Divergenz eines festverspiegelten Stabes wird damit proportional zur Pumpleistung – (3.36) und (3.38) –. In Bild 3.9 sind Messergebnisse für einen plan-plan YAG-Stab und einen plan-sphärischen Glasstab dargestellt.

2. Ein Stabende verspiegelt, ein Außenspiegel (Bild 3.10)

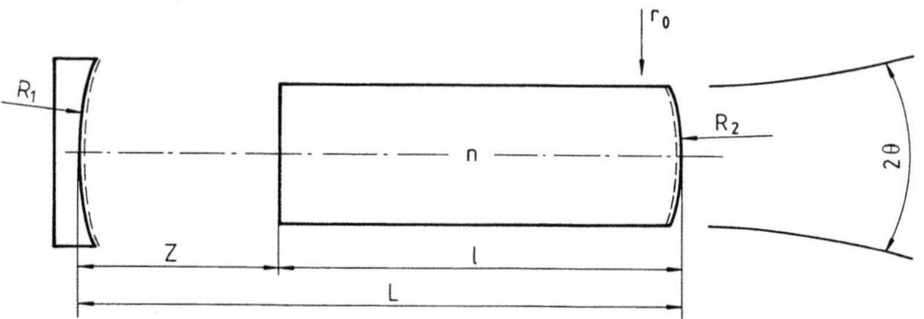

Bild 3.10. Stab mit einem Außenspiegel

Resonatormatrix

$$M = \begin{vmatrix} a & b \\ c & d \end{vmatrix}$$

$$= \begin{vmatrix} 1 & 0 \\ -1/R_2 & 1 \end{vmatrix} \begin{vmatrix} 1 & 0 \\ -D & 1 \end{vmatrix} \begin{vmatrix} 1 & 0 \\ 0 & 1/n \end{vmatrix} \begin{vmatrix} 1 & z \\ 0 & 1 \end{vmatrix} \begin{vmatrix} 1 & 0 \\ -1/R_1 & 1 \end{vmatrix} \qquad (3.39)$$

Die Brechkraft D des Stabes ist hier durch die dicke Linse mit

$$D = \frac{nl}{\beta^2} \quad \text{für den Brechungsindexverlauf } n(r) = n\left[1 - \frac{r^2}{2\beta^2}\right]$$

nach Kapitel 4 angenähert.

Matrixelemente

$$a = 1 - z/R_1 \qquad c = -1/R_2 - D + z/R_1R_2 + zD/R_1 - 1/nR_1 \qquad (3.40)$$
$$b = z \qquad d = -z/R_2 - zD + 1/n$$

kritische Brechkräfte

$$D_c = -1/R_2 - 1/n(R_1 - z) \qquad D_d = 1/zn - 1/R_2 \qquad (3.41)$$

Arbeitsbereich

$$\delta D = D_d - D_c \qquad (3.42)$$

Matrixelemente in der Darstellung mit kritischen Brechkräften

$$a = (R_1 - z)/R_1 \qquad\qquad b = z \tag{3.43}$$
$$c = (R_1 - z)(D_c - D)/R_1 \quad d = z(D_d - D)$$

Resonatorparameter

$$p_2^2 = \frac{1}{(D - D_c)(D_d - D)} \tag{3.44}$$

Spiegelübergangsmatrix

$$M = \begin{vmatrix} 1 & 0 \\ 1/R_2 & n \end{vmatrix} \tag{3.45}$$

Multimode-Divergenz

$$\Theta_2^2 = (1/R_2^2 + n^2/p^2)r_0^2 \tag{3.46}$$

Multimode-Radius

$$w_2 = r_0 \tag{3.47}$$

Für einen plan-plan-Resonator gilt

$$\Theta_{\text{max}} = 0,5r_0/z\,. \tag{3.48}$$

Für plan-plan Resonatoren mit einem festen und einem Außenspiegel gibt es zwei kritische Brechkräfte und damit zwei kritische Pumpleistungen, bei denen der Resonator instabil wird. Nach (3.41) ist dies bei $D_c = 0$ und bei $D_d = 1/zn$. In Bild 3.11 sieht man, wie die Divergenz an diesen beiden Stellen gegen die geringere TEM-00-Mode-Divergenz geht.

3. Zwei Außenspiegel, ein Stab [3.6, 3.7, 3.8], (Bild 3.12)

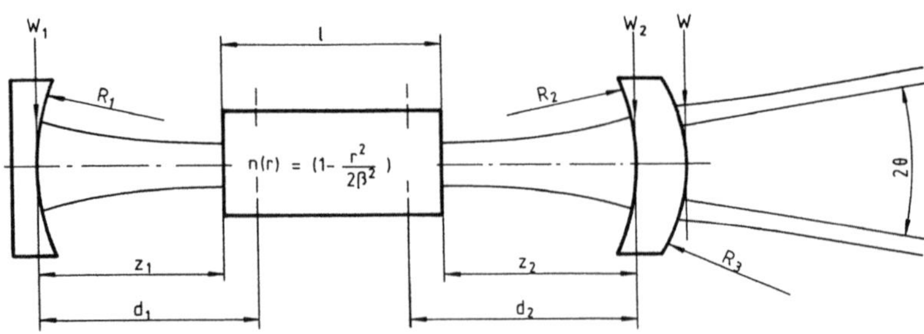

Bild 3.12. Resonator mit Außenspiegel

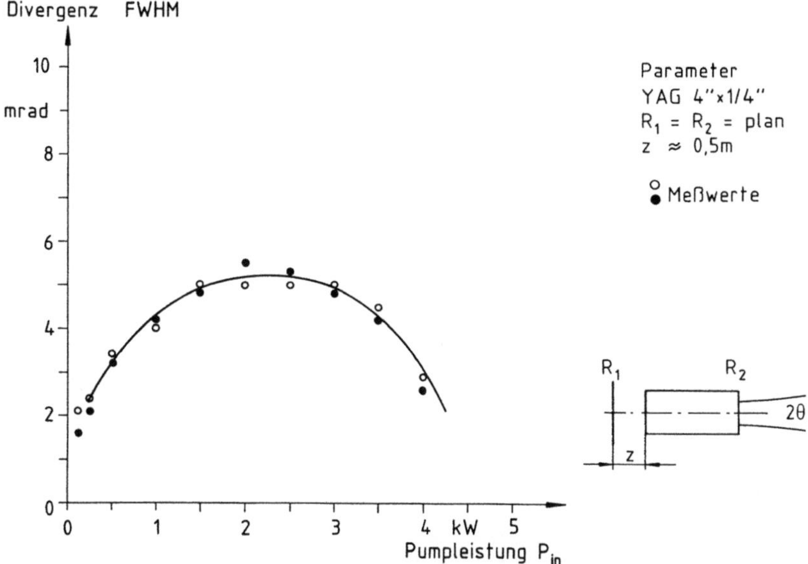

Bild 3.11. Divergenzverlauf eines fest verspiegelten Laserstabes mit einem Außenspiegel

Resonatormatrix

$$M = \begin{vmatrix} a & b \\ c & d \end{vmatrix}$$

$$= \begin{vmatrix} 1 & 0 \\ -1/R_2 & 1 \end{vmatrix} \begin{vmatrix} 1 & d_2 \\ 0 & 1 \end{vmatrix} \begin{vmatrix} 1 & 0 \\ -D & 1 \end{vmatrix} \begin{vmatrix} 1 & d_1 \\ 0 & 1 \end{vmatrix} \begin{vmatrix} 1 & 0 \\ -1/R_1 & 1 \end{vmatrix} \tag{3.49}$$

Die Brechkraft des Stabes ist hier durch die dicke Linse mit

$$D = \frac{nl}{\beta^2} \qquad d_i = z_i + \frac{l}{2n} \quad i = 1,2$$

angenähert. Für numerische Rechnungen ist die Matrix nach Tabelle 2.4 zu verwenden. **Matrixelemente**

$$a = \frac{1}{R_1}(R_1 - d_1 - d_2) + \frac{d_2}{R_2}(d_1 - R_1)D \tag{3.50}$$

$$b = d_1 + d_2 - d_1 d_2 D$$

$$c = \frac{1}{R_1 R_2}(d_1 + d_2 - R_1 - R_2) - \frac{1}{R_1 R_2}(d_1 - R_1)(d_2 - R_2)D$$

$$d = \frac{1}{R_2}(R_2 - d_1 - d_2) + \frac{d_1}{R_2}(d_2 - R_2)D$$

Kritische Brechkräfte

$$D_a = \frac{1}{d_2} + \frac{1}{d_1 - R_1} \qquad\qquad D_b = \frac{1}{d_2} + \frac{1}{d_1}$$

$$D_c = \frac{1}{d_2 - R_2} + \frac{1}{d_1 - R_1} \qquad D_d = \frac{1}{d_1} + \frac{1}{d_2 - R_2} \qquad (3.51)$$

Resonatorparameter

$$p_2^2 = -\frac{ab}{cd} = \frac{(d_2 R_2)^2}{d_2 - R_2} \frac{(D_a - D)(D_b - D)}{(D_c - D)(D - D_d)} \qquad (3.52)$$

Spiegelübergangsmatrix

$$M_{23} = \left| \begin{matrix} 1 & 0 \\ \frac{n-1}{R_3} - \frac{n}{R_2} & 1 \end{matrix} \right| \quad R_2,\ R_3 \text{ als Linsenradius eingesetzt} \qquad (3.53)$$

Multimode-Divergenz

$$\frac{\Theta_2^2}{r_0^2} = \frac{1}{\frac{p^2 (R_2 - d_2)^2}{R_2} + d_2^2} \quad \text{Apertur bei } d_2 \text{ und angepaßter Spiegel} \quad (3.54)$$

Multimode-Radius

$$\frac{w_2^2}{r_0^2} = \frac{1}{\frac{(R_2 - d_2)^2}{R_2} + \frac{d_2^2}{p^2}} \quad \text{Apertur bei } d_2 \text{ und angepaßter Spiegel} \quad (3.55)$$

Da der Resonatortyp mit zwei Außenspiegeln bis jetzt am weitesten verbreitet ist, sollen einige besondere Eigenschaften und spezielle Varianten etwas ausführlicher diskutiert werden.

Die kritischen Brechkräfte D_i mit $i = a, \ldots, d$ bestimmen die Grenzen der beiden möglichen Stabilitätsbereiche. An den Stabilitätsgrenzen wird der Strahl auf die Spiegel fokussiert, oder sein Radius geht gegen unendlich. Da die Brechkraft des Stabes durch die Pumpleistung der Anregungslampen bestimmt wird, ist durch die kritischen Brechkräfte der zulässige Pumpbereich und damit der Arbeitsbereich des Lasers festgelegt.

Für die kritischen Brechkräfte ergibt sich folgende Beziehung

$$D_a + D_d = D_b + D_d \qquad (3.56)$$

und die Matrixelemente lassen sich durch die kritischen Brechkräfte darstellen

$$a = \frac{d_2}{R_1}(d_1 - R_1)(D - D_a) \qquad\qquad b = d_1 d_2 (D_b - D) \qquad (3.57)$$

$$c = \frac{(d_1 - R_1)(d_2 - R_2)}{R_1 R_2}(D_c - D) \quad d = \frac{d_1}{R_2}(d_2 - R_2)(D - D_d) \ .$$

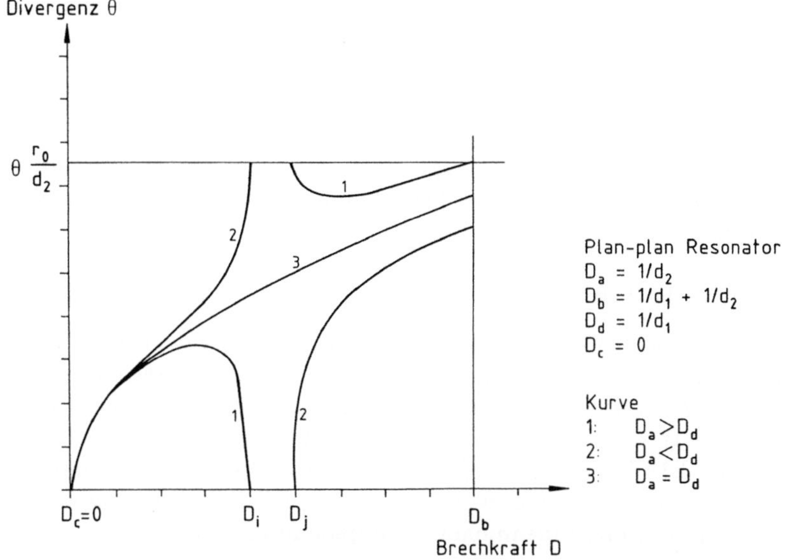

Bild 3.13. Prinzipieller Verlauf der Multimode-Divergenz bei Außenspiegeln

Trägt man die Divergenz über der Brechkraft der thermischen Linse auf, so ergibt sich, abhängig von den kritischen Brechkräften, der Verlauf nach Bild 3.13.

Für die Strahlqualität dieses Resonators lassen sich nach [3.9] und [3.10] zwei wichtige prinzipielle Begrenzungen angeben

$$\frac{(D_i - D_j)}{2} \geq \frac{\mathrm{Max}(w)\mathrm{Max}(\Theta)}{r_0^2} \tag{3.58}$$

mit $D_i - D_j = \Delta D$ dem **Arbeitsbereich**

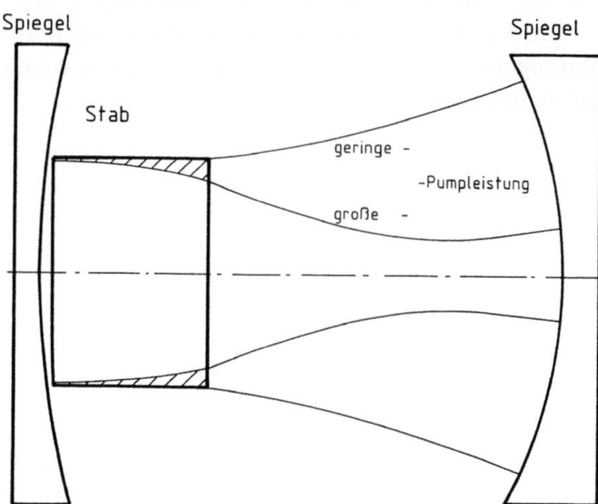

Bild 3.14. Strahlverlauf im Resonator

und

$$\frac{\mathrm{Max}(w\Theta)}{r_0^2} \geq \frac{(D_i - D_j)}{4}.$$

(3.59)

Bei großem Arbeitsbereich ergibt sich auch ein großer Strahldurchmesser oder eine große Divergenz. Hohe Strahlqualität ist nur bei kleinem Arbeitsbereich möglich.

Strahlverlauf im Resonator

Liegen der Multimode-Radius und die Rayleigh-Länge vor (z. B. für Außenspiegel nach (3.52, 3.55)), so kann der Strahlverlauf mit der Resonatormatrix (3.49) und mit (2.27) im Resonator berechnet werden. Bei unterschiedlichen Pumpleistungen ändert sich die Brechkraft des Stabes und somit die zugehörige Matrix. In Bild 3.14 ist der Verlauf für zwei unterschiedliche mittlere Pumpleistungen eingezeichnet. Man sieht wie sich für diesen Fall das nutzbare Stabvolumen (Modenvolumen) mit zunehmender Pumpleistung verringert.

3.4 Spezielle Resonatoren mit zwei Außenspiegeln

Zielsetzung für den Entwurf eines Resonators ist neben dem Erreichen konstanter Parameter auch die Möglichkeit, den gewählten Resonator einfach in die entsprechende Konstruktion umzusetzen. Es werden nachfolgend einige spezielle Resonatoren diskutiert, die sich durch mindestens einen konstanten Parameter im Arbeitsbereich oder durch einfachen Aufbau auszeichnen.

Resonator mit näherungsweise konstanter Divergenz

Als Arbeitsbereich des Lasers wird ein Teil des stabilen Bereichs $\Delta D = D_d - D_c$ gewählt (Bild 3.15), dann ändert sich die Divergenz nur wenig. Voraussetzung für die Existenz eines Maximums ist $D_d < D_a$.

Sind zwei der vier möglichen Parameter aufgrund der Konstruktion bereits vorgegeben, dann lassen sich die anderen beiden Parameter für den Arbeitsbereich berechnen.

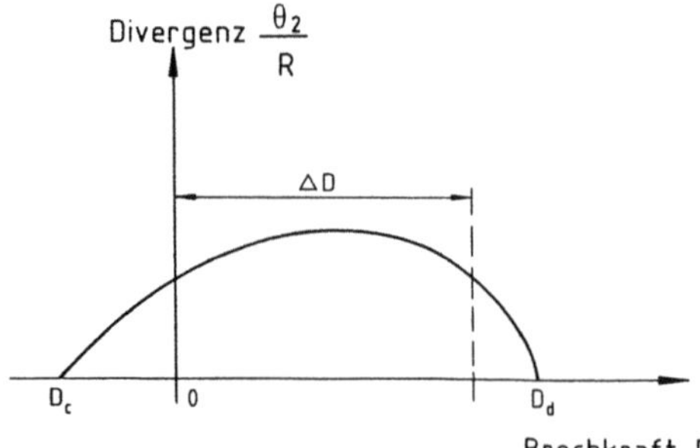

Bild 3.15. Divergenzverlauf bei näherungsweise konstantem Radius

1. Die Abstände d_1 und d_2 sind vorgegeben und die Spiegelradien ergeben sich zu

$$R_1 = \frac{d_1^2}{d_1 - 1/(D_d - D_c)} \qquad R_2 = \frac{d_1}{1 - d_1 D_d} + d_2 \,. \qquad (3.60)$$

2. Die Spiegelradien R_1 und R_2 sind vorgegeben, die Abstände ergeben sich zu

$$d_1 = \frac{R_1}{2} \pm \sqrt{\frac{R_1^2}{4} - \frac{R_1}{D_d - D_c}} \qquad d_2 = \frac{d_1}{1 - d_1 D_d} \,. \qquad (3.61)$$

plan-plan-Resonator $\qquad\qquad\qquad\qquad\qquad\qquad\qquad\qquad\qquad$ (3.62)

$$R_1 = R_2 = \infty \qquad a = 1 - d_2 D \qquad b = d_1 + d_2 - d_1 d_2 D$$
$$c = -D \qquad d = 1 - d_1 D$$
$$p^2 = -\frac{ab}{cd} \qquad D_a = 1/d_2 \qquad D_b = 1/d_1 + 1/d_2$$
$$D_c = 0 \qquad D_d = 1/d_1$$
$$\frac{\Theta^2}{r_0^2} = \frac{1}{p^2 + d_2^2} \qquad \frac{w2}{r_0^2} = \frac{1}{1 + d_2^2/p^2}$$

Resonator mit pumpleistungsunabhängiger Divergenz [3.11] $\qquad\qquad$ (3.63)

$$d_2 = R_2 \quad D_a < D_b \quad d_1 = \frac{d_2}{D_b d_2 - 1} \quad R_1 = d_1 d_2 \frac{D_a - D_b}{D_a d_2 - 1}$$
$$D_a = \frac{1}{d_2} + \frac{1}{d_1 - R_1} \quad D_a = 0 \quad \text{für} \quad R_1 = d_1 + d_2 = \frac{D_b d_2^2}{D_b d_2 - 1}$$
$$D_b = \frac{1}{d_1} + \frac{1}{d_2} \quad \Theta = \frac{r_0}{d_2} \quad \text{Max}(w) = \frac{1}{2}(D_b - D_a)d_2 r_0$$

Resonator mit pumpleistungsunabhängigem Radius $\qquad\qquad\qquad$ (3.64)

$$d_2 = 0 \quad D_c < D_d \quad d_1 = \frac{R_2}{1 + D_d R_2} \quad R_1 = R_2 d_1 \frac{D_c - D_d}{1 + D_c R_2}$$
$$D_c = \frac{-1}{R_2} + \frac{1}{d_1 - R_1} \quad D_c = 0 \quad \text{für} \quad R_1 = R_2^2 \frac{-D_d}{1 + D_d R_2}$$
$$D_d = \frac{1}{d_1} - \frac{1}{R_2} \quad \text{Max}(\Theta) = \frac{1}{2}(D_d - D_c)r_0 \quad w = r_0$$

R_2 ist freier Parameter und wird nur durch das optimale Modenvolumen, bzw. durch die Gesamtlänge des Resonators und durch die Verfügbarkeit der Spiegelradien eingeschränkt.

Dynamisch kompensierte Resonatoren (Bild 3.16)

Unempfindliche Resonatoren mit $d_2 = 0$ und $w = r_0$ lassen sich unter geeigneten Voraussetzungen dynamisch kompensieren, so daß konstante Divergenz und konstanter Radius erreicht wird. Vorgegeben wird die gewünschte Divergenz Θ.

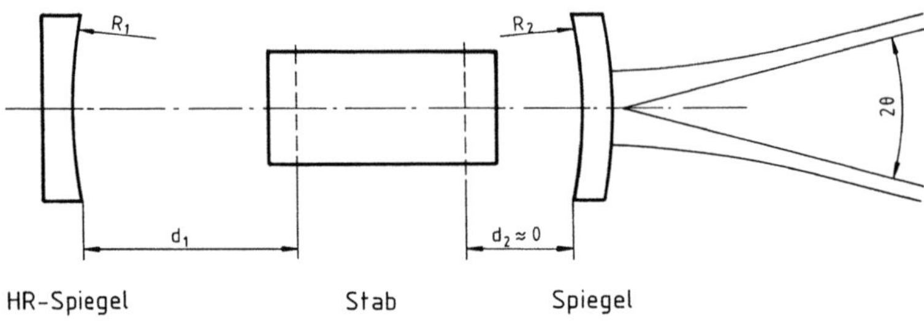

Bild 3.16. Kompensierte Resonatoren

Die Divergenz kann konstant gehalten werden:

1. durch Verschieben des HR-Spiegels mit $R_1 = \infty$

Die Divergenz Θ bleibt konstant, wenn der Abstand d_1 des HR-Spiegels abhängig von der Brechkraft D des Stabes wie folgt geändert wird (Bild 3.17)

$$d_1(D) = \frac{r_0^2 D}{\Theta^2 + r_0^2 D^2} \ .$$

(3.65)

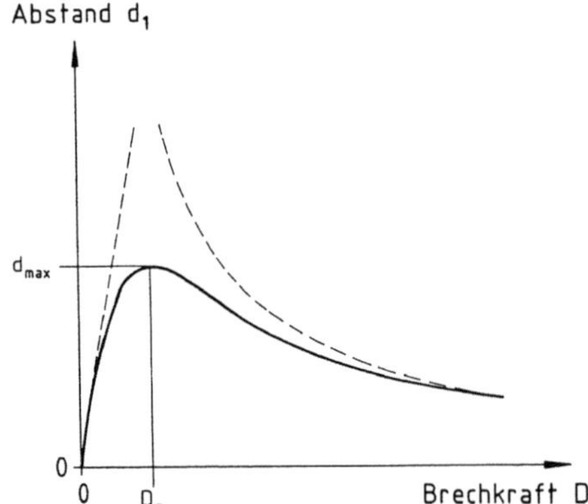

Bild 3.17. Position des HR-Spiegels

Die maximale Verschiebestrecke d_{max} beträgt

$$d_{max} = \frac{r_0}{2\Theta} \quad \text{mit} \quad D_m = \frac{\Theta}{r_0} \ ,$$

(3.66)

d. h. bei großen Werten von D wird die Verschiebung wieder geringer.

2. durch Änderung der Spiegelkrümmung R_1 mit $d_1 = $ const

Der Arbeitsbereich ist durch die kritischen Brechkräfte begrenzt

$$D_c = 0 \quad D_d = \frac{1}{d_{max}} = \frac{2\Theta}{r_0} \tag{3.67}$$

und die Abhängigkeit der Spiegelkrümmung ist

$$R_1 = \frac{d_1^2\Theta^2 + r_0^2(1 - Dd_1)^2}{d_1\Theta^2 - r_0^2 D(1 - Dd_1)} \ . \tag{3.68}$$

3. durch Ändern der Spiegelkrümmung R_2

Der Arbeitsbereich

$$\Delta D = D_d - D_c = \frac{1}{d_1} - \frac{1}{d_1 - R_1} \tag{3.69}$$

ist unabhängig von R_2. Durch die Divergenz Θ ist mit $D_d = 2\Theta/r_0$ der Arbeitsbereich ΔD bei konstantem R_2 vorgegeben. Die Divergenz Θ bleibt konstant falls R_2 mit D wie folgt geändert wird:

$$\frac{1}{R_2} = \frac{1}{d_1} - \frac{\Delta D}{2} - D \ . \tag{3.70}$$

Für den Parameter R_1 gilt

$$\frac{1}{R_1} = \frac{1}{d_1} - \frac{1}{\Delta D d_1^2} \ . \tag{3.71}$$

Damit sich für R_2 nicht zu kleine Krümmungsradien ergeben, legt man d_1 durch

$$\frac{1}{d_1} = \frac{\Delta D}{2} + \frac{D_{max}}{2} \quad \Rightarrow \quad \frac{1}{R_2} = \frac{D_{max}}{2} - D \ . \tag{3.72}$$

Die Brechkraft $1/R_2$ des Auskoppelspiegels muß also linear mit der Brechkraft des Stabes geändert werden, um konstante Divergenz zu erhalten (Bild 3.18).

Durch sukzessives Austauschen des Auskoppelspiegels läßt sich die Divergenzänderung klein halten. Bild 3.19 zeigt die berechneten Divergenzkurven für einen

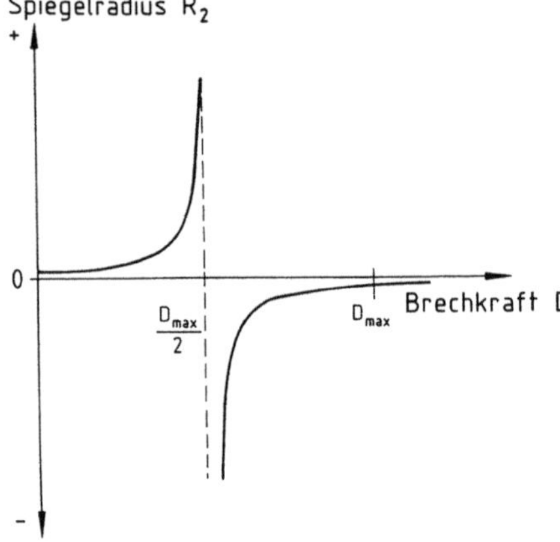

Bild 3.18. Änderung des Spiegelkrümmungs-
radius für konstante Divergenz

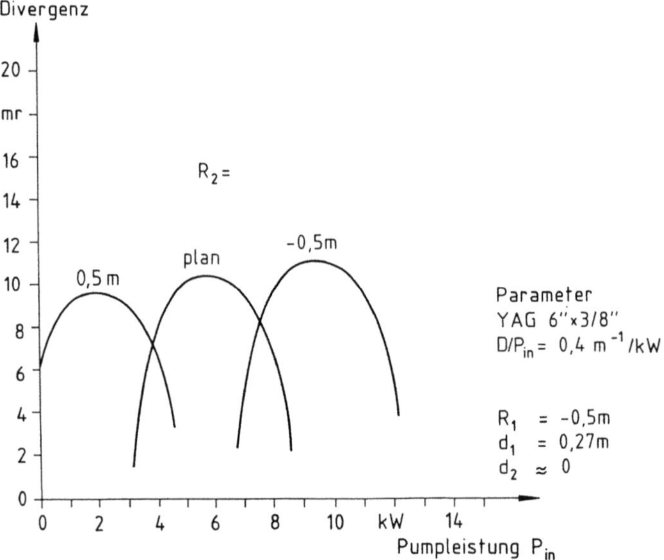

Bild 3.19. Geringe Divergenzänderung bei wechselnden Spiegelradien

unempfindlichen Resonator mit pumpleistungsunabhängigem Strahlradius. Variiert man mit der Pumpleistung den Spiegelradius des Auskoppelspiegels – etwa
mit dem Maximum der Kurve –, dann bleibt die Strahldivergenz im wesentlichen
konstant.

3.5 Multikavität

Festkörperlaser mit einem einzelnen Stab sind heute in Leistung und Strahlqualität begrenzt. YAG-Stäbe sind nur bis ca. 200 mm Länge lieferbar, und damit

liegt die maximal erreichbare Ausgangsleistung bei etwa 500 W. Durch Anreihen von mehreren Pumpkavitäten innerhalb oder außerhalb des Resonators lassen sich beide Grenzen einfach erweitern.

Zwei Außenspiegel und zwei Stäbe (Bild 3.20)

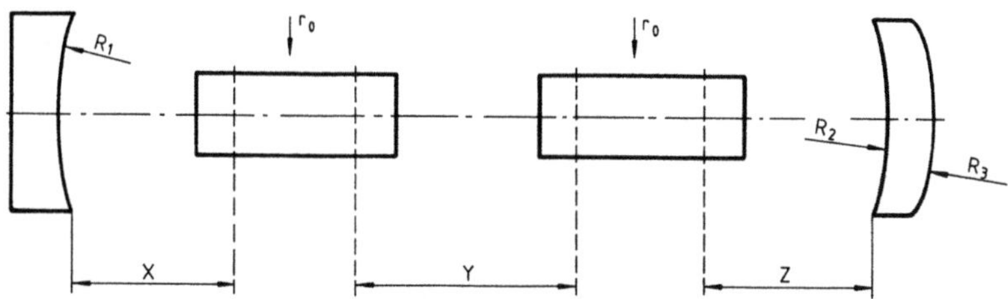

Bild 3.20. Resonator mit zwei gleichen Pumpkavitäten

Resonatormatrix

$$\begin{vmatrix} a & b \\ c & d \end{vmatrix} = \begin{vmatrix} 1 & 0 \\ -1/R_2 & 1 \end{vmatrix} \begin{vmatrix} 1 & z \\ 0 & 1 \end{vmatrix} \begin{vmatrix} 1 & 0 \\ -D & 1 \end{vmatrix} \begin{vmatrix} 1 & y \\ 0 & 1 \end{vmatrix}$$
$$\times \begin{vmatrix} 1 & 0 \\ -D & 1 \end{vmatrix} \begin{vmatrix} 1 & x \\ 0 & 1 \end{vmatrix} \begin{vmatrix} 1 & 0 \\ -1/R_1 & 1 \end{vmatrix} \tag{3.73}$$

Spiegelübergangsmatrix

$$M_{23} = \begin{vmatrix} 1 & 0 \\ \frac{n-1}{R_3} - \frac{n}{R_2} & 1 \end{vmatrix} \quad R_2 \text{ und } R_3 \text{ als Linsenradien eingesetzt} \tag{3.74}$$

Für den Fall, daß gleiche Stäbe und Plan-plan-Spiegel unmittelbar an den Stäben eingesetzt werden, $R_1 = R_2 = \infty$ und $x = z = 0$ ergeben sich folgende Vereinfachungen:

Matrizenelemente

$$a = 1 - yD \qquad b = y \tag{3.75}$$
$$c = D(yD - 2) \qquad d = 1 - yD$$

Kritische Brechkräfte

$$D_a = D_d = 1/y \tag{3.76}$$
$$D_c = 0 \quad \text{und} \quad D_c = 2/y$$

Resonatorparameter

$$p^2 = -\frac{ab}{cd} = -\frac{y}{D(yD - 2)} \tag{3.77}$$

Multimode-Divergenz

$$\frac{\Theta}{R^2} = \frac{1}{p^2} = \frac{D(2-yD)}{y} \quad D = 2/y \tag{3.78}$$

Multimode-Radius

$$w = r_0 \tag{3.79}$$

Strahlqualität

$$\text{Max}(\Theta w) = r_0^2/y = r_0^2 D/2 \tag{3.80}$$

Da sich gegenüber einem Stab dieselbe Leistung auf zwei Stäbe verteilt, ist die Brechkraft D von jedem einzelnen Stab nur halb so groß. Der Arbeitsbereich D bei derselben Strahlqualität ist also doppelt so groß wie bei einem einzelnen Stab. In der Mitte des Arbeitsbereiches gibt es jedoch einen singulären instabilen Punkt (D = 1/y). Es läßt sich allgemein zeigen [3.9], daß bei Verwendung von n Stäben bei gleicher Strahlqualität der Arbeitsbereich um den Faktor n größer wird.

Mehrfachkavität mit plan-plan Spiegeln und äquidistantem Abstand

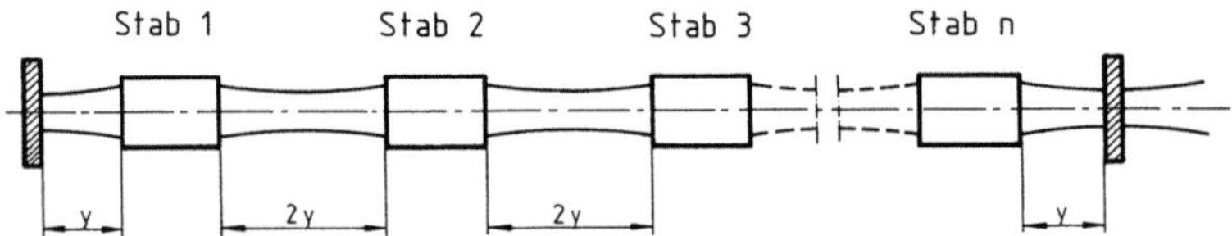

Bild 3.21. Resonator mit mehreren Pumpkavitäten

Die optische Matrix ist vom Typ

$$M = \left[\begin{vmatrix} 1 & y \\ 0 & 1 \end{vmatrix} \begin{vmatrix} 1 & 0 \\ -D & 1 \end{vmatrix} \begin{vmatrix} 1 & y \\ 0 & 1 \end{vmatrix} \right]^n \tag{3.81}$$

Mit dem Theorem von Sylvester

$$M^n = \begin{vmatrix} a & b \\ c & d \end{vmatrix}^n$$

$$= \frac{1}{\sin\Theta} \begin{vmatrix} a \cdot \sin(n\Theta) - \sin((n-1)\Theta) & b \cdot \sin(n\Theta) \\ c \cdot \sin(n\Theta) & d \cdot \sin(n\Theta) - \sin((n-1)\Theta) \end{vmatrix}$$

und

$$\cos\Theta = (a+b)/2 \quad \text{für Matrizen mit } \det(M) = 1$$

lassen sich die normierten kritischen Brechkräfte (Tabelle 3.1) ausrechnen.

Tabelle 3.1. Normierte kritische Brechkräfte

Stabzahl	yD_a	yD_b	yD_c	$yD_d = yD_a$
1	1	2	0	1
2	$1 \pm \sqrt{1/2}$	2,1	0,1	$1 \pm \sqrt{1/2}$
3	$1,1 \pm \sqrt{3/4}$	$2,1 \pm \sqrt{1/4}$	$0,1 \pm \sqrt{1/4}$	$1,1 \pm \sqrt{3/4}$

Dieser Resonatoraufbau erfordert hohe Symmetrie. Bei ungleichen Abständen der Pumpkavitäten oder ungleichen Brechkräften der Stäbe sinkt die Laserenergie, bzw. Leistung in dem Pumpleistungsbereich, der den kritischen Brechkräften entspricht.

3.6 Justierempfindlichkeit stabiler Resonatoren

Die Änderung

- der Leistung bzw. der Energie
- der Strahllage relativ zur geometrischen Achse
- der Modenstruktur

abhängig von

- der Verkippung der Resonatorspiegel relativ zueinander
- der Verkippung des Lasermediums relativ zu dem Resonator und
- der Verschiebung des Lasermediums relativ zur Resonatorachse
- sowie Lage- und Durchmesseränderung zusätzlicher Blenden

mit den Resonator- und Betriebsparametern sollen zunächst unterschieden und dann – soweit möglich – eingeschränkt für Laserstäbe diskutiert werden.

Drehung des Stabes relativ zu den Laserspiegeln

Die Reduzierung des Modenvolumens durch die Drehung des Stabes relativ zur optischen Achse läßt sich geometrisch abschätzen (Bild 3.22). Der effektive

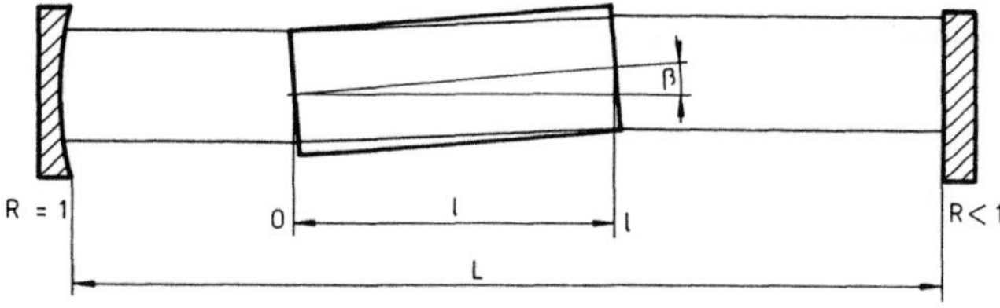

Bild 3.22. Geometrische Reduktion des Modenvolumens bei Verkippung des Stabes

Durchmesser reduziert sich bei kleinen Winkeln β auf

$$2r_{\text{eff}} = 2r_0 - l\beta/n \ . \tag{3.82}$$

und damit nimmt das relative Modenvolumen näherungsweise linear mit dem Verkippungswinkel ab

$$\frac{V_{\text{eff}}}{V} \approx 1 - \frac{l\beta}{nr_0} \ . \tag{3.83}$$

(3.83) gilt nur, falls der Aperturdurchmesser wesentlich größer als der zugehörige TEM-00-ModeRadius ist.

Bild 3.23 zeigt das Ergebnis einer solchen Messung für Glas und YAG. Die Empfindlichkeit des Resonators bei Lageänderung des Lasermediums ist wesentlich geringer als bei Spiegeldejustierungen. Falls das Lasermedium in der Lage nicht unabhängig von den Spiegeln justiert werden kann, erreicht man optimale Justierung durch synchrones Justieren beider Spiegel in einer Richtung.

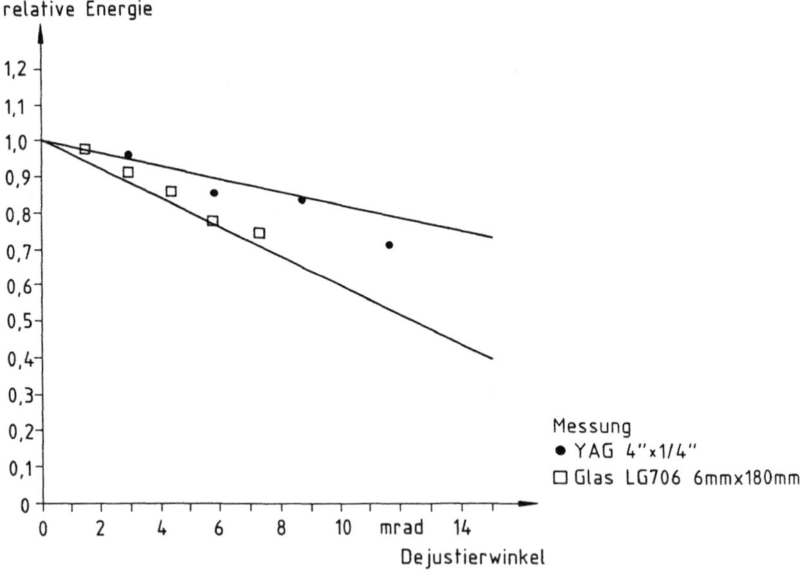

Bild 3.23. Einfluß der Stabdrehung auf die Pulsenergie

Drehung des Resonatorspiegels

Am empfindlichsten reagiert der Resonator auf Dejustierung der Spiegel relativ zueinander. Die Verkippung der Spiegel um den Winkel α_i (Bild 3.24) bewirkt, daß die Spiegelmittelpunkte aus der optischen Achse ebenfalls um die Winkel α_i

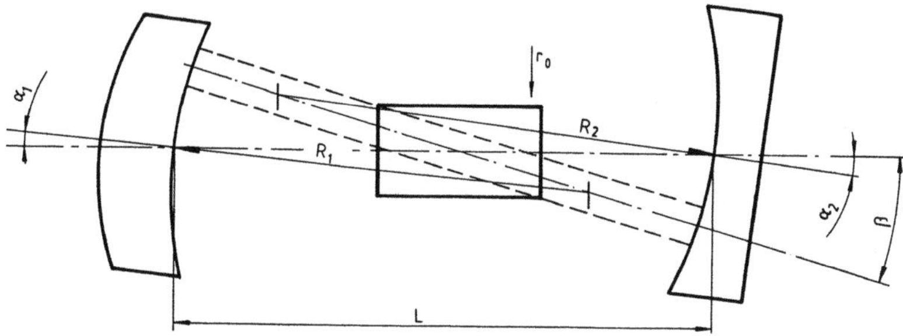

Bild 3.24. Einfluß der Spiegeldejustierung

auswandern. Die neue optische Achse stellt sich dann unter dem Winkel β ein

$$\beta = \frac{\alpha_1 R_1 + \alpha_2 R_2}{R_1 + R_2 - L} \quad \begin{array}{l} R_i > 0 \text{ für Konkavspiegel} \\ R_i < 0 \text{ für Konvexspiegel} \end{array} . \tag{3.84}$$

Die Auswanderung ist um so größer, je größer der entsprechende Spiegelradius ($R_i \to \infty$) ist oder je dichter die Mittelpunkte der Spiegel zusammenfallen ($L = R_1 + R_2$).

Zwei Effekte können mit der Auswanderung die nutzbare Laserleistung nach dieser geometrischen Betrachtung reduzieren. Das Modenvolumen wird verringert und der Strahl kann durch den Spiegelrand abgeschnitten werden.

Durch die Linsenwirkung des Lasermediums werden die effektiven Spiegelradien geändert und dadurch kann sich die Empfindlichkeit gegenüber Dejustierung wieder verringern. Für einen Plan-plan-Resonator ist im Pulsbetrieb der Winkel gemessen worden, bei dem die Energie um 10% abfällt. Im Bild 3.25 ist dieser Winkel in Abhängigkeit von der mittleren Pumpleistung aufgetragen. Es zeigt sich ein linearer Zusammenhang zwischen Justierempfindlichkeit und Brechkraft beim Plan-plan-Resonator. Die Justierempfindlichkeit gegenüber Winkeldejustierungen innerhalb des ganzen Stabilitätsbereichs (g-g-Diagramm) ist in [3.12] angegeben.
Bei Verschiebung des Stabes wird beim Plan-plan-Resonator mit dem Stab nur der Strahl mitverschoben, bei Resonatoren mit gekrümmten Spiegeln reduziert sich das Modenvolumen, die Rotationssymmetrie wird gestört.

Bei unsymmetrischer thermischer Belastung des Lasermediums, z. B. in einer Einzelellipsenanordnung oder durch unterschiedliche Anregungslampen, kann es zur optischen oder sogar zur mechanischen Verbiegung des Lasermediums kommen. Der Strahl wandert aus, das Modenvolumen und die Strahlqualität ändern sich.

Blenden im Resonator

Für Schneid- und Beschriftungsanwendungen reicht in vielen Fällen die Strahlqualität des verwendeten Resonators nicht aus. Durch Einbringen von einer oder zwei Blenden im Resonator kann die Modenordnung gemäß (2.18) reduziert wer-

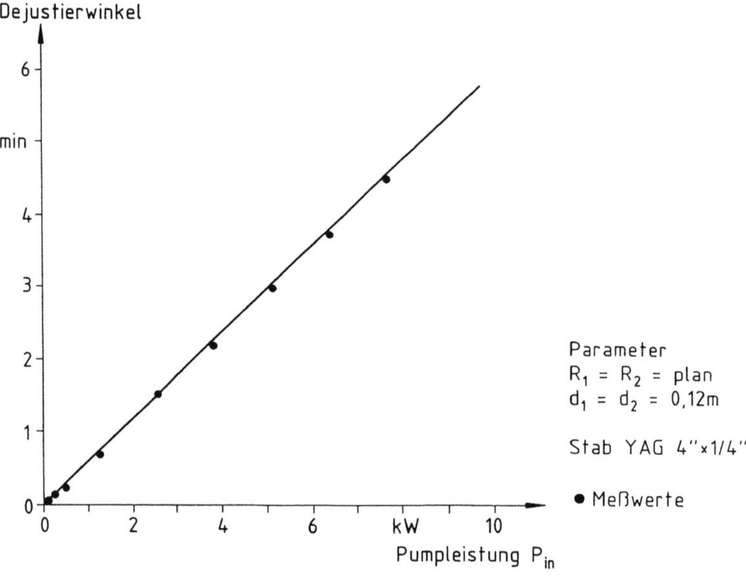

Bild 3.25. 10%-Dejustierwinkel in Abhängigkeit der Brechkraft

den. Da bei großer Verstärkung (hohe Anregung, großer Wirkungsquerschnitt) insbesondere im Pulsbetrieb ein hochreflektierender Spiegel mit der gegenüberliegenden Endfläche allein einen Laser bilden kann, muß die Lasertätigkeit des ungenutzten Volumens mit einer Blende unterdrückt werden. Die Blende muß dafür relativ zur optischen Achse zentriert werden. Dieser Fall ist für Schneidanwendungen wichtig, weil man hier einerseits eine große Strahlqualität möchte, andererseits aber mit großer Pulsleistung arbeitet.

3.7 Instabiler Resonator

Untersucht man in geometrischer Näherung die Bedingung dafür, daß sich ein Strahl nach einem Resonatorumlauf wieder reproduziert, so kommt man zu den Eigenwertgleichungen [3.13]

$$Mw = wA + \alpha B \qquad w = \text{Strahlradius nach Abschnitt 3.2} \qquad (3.85)$$
$$M\alpha = wC + \alpha D \qquad \alpha = \text{Winkel zur Ausbreitungsrichtung}$$
$$\begin{vmatrix} A & B \\ C & D \end{vmatrix} = \text{Resonatorumlaufmatrix} .$$

Da der neue Strahl den Radius Mw und den Winkel Mα hat, bezeichnet man M als Strahlvergößerung (Magnification).

Für einen Umlauf nimmt der zugehörige geometrische Krümmungsradius R = w/α gerade wieder seinen alten Wert an. Mit dem ABCD-Gesetz (2.23)

$$\frac{1}{R} = \frac{C + D/R}{A + B/R} \quad \text{folgt} \tag{3.86}$$

$$\frac{1}{R} = \frac{D - A}{2B} \pm \frac{1}{2B}\sqrt{(A + D)^2 - 4} \quad \text{als Lösung} . \tag{3.87}$$

Hierfür wurde die Eigenschaft der optischen Matrizen, $AD - BC = 1$, verwendet. Eine relle Lösung für (3.82) liegt nur vor, falls

$$|A + D| \geq 2 \quad \text{(Instabilitätsbedingung)} . \tag{3.88}$$

$A + D \geq 2$ wird als positiver Ast bezeichnet und analog $A + D \leq -2$ als negativer Ast.

Division der ersten Gleichung von (3.85) durch w ergibt die Vergrößerung

$$M = A + B/R \quad \text{und mit (3.87) folgt} \tag{3.89}$$

$$M_\pm = \frac{A + D}{2} \pm \frac{1}{2}\sqrt{(A + D)^2 - 4} , \tag{3.90}$$

die **Vergrößerung** des instabilen Resonators .

Das $+$-Zeichen gilt für die auslaufende Welle, das $-$-Zeichen für die einlaufende.
Verschiedene Geometrien für instabile Resonatoren findet man z. B. in [3.14]. Nachfolgend sollen die nur gebräuchlichsten weiter untersucht werden.

Konfokaler instabiler Resonator (Bild 3.26)

Soll nach einem Umlauf in der Referenzfläche eine ebene Welle vorliegen, also $R = \infty$, dann lautet mit (3.82) die Bedingung dafür

$$AD = 1 \quad \text{(oder } B = \infty) . \tag{3.91}$$

Die Matrix für einen Umlauf für die Referenzebene unmittelbar vor dem Auskoppelspiegel 2 lautet für die auslaufende Welle

$$\begin{vmatrix} A & B \\ C & D \end{vmatrix} = \begin{vmatrix} 1 & L \\ 0 & 1 \end{vmatrix}\begin{vmatrix} 1 & 0 \\ -2/R_1 & 1 \end{vmatrix}\begin{vmatrix} 1 & L \\ 0 & 1 \end{vmatrix}\begin{vmatrix} 1 & 0 \\ -2/R_2 & 1 \end{vmatrix} \tag{3.92}$$

mit den Matrixelementen

$$A = 1 - 2L/R_1 - 4L/R_2 + 4L^2/(R_1 R_2) \quad B = 2L - 2L^2/R_2 \tag{3.93}$$
$$C = -2/R_1 - 2/R_2 + 4L/(R_1 R_2) \quad\quad\quad D = 1 - 2L/R_1 .$$

Die Bedingung (3.91), daß in der Referenzebene eine ebene Welle vorliegt, ist erfüllt für

$$L = \frac{R_1 + R_2}{2} \quad \text{den } \textbf{konfokalen Resonator} . \tag{3.94}$$

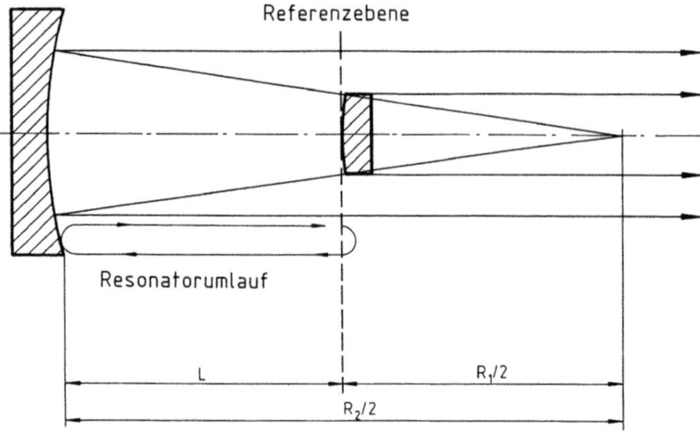

Bild 3.26. Instabiler konfokaler Resonator

Die andere mögliche Lösung ($L = R_1$) erfüllt (3.88) nicht.

Die Vergrößerung M hat für den konfokalen Fall die beiden äquivalenten Lösungen

$$M_+ = -R_1/R_2 \quad \text{und} \quad M_- = -R_2/R_1 \, . \tag{3.95}$$

Der positive instabile Zweig (Bild 3.27)

$$2 \leq A + D = -R_1/R_2 - R_2/R_1 \quad \text{ist erfüllt für z. B. } R_1 > 0, \; R_2 < 0$$
$$\text{und für } R_1 + R_2 = 2L \, .$$

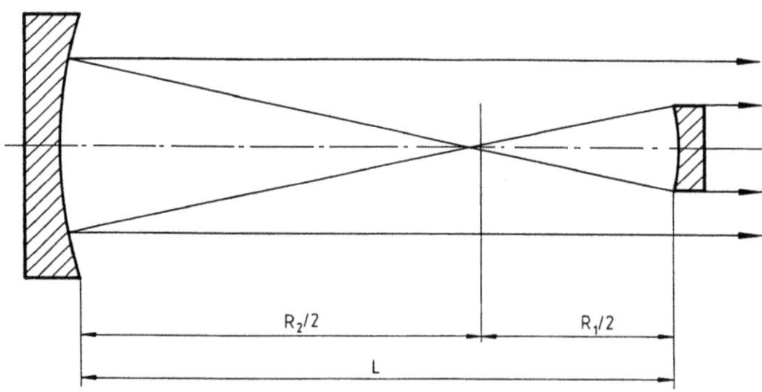

Bild 3.27. Instabiler, positiv konfokaler Resonator

Der negative Zweig (Bild 3.28)

$$-2 \geq A + D = -R_1/R_2 - R_2/R_1 \quad \text{ist erfüllt für z. B. } R_1 > 0, \; R_2 > 0$$
$$\text{und } R_1 - R_2 = 2L \, .$$

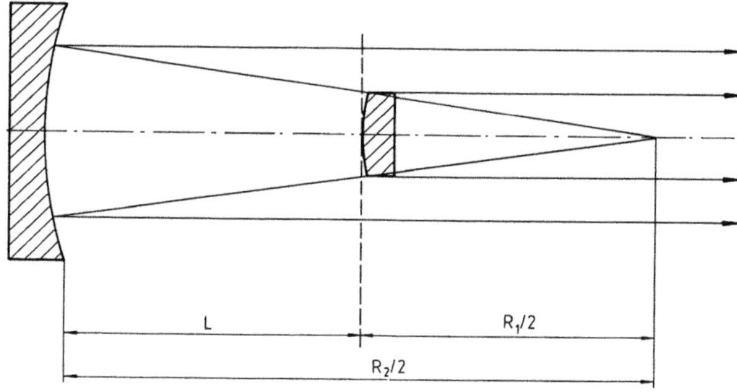

Bild 3.28. Instabiler, negativ konfokaler Resonator

Aus der Vergrößerung M des Strahlradius ergibt sich bei homogener Intensitätsverteilung der Anteil des Strahls, der ausgekoppelt werden kann, geometrisch zu

$$T = \frac{M^2 w^2 - w^2}{M^2 w^2} = 1 - \frac{1}{M^2}\,, \quad \text{der Transmission}\,, \tag{3.96}$$

der äquivalente Reflexionsfaktor beträgt somit

$$R = 1 - T = 1/M^2\,. \tag{3.97}$$

Speziell für den konfokalen Resonator beträgt R mit (3.95)

$$R = R_i^2 / R_j^2 \tag{3.98}$$

und ist nur abhängig von den Spiegelradien $R_{i,j}$, nicht jedoch von der Größe der Spiegel.

Auskoppelspiegel

Verschiedene Lösungen für den Auskoppelspiegel z. B. nach [3.15] sind in Bild 3.29 gezeichnet.

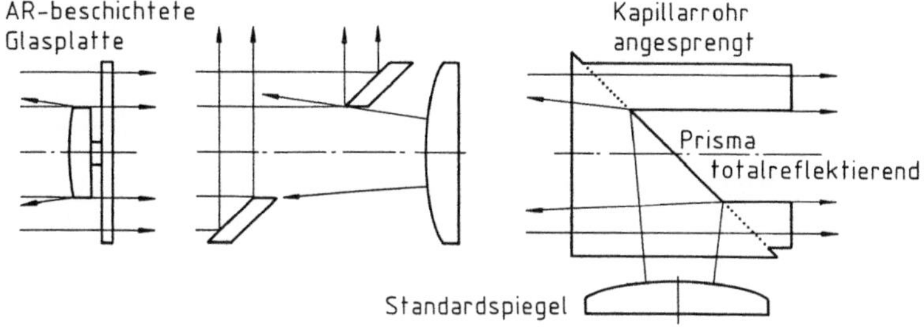

Bild 3.29. Auskoppelspiegel für instabile Resonatoren

4 Thermische Effekte

Durch das optische Pumpen wird das Lasermaterial erwärmt [4.1] und muß gekühlt werden. Die Erwärmung erfolgt unter anderem durch

- die direkte Absorption des Wirtsmaterials bei breitbandigem Pumpen,
- strahlungslose Übergänge,
- Absorption der angeregten Zustände,
- kleine Quanteneffizienz,
- den Quantendefekt, d. h. der Energiedifferenz zwischen Pump- und Laser-
  quantum.

Die im Lasermaterial erzeugte Wärmeleistung P_Q ist im Pulsbetrieb näherungsweise proportional zur Pumpleistung P_{in}, im CW-Betrieb steigt die Wärmeleistung überproportional mit der Pumpleistung

$$P_Q = \eta_Q F(P_{in})^\delta \tag{4.1}$$

η_Q = Heizwirkungsgrad
δ = Exponent, der die spektrale Verschiebung der Pumpbanden
      abhängig von der Pumpleistung berücksichtigt
F = Faktor zur Korrektur der Dimension.

Im Pulsbetrieb ist $\delta \approx 1{,}0$ und $F = 1$, im CW-Betrieb [4.2] ist $\delta \approx 1{,}5$ und $F = 1 \cdot W^{-0,5}$.

Für spezielle Materialien wie z. B. Alexandrit liegt nach den empirischen Ergebnissen nach [4.3] für den Pulsbetrieb jedoch folgender Zusammenhang nahe

$$P_Q = \eta_Q F f(E_{in})^\delta \ . \tag{4.2}$$

E_{in} = Pumpenenergie
f = Pulsrate
$\delta = 1{,}5$
$F = 1 \cdot Ws^{-0,5}$.

Der Anteil der vom Pumplicht im Medium umgesetzten Wärmeleistung P_Q ist für den Pulsbetrieb aus Tabelle 4.1 ersichtlich und liegt im Mittel bei 5% der elektrischen Pumpenergie.
Der spezifische Wärmekoeffizient κ [4.1]

$$\kappa = \eta_Q / \eta_{excit} \tag{4.3}$$

beschreibt den Anteil der gespeicherten Energie, der als Wärme im Lasermaterial verbleibt, bezogen auf den Anteil, der im oberen Laserniveau gespeichert wird.

Tabelle 4.1. Spezifischer Wärmekoeffizient und Heizwirkungsgrad

Material	Dotierung N_0/%		Heizwirkungsgrad η_Q/%	Wärmekoeffizient κ	Literatur
Glas Q-88	3	Nd	3,5	2,35	[4.4]
Glas Q-98	3	Nd	4,6	2,85	[4.4]
Glas LG-750	3	Nd	3,65	2,25	[4.4]
Glas LG-760	3	Nd	2,3	1,5	[4.4]
Glas LG-760	6	Nd	3,9	1,6	[4.4]
Glas LHG-5	6	Nd	4,8	3,0	[4.4]
Glas LHG-8	3	Nd	3,8	2,4	[4.4]
Glas LSG-91H	2,7	Nd		2,45	[4.22]
Alexandrit	0,13	Cr	7,5		[4.5]
YAG	1	Nd	5,05	3,25	[4.4]
YAG	1,4	Nd		3,4	[4.6]
GGG		Nd/Cr			
GSGG	1,6	Nd/Cr		2,85	[4.6]

Durch die Temperatur und die Temperaturverteilung wird das Verhalten des Lasers beeinflußt.

- Die Temperaturdifferenz zwischen Materialmitte und Oberfläche bestimmt die maximal zulässige Belastung des Lasermaterials und damit die maximale mittlere Ausgangsleistung.
- Der Temperaturgradient im Innern des Materials führt im allgemeinen zu einer Linsenwirkung während des Betriebs und muß daher entsprechend berücksichtigt bzw. kompensiert werden.
- Die absolute mittlere Temperatur im Lasermaterial bestimmt die Besetzung der Laserniveaus. Bei Nd-YAG z. B. verringert sich der Wirkungsgrad mit höheren Temperaturen durch die thermische Besetzung des unteren Laserniveaus, während er bei Alexandrit zunächst zunimmt (siehe Bild 4.3).

Je geringer der spezifische Wärmekoeffizient ist, desto geringer ist im allgemeinen die thermische Belastung und die Auswirkung über die thermische Linse, bezogen auf gleiche Ausgangsleistung oder Energie.

4.1 Temperaturprofil

Stationärer Zustand

Ein Lasermedium mit dem Volumen V werde mit der Leistung P_{in} gepumpt, von der der Anteil P_Q das Lasermaterial erwärmt. Die Oberfläche O wird durch Kühlung auf konstanter Temperatur T_o gehalten. Im Innern des Materials stellt sich dann ein Temperaturprofil ein und an der Oberfläche ein Temperatursprung (Bild 4.1).

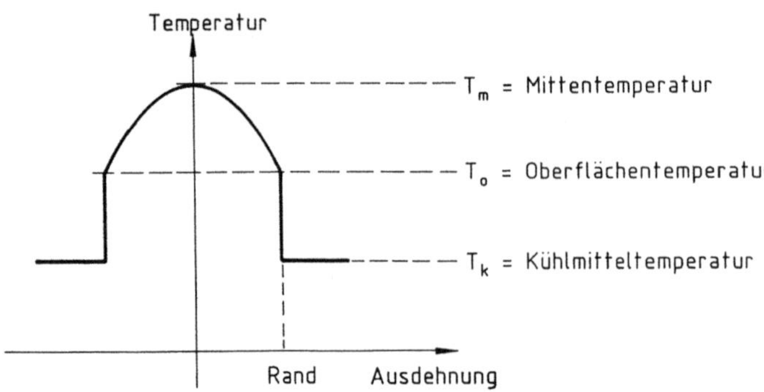

Bild 4.1. Temperaturverteilung im Lasermedium

Im Bereich T_m bis T_o für das Temperaturprofil gilt die Poisson-Gleichung

$$\frac{dT}{dt} = \frac{k}{\rho c}\nabla^2 T + \frac{P_Q}{V\rho c} , \qquad (4.4)$$

$k =$ Wärmeleitfähigkeit
$\rho =$ spezifisches Gewicht
$c =$ spezifische Wärme
$P_Q =$ Wärmeleistung im Lasermedium
$V =$ Materialvolumen

die für Zylindersymmetrie im stationären Fall lautet

$$0 = \frac{d^2 T}{dr^2} + \frac{1}{r}\frac{dT}{dr} + \frac{P_Q}{Vk} . \qquad (4.5)$$

Im Bereich T_o bis T_k gilt das Newtonsche Abkühlungsgesetz

$$\left.\frac{dT}{dr}\right|_{r=r_0} = \frac{\lambda}{k}(T_k - T_o) . \qquad (4.6)$$

Der Wärmeübergangskoeffizient λ ist definiert durch

$$P_Q = \lambda O(T_o - T_k) \quad O = \text{Oberfläche zur Kühlung} \qquad (4.7)$$

und läßt sich durch Kühlmittel, Flowtube-Durchmesser und Kühlmittelgeschwindigkeit in Grenzen einstellen.

Die Temperaturdifferenz $T_m - T_o$ im Innern des aktiven Lasermediums bestimmt die Materialbelastung sowie die Linsenwirkung und die mittlere Temperatur $T_m/2 + T_o$ die mittlere thermische Besetzung des unteren Laserniveaus. Abhängig von dem Erwärmungsprofil und der Kühlung wird sich im Lasermaterial ein Temperaturprofil einstellen.

Für die beiden Fälle einer Stab- bzw. Plattengeometrie ergeben sich bei homogener Erwärmung parabolische Temperaturprofile im stationären Fall. In Tabelle 4.2 sind diese Temperaturprofile unter Vernachlässigung der Kühlung für die Endfläche angegeben.

Tabelle 4.2. Temperaturprofile für Stab und Platte

Geometrie	Verteilung	Mittentemperatur T_m ($r = 0$)

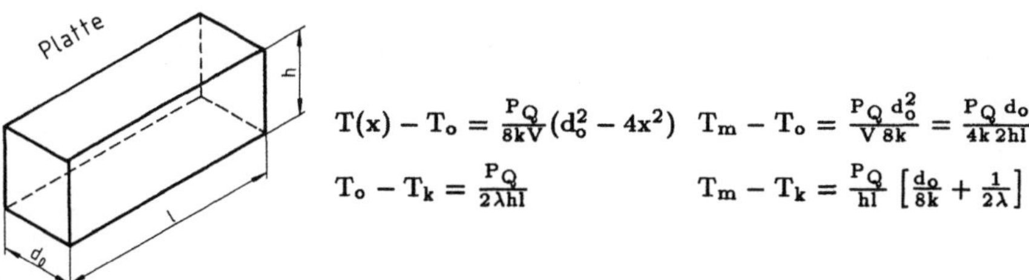

$$T(r) - T_o = \frac{P_Q}{4kV}(r_o^2 - r^2) \qquad T_m - T_o = P_Q\frac{r_o^2}{4kV} = \frac{P_Q}{4\pi kl}$$

$$T_o - T_k = \frac{P_Q}{\lambda 2\pi r_o l} \qquad T_m - T_k = \frac{P_Q}{2\pi r_o l}\left[\frac{r_o}{2k} + \frac{1}{\lambda}\right]$$

$$\frac{T_m}{2} + T_0 = \frac{3}{2}T_k + \frac{P_Q}{4\pi l}\left[\frac{3}{2\lambda r_0} + \frac{1}{2k}\right]$$

Kühlfläche $O = 2\pi r_o l$,   Volumen $V = \pi r_o^2 l$

$$T(x) - T_o = \frac{P_Q}{8kV}(d_o^2 - 4x^2) \qquad T_m - T_o = \frac{P_Q\, d_o^2}{V\, 8k} = \frac{P_Q\, d_o}{4k\, 2hl}$$

$$T_o - T_k = \frac{P_Q}{2\lambda hl} \qquad T_m - T_k = \frac{P_Q}{hl}\left[\frac{d_o}{8k} + \frac{1}{2\lambda}\right]$$

Kühlfläche $O = 2hl$,   Volumen $V = d_o hl$

In beiden Fällen gilt

$$T_m - T_o = \frac{t}{F_1 kO}P_Q \tag{4.8}$$

$F_1 = 4 =$ Geometriefaktor,
 $t =$ volle Materialstärke in Kühlrichtung,
 $O =$ Kühloberfläche,
$T_m =$ Temperatur in der Mitte

$$T_o - T_k = \frac{1}{\lambda O}\eta_Q F(P_{in})^\delta \tag{4.9}$$

$T_o =$ Temperatur an der Oberfläche,
$T_k =$ Temperatur des Kühlmittels .

Die Temperaturdifferenz zwischen Materialmitte und Kühloberfläche ist proportional zur Heizleistung P_Q, zur gesamten Materialstärke t in Richtung des Temperaturgradienten und umgekehrt proportional zur Wärmeleitfähigkeit k und Kühloberfläche O.

Die systemspezifische Größe η_Q bestimmt also wesentlich die Materialbelastung und die Linsenwirkung, der Wärmeübertragungskoeffizient λ mit η_Q die mittlere Temperatur und damit auch die Effizienz. Beide Größen lassen sich experimentell bestimmen [4.5].

Beispiel 4.1 Nd:YAG-Stab

Pulsbetrieb $\delta = 1$, Pulsperiode klein gegenüber Temperaturausgleich

$P_{in} = 2000\,W \quad \eta_Q = 5\% \quad l = 5\,cm \quad r_0 = 0,2\,cm \quad k = 0,1\,W/cm°C$
$\lambda = 0,3\,W/cm^2°C$

ergibt: $P_Q = 100\,W \quad T_m - T_0 \approx 16\,°C \quad T_0 - T_k \approx 53\,°C.$

Den nichtlinearen Zusammenhang zwischen Stabtemperatur und Pumpleistung im CW-Betrieb sieht man in Bild 4.2.

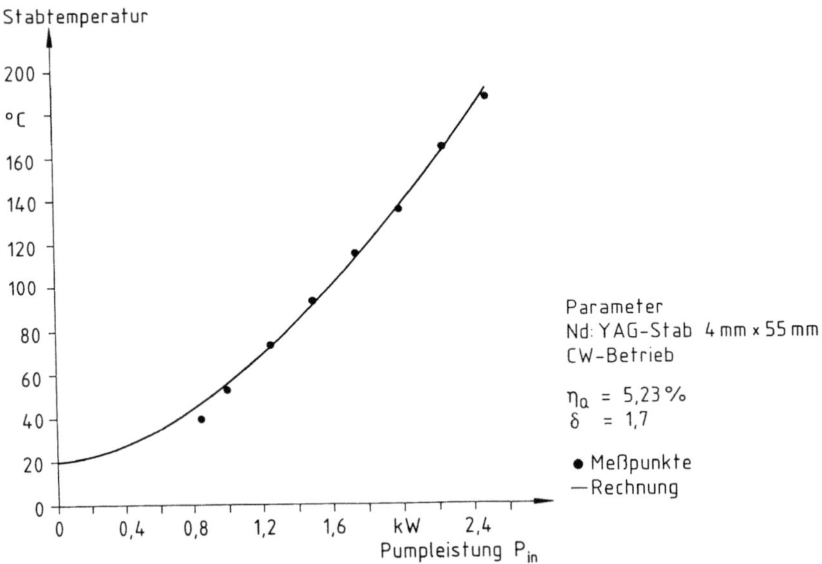

Bild 4.2. Temperatur am Ende eines Stabes (CW-Betrieb)

4.2 Thermische Zeitkonstante

Das zeitliche Verhalten eines Lasermediums z. B. im Pulsbetrieb wird im wesentlichen durch zwei Zeitkonstanten bestimmt. Die erste Zeitkonstante τ charakterisiert die Zeit, in der der Temperaturausgleich im Lasermaterial selbst stattfindet. Sie ist nur von den Materialparametern (Temperaturleitfähigkeit) und der Geometrie abhängig. Die zweite Zeitkonstante τ_1 bestimmt die Zeit zum Temperaturausgleich mit dem Kühlmittel. Sie wird durch die Wärmeübergangszahl λ bestimmt.

Temperaturausgleich im Material

Stellt man z. B. durch hohen Durchfluß in den Flowtubes eine gute Kühlung sicher, dann läßt sich der innere Temperaturausgleich experimentell bestimmen. Die zeitliche Änderung kann entweder direkt oder über indirekte Methoden, wie durch Absorption des He-Ne-Laserlichts in Alexandrit [4.5], über das Abklingen der Spannungsdoppelbrechung [4.7] oder über die Änderung der thermischen Linse gemessen werden. In [4.13] wird diese Zeit mit

$$\tau = \frac{c\rho}{k} r_o^2 \tag{4.10}$$

angegeben. In Tabelle 4.3 ist für einen Stabradius von 3 mm und verschiedene Materialien diese Zeit aufgelistet.

Tabelle 4.3. Zeitkonstante zum Temperaturausgleich im Lasermedium

Material	$c\rho/k$ sec/mm^2	Stab mit $r_o = 3$mm	Theorie $\tau/$s	Messung $\tau/$s	Literatur
Nd:Glas (silicat)	2,8		25,2		
Nd:Glas EV-4	2,4		21,6	5,25	[4.7]
Nd:YAG	0,196		1,76	1,6	Autor
Rubin	0,071		0,64		
Alexandrit	0,135		1,21		
Nd:GGG	0,412		3,7		

Temperaturausgleich mit dem Kühlmedium

Die Temperaturverteilung im Lasermedium und der zeitliche Verlauf, unmittelbar nach Ende eines Pumppulses, lassen sich nach [4.5] beschreiben durch

$$T(r,t) - T_k = (T_o - T_k) \sum_1^\infty A_n J_0 \left[\mu_n \frac{r}{r_0} \right] e^{-t/\tau_n} \tag{4.11}$$

$$\tau_n = \frac{\rho c r_0^2}{k \mu_n^2} \tag{4.12}$$

und

$$\frac{\mu_n J_1(\mu_n)}{J_0(\mu_n)} = \frac{\lambda r_0}{k} \tag{4.13}$$

mit $J_{0,1} = $ Bessel-Funktionen 0-ter, 1-ter Ordnung.

Für parabolischen Temperaturverlauf werden die Entwicklungskoeffizienten in [5.14] angegeben mit

$$A_n = \frac{8 J_1(\mu_n)}{\mu_n^3 [J_0 2(\mu_n) + J_1^2(\mu_n)]} \; .$$

Da die Entwicklungskoeffizienten A_n mit zunehmendem n sehr klein werden, reduzieren sich die Gleichungen (4.12) und (4.13) zu

$$\tau_1 = \frac{\rho c r_0^2}{k \mu_1^2} \tag{4.14}$$

und

$$\frac{\mu_1 J_1(\mu_1)}{J_0(\mu_1)} = \frac{\lambda r_0}{k} \ . \tag{4.15}$$

Aus der Messung von τ_1 kann mit (4.14) μ_1 bestimmt werden und aus der Tabelle 4.4 (nach [4.8]) der Wärmeübergangskoeffizient λ. Der Zusammenhang zwischen der Durchflußmenge des Kühlmittels und der Wärmeübergangszahl wird in Abschnitt 5.3 behandelt.

Tabelle 4.4. Bestimmung der Wärmeübergangszahl nach [4.8]

$\lambda\rho/k$	0	0,01	0,04	0,1	0,4	1,0	4,0	10	40	100	∞
μ_1	0	0,14	0,28	0,44	0,85	1,25	1,91	2,17	2,35	2,38	2,40

4.3 Materialbelastung

Durch die Temperaturdifferenz $T_m - T_0$ wird das Lasermaterial maximal an der Oberfläche belastet, und es stellt sich eine Oberflächenspannung σ ein

$$\sigma = F_2 \frac{\alpha E}{(1 - \nu)}(T_m - T_0) \ . \tag{4.16}$$

$F_2 =$ Geometriefaktor,   Stab $F_2 = \sqrt{2}/2$, Platte $F_2 = 2/3$
$\alpha =$ Ausdehnungskoeffizient,
$E =$ Elastizitätsmodul (Young),
$\nu =$ Poisson-Zahl.

Aus Sicherheitsgründen bleibt man mit der Spannung σ mindestens um den Sicherheitsfaktor 5 [4.9] unter der Bruchspannung σ_{max}

$$\sigma_{max} = 5\sigma \ . \tag{4.17}$$

Die maximale Temperaturdifferenz zwischen Mitte und Oberfläche eines Stabes darf somit

$$(T_m - T_0) = \frac{8}{5\sqrt{2}} \frac{(1 - \nu)}{\alpha E} \sigma_{max} \tag{4.18}$$

nicht überschreiten.

Für homogene Erwärmung ergibt sich mit (4.8)

$$\frac{\sigma_{max}}{5} = \frac{F_2}{F_1} \frac{\alpha E}{(1-\nu)k} \frac{t}{O} P_Q \ .$$
(4.19)

$F_1, F_2 = $ Geometriefaktoren,
  $t = $ Materialstärke in Richtung $T_m - T_o$,
  $O = $ Kühlfläche

Der thermische Schockparameter R_T ist definiert als

$$R_T = \frac{\sigma_{max} \, k(1-\nu)}{\alpha E}$$
(4.20)

und damit wird die maximal zulässige Wärmeleistung P_Q im Lasermedium zu

$$P_Q = \frac{F}{5} \frac{O}{t} R_T \qquad F = F_1/F_2 = \text{Geometriefaktor}$$
(4.21)

bzw. die maximal zulässige Pumpleistung P_{in}

$$P_{in} = \frac{F}{5\eta_Q} \frac{O}{t} R_T \ .$$
(4.22)

Der Materialparameter $M = k(1-\nu)/\alpha E$ ist nur von unveränderlichen inneren Eigenschaften des Materials abhängig. Die Bruchspannung σ_{max} hängt zwar weitgehend vom Material ab, aber wird zusätzlich wesentlich von der Oberflächenbeschaffenheit und damit von den Bearbeitungsverfahren bestimmt. Materialeigenschaften und Bearbeitungsverfahren bestimmen den thermischen Schockparameter $R_T = \sigma_{max}M$.

Die maximal erreichbare mittlere Laserleistung P, begrenzt durch die zulässige thermische Belastung, läßt sich dann mit (4.1), (4.2) und mit (1.125) bzw. (1.126) für den Pulsbetrieb weiter abschätzen

$$P_{Niveau} = \eta_{excit} P_{in} \quad (1.125) \qquad P = \eta_{extr} P_{Niveau} \quad (1.126)$$

$$P = \frac{F}{5} \frac{\eta_{extr}}{\kappa} \frac{O}{t} R_T \qquad \text{für YAG ist } \eta_{extr} \approx 0{,}5 \ [4.10] \ .$$
(4.23)

$F = 8/\sqrt{2}, \ t = 2r_0$ für Stäbe [4.11]
$F = 12/\sqrt{2}$ für Platten [4.11] .

Falls Meßergebnisse über die Slope-Efficiency eines Lasersystems vorliegen, kann die maximal erreichbare Laserleistung P_{max} auch wie folgt abgeschätzt werden

$$P_{max} = \frac{F \, \eta_{slope}}{5 \, \eta_Q} \frac{O}{t} R_T \qquad \text{mit } P_{max} = \eta_{slope} P_{in} \ .$$
(4.24)

Hohe mittlere Laserleistung kann ohne Bruchgefahr nur durch große Kühlfläche O bzw. kurze Kühlstrecke t erreicht werden. Mit zunehmender Oberfläche steigt jedoch auch das statistische Risiko, daß ein Bruch durch Oberflächendefekte bei kleinerer Belastung eintritt. Bei größerer Oberfläche muß die zulässige Belastung gesenkt werden. Die maximal erreichbare Laserleistung wird also nicht linear mit der Kühloberfläche zunehmen. Die maximal zulässige Belastung durch Blitzlampenpumpen liegt nach [4.9] wesentlich unter der vergleichbaren, reinen thermischen Belastung. Dies wird durch den empirischen Sicherheitsfaktor 5 berücksichtigt.

Der Slope-Wirkungsgrad und der Heizwirkungsgrad sind miteinander korreliert. Bei Verbesserung der Pumpanordnung werden beide etwa gleich zunehmen, wenn nicht spektrale Selektion das Verhältnis verbessert. Falls die Richtung in der gepumpt wird mit der Richtung der Kühlung (in Richtung von t) übereinstimmt, wird sich aufgrund der notwendigen Absorptionstiefe ein Mindestmaß von t nicht unterschreiten lassen. Große Laserleistungen lassen sich dann nur mit großer Oberfläche O oder mit anderen Materialien (R_T) erreichen.

Für Stäbe lautet (4.24)

$$\frac{P_{max}}{1} = \frac{8\pi}{5\sqrt{2}} \frac{\eta_{slope}}{\eta_Q} R_T .$$
(4.25)

Die zulässige Laserleistung kann nur durch längere Stäbe erhöht werden. In Tabelle 4.5 ist eine Übersicht der erreichbaren Laserleistungen P_{max} dargestellt. Zugrunde gelegt wurden Stablängen l_{max}, die zur Zeit lieferbar sind.

Tabelle 4.5. Laserleistung und Belastbarkeit von Laserstäben

		Silicat-Glas	Phosphat-Glas	YAG	Alex.	GGG/GSGG	YLF	Rubin	BEL
α	$10^{-6}/°C$	10	12	8,2	6,8	9,5	13	5,8	8
E	GPa	90	50	317	445	210	76	352	100
ν		0,24	0,26	0,25	0,25	0,28	0,33	0,25	0,25
k	W/m°C	1,35	0,7	13	23	7	6	42	5
σ_{max}	MPa	170	90	280	280	120	50	550	100
η_Q	%	5	5	5	7	5	5	5	5
η_{slope}	%	3	5	4,5	2,5	7	3	0,8	2,75
R_t	kW/m	0,19	0,08	1,05	1,6	0,30	0,20	8,49	0,47
$T_m - T_o$	°C	162	126	91	79	49	38	229	106
P_{in}/l	W/cm	138	55	746	1134	215	145	6029	333
P_{max}/l	W/cm	4,13	2,76	33,6	28,4	15,1	4,3	48,2	9,2
l_{max}	cm	50	50	20	15	20	10	15	15
P_{max}	W	207	138	672	425	302	43	724	137

Literaturverweise in den Tabellen 10.1 bis 10.3 und 11.1 bis 11.9

Die maximal erreichbare Laserleistung P_{max}/l kann durch Oberflächenbehandlung vergrößert werden. In [4.23] wird über die Erhöhung der Bruchgrenze durch

Politur und spezielle Ätzverfahren von Glas, GSGG und YAG bis zu fast einer
Größenordnung berichtet.

4.4 Einfluß auf die Termbesetzung

Die mittlere Temperatur des Lasermediums beeinflußt die Termbesetzung. Abhängig von der Betriebsart gibt es eine optimale bzw. maximale Betriebstempe-
ratur. Die Lasereffizienz kann zunächst mit zunehmender Temperatur zunehmen
– Alexandrit bis ca. 130 °C im Pulsbetrieb (Bild 4.3) – oder wie bei Nd:YAG

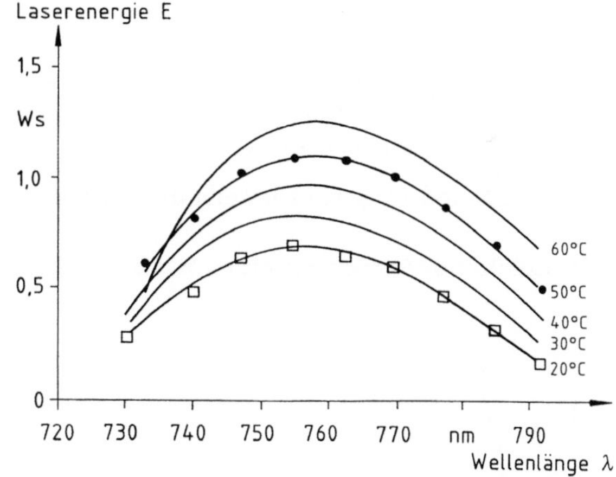

Bild 4.3. Temperaturabhängigkeit der Effizienz bei Alexandrit (nach [4.12])

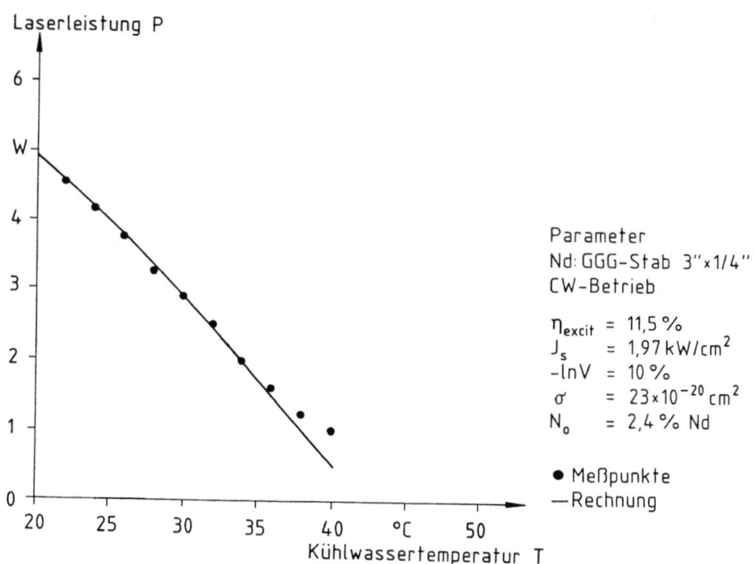

Bild 4.4. Temperaturabhängigkeit der Laserleistung von GGG

und Nd:GGG (Bild 4.4) abnehmen. Für Glas wird die Verstärkung mit steigender Temperatur durch die zunehmende Besetzung des unteren Laserniveaus ebenfalls reduziert. Diese Reduzierung hängt von der mittleren Temperatur im Medium und von der Ionenkonkonzentration ab. Die Besetzung des unteren Niveaus bei YAG und die daraus resultierende Änderung der Effizienz werden in Abschnitt 1.5 (Bild 1.8) behandelt.

4.5 Linsenwirkung

Durch die Temperaturdifferenz $T_m - T_o$ zwischen Mitte und Oberfläche des Lasermediums wird eine Linsenwirkung hervorgerufen. Drei Effekte tragen zur Brechkraft bei

- die Deformation der Endfläche durch Längenänderung (α),
- der Temperaturgradient des Brechungsindexes (dn/dT),
- der photoelastische Effekt ($C_{r,\Phi}$).

α, dn/dT und $C_{r,\Phi}$ sind jeweils die charakterisierenden Größen.

Endflächendeformation eines Stabes (Bild 4.5)

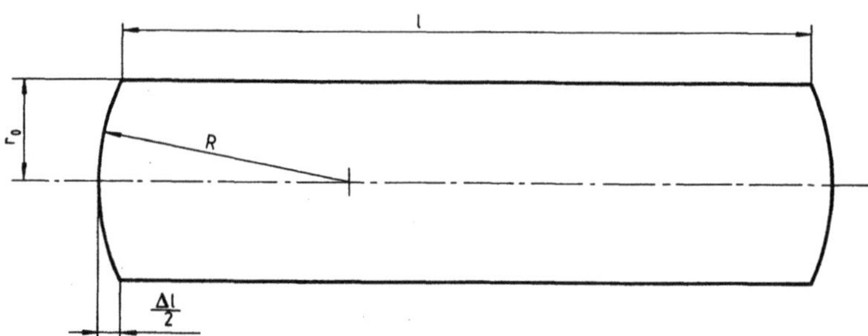

Bild 4.5. Endflächenradius bei freier Ausdehnung

Falls sich ein Stab frei ausdehnen könnte, ließe sich die Endflächendeformation abschätzen mit $\Delta l = \alpha l(T_m - T_o)$.

Nach Koechner [4.13] ist der Bereich, in dem die Krümmung auftreten kann gering, $\approx r_o$, und die Längenänderung Δl aufgrund der Ausdehnung wird zu

$$\Delta l = \alpha r_0(T_m - T_o) = \frac{\alpha P_Q}{4\pi k}\frac{r_0}{l} \tag{4.26}$$

und der Krümmungsradius R zu

$$R = \frac{r_0^2 + \Delta l^2/4}{\Delta l} \approx \frac{r_0^2}{\Delta l}\ . \tag{4.27}$$

Der Stab würde geometrisch die Form einer dicken Linse annehmen. Die tatsächliche Längenänderung ist jedoch gering und der Anteil der geometrischen Endflächendeformation kann im allgemeinen vernachlässigt werden. Die Krümmung $1/R$ wird zu

$$\frac{1}{R} = \frac{\alpha r_0 P_Q}{4k\,V} \,.$$ (4.28)

Brechzahlgradient

Die Brechzahl des aktiven Mediums wird aufgrund der Temperaturverteilung ortsabhängig, in erster Näherung zu

$$n(r) - n_m = \frac{dn}{dT}[T(r) - T_m] \,.$$ (4.29)

$n \approx n_m =$ Brechungsindex in der Mitte,
$dn/dT =$ absolute Brechungsindexänderung im Material.

Nimmt man homogene Erwärmung an, so ergibt sich ebenfalls eine parabolische Änderung des Brechungsindexes für einen Stab

$$n(r) = n - \frac{dn}{dT}\frac{P_Q}{4kV}r^2 \,. \quad V = \pi r_0^2 l \;\text{Stabvolumen}$$ (4.30)

Photoelastischer Effekt

Mechanische Spannungen in tangentialer Φ- und in radialer r-Richtung rufen ebenfalls eine Änderung des Brechungsindexes hervor. Da die Abhängigkeit des Stresses bei homogener Erwärmung quadratisch ist, wird der Brechungsindex n ebenfalls quadratisch mit dem Radius geändert

$$n_r = -\frac{n^3 \alpha P_Q C_r}{2kV}r^2 \quad \text{nach [4.13]}\,,$$ (4.31)

$$n_\Phi = -\frac{n^3 \alpha P_Q C_\Phi}{2kV}r^2 \quad \text{nach [4.13]}\,.$$ (4.32)

Unterschiede in n_r und n_Φ führen zur Spannungsdoppelbrechung.

Die spannungsoptischen Empfindlichkeiten C_r und C_Φ werden nach [4.14] für YAG mit den photoelastischen Koeffizienten p_{ij} wie folgt berechnet

$$C_r = \frac{(17\nu - 7)p_{11} + (31\nu - 17)p_{12} + 8(\nu + 1)p_{44}}{48(\nu - 1)}$$ (4.33)

$$C_\Phi = \frac{(10\nu - 6)p_{11} + 2(11\nu - 5)p_{12}}{32(\nu - 1)} \,.$$ (4.34)

In der Tabelle 4.6 sind für verschiedene Lasermaterialien die optischen Konstanten aufgelistet. Die dazugehörigen Literaturzitate findet man in Kapitel 10 und 11.

Tabelle 4.6. Photoelastische Koeffizienten

	YAG	Glas	GGG	GSGG
ν	0,2500	0,2500	0,28	0,28
p_{11}	−0,0290	0,1190	−0,086	−0,012
p_{12}	0,0091	0,2610	−0,027	0,019
p_{44}	−0,0615	−0,0191	−0,078	−0,0665
C_r	0,0172	0,0814	0,011	0,0235
C_Φ	−0,0025	0,0663	−0,0164	0,0015

Bei isotropen Medien ist $p_{44} = (p_{11} - p_{12})/2$

Brechzahländerung

Beide wesentlichen Änderungen im Brechungsindex addieren sich zu

$$n(r) = n - \left[\frac{dn}{dT} \frac{P_Q}{4kV} + \frac{n^3 \, \alpha P_Q C_{r,\Phi}}{2kV} \right] r^2 := n \left[1 - \frac{r^2}{2(\beta_{r,\Phi})^2} \right] \qquad (4.35)$$

mit β als der charakteristischen Fokuslänge der thermischen Linse.

Die Material- und Geometriekonstanten lassen sich zusammenfassen

$$\begin{aligned}
\frac{1}{\beta^2} &= \frac{P_Q}{kV} \left[\frac{1}{2n} \frac{dn}{dT} + n^2 \alpha C_{r,\Phi} \right] \\
&= \frac{P_Q}{k\pi r_o^2 l} \left[\frac{1}{2n} \frac{dn}{dT} + n^2 \alpha C_{r,\Phi} \right] = \frac{P_Q M_{1r,\Phi}}{V}
\end{aligned} \qquad (4.36)$$

und der bestimmende Materialparameter $M_{1r,\Phi}$ lautet

$$M_{1r,\Phi} = \frac{1}{k} \left[\frac{1}{2n} \frac{dn}{dT} + n^2 \alpha C_{r,\Phi} \right] . \qquad (4.37)$$

Der Anteil aufgrund der Brechzahländerung überwiegt im allgemeinen und in guter Näherung gilt

$$\frac{1}{\beta^2} = \frac{P_Q}{2nk\pi r_o^2 l} \frac{dn}{dT} = \frac{1}{2nk} \frac{dn}{dT} \frac{P_Q}{V} \quad \text{für z. B. Nd : YAG} . \qquad (4.38)$$

Beispiel 4.2 Nd-YAG

$\mathrm{dn/dT} = 7{,}3 \cdot 10^{-6}/°\mathrm{C}, \quad \mathrm{n} = 1{,}83, \quad \alpha = 6 \cdot 10^{-6}/°\mathrm{C},$
$\mathrm{C_r} = 0{,}017, \quad \mathrm{C_\Phi} = -0{,}0025$

führt zu $\frac{1}{2n}\frac{dn}{dT} \approx 2 \cdot 10^{-6}/°\mathrm{C}$ und $\mathrm{n^2\alpha C_r} \approx 0{,}34 \cdot 10^{-6}/°\mathrm{C}$

$\mathrm{P_Q} = 500\,\mathrm{W}, \quad \mathrm{r_o} = 5\,\mathrm{mm}, \quad \mathrm{l} = 150\,\mathrm{mm}$ ergibt $\beta = 0{,}37\,\mathrm{m}.$

4.6 Linsenwirkung im Resonator

Plan-plan-Stab mit Außenspiegeln (Bild 4.6)

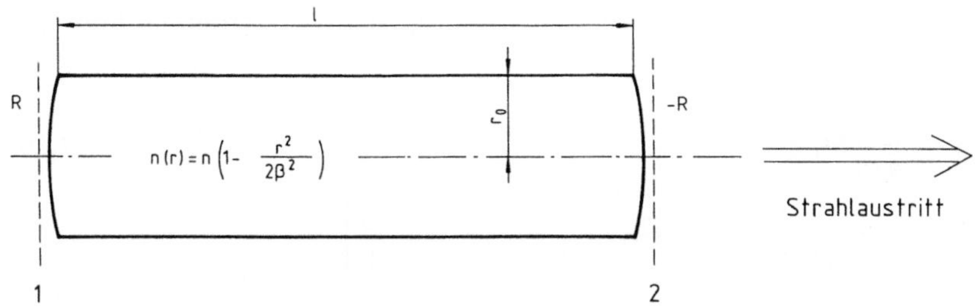

Bild 4.6. Resonator mit Außenspiegeln. Referenzebenen außerhalb des Stabes, Radien R durch thermische Deformation hervorgerufen

Die äquivalente Matrix von 1 nach 2 für einen Laserstab setzt sich aus dem Übergang an der Endfläche 1 mit dem Radius R, dem Verlauf im Stabinnern und aus dem Übergang an der Endfläche 2 mit dem Radius −R zusammen:

$$M_{12} = \begin{vmatrix} a & b \\ c & d \end{vmatrix} = \begin{vmatrix} 1 & 0 \\ -\frac{(n-1)}{R} & n \end{vmatrix} \begin{vmatrix} \cos(l/\beta) & \beta\sin(l/\beta) \\ -\frac{1}{\beta}\sin(l/\beta) & \cos(l/\beta) \end{vmatrix} \begin{vmatrix} 1 & 0 \\ \frac{(1-n)}{nR} & \frac{1}{n} \end{vmatrix} .$$

Die Matrixelemente lauten:

$$a = d = \cos(l/\beta) + \frac{1-n}{nR}\beta\,\sin(l/\beta)$$

$$b = \frac{\beta}{n}\sin(l/\beta)$$

$$c = \frac{2(1-n)}{R}\cos(l/\beta) + \left[\frac{(1-n)^2\beta}{nR^2} - \frac{n}{\beta}\right]\sin(l/\beta)$$

und für $l \ll \beta$ in Näherung:

$$a = d = 1 - \frac{n-1}{nR}l$$

$$b = l/n$$

$$c = -\frac{2(n-1)}{R} - \frac{nl}{\beta^2} + \frac{(n-1)^2 l}{nR^2}$$

In der Näherung $l \ll \beta$ kann man den letzten Term vernachlässigen und für die Brechkraft $D = -c$ ergibt sich mit (4.26) und (4.35) für plane Stäbe

$$
\begin{aligned}
D_{r,\Phi} &\approx \frac{nl}{\beta^2} + \frac{2(n-1)}{R} \\
&= \frac{P_Q}{\pi r_0^2 2k}\left[\frac{dn}{dT} + 2n^3\alpha C_{r,\Phi} + \alpha(n-1)\frac{r_0}{l}\right] .
\end{aligned}
\tag{4.39}
$$

Die Brechkraft aufgrund der Endflächenkrümmung ist im allgemeinen klein gegenüber den anderen beiden Effekten und (4.39) vereinfacht sich zu

$$D_{r,\Phi} = \frac{P_Q}{\pi r_0^2}M_{r,\Phi} \tag{4.40}$$

$$\text{mit } M_{r,\Phi} = \frac{1}{2k}\left[\frac{dn}{dT} + 2n^3\alpha C_{r,\Phi} + \alpha(n-1)\frac{r_0}{l}\right] .$$

Die Brechkraft ist proportional zur Wärmeleistung P_Q und dem Materialparameter $M_{r,\Phi}$ und umgekehrt proportional zur Querschnittsfläche .

Stab festverspiegelt (Bild 4.7)

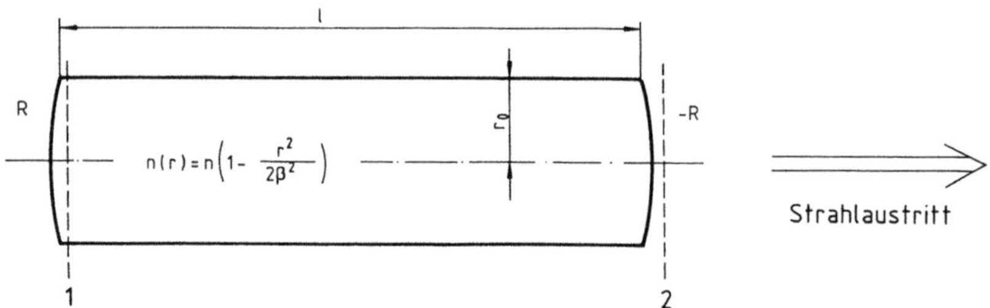

Bild 4.7. Resonator mit festverspiegeltem Stab. Radien R durch thermische Deformation hervorgerufen

Die äquivalente Matrix von 1 nach 2 für den Laserstrahl setzt sich aus dem Übergang an der Endfläche 1 mit dem Radius R, dem Verlauf im Stabinnern und aus dem Übergang an der Endfläche 2 mit dem Radius $-R$ zusammen:

$$M_{12} = \begin{vmatrix} a & b \\ c & d \end{vmatrix} = \begin{vmatrix} 1 & 0 \\ -\frac{n-1}{R} & n \end{vmatrix}\begin{vmatrix} \cos(l/\beta) & \beta\sin(l/\beta) \\ -\frac{1}{\beta}\sin(l/\beta) & \cos(l/) \end{vmatrix}\begin{vmatrix} 1 & 0 \\ -\frac{1}{R} & 1 \end{vmatrix} .$$

Die Matrixelemente lauten:

$$a = \cos(l/\beta) - \frac{\beta}{R} \sin(l/\beta)$$
$$b = \beta \sin(l/\beta)$$
$$c = -\frac{2n-1}{R} \cos(l/\beta) - \left[\frac{n}{\beta} - \frac{n-1}{R^2}\right] \sin(l/\beta)$$
$$d = n \cos(l/\beta) - \frac{(n-1)\beta}{R} \sin(l/\beta)$$

und für $l \ll \beta$ in Näherung:

$$a = 1 - l/R$$
$$b = l$$
$$c = -\frac{2n-1}{R} - \frac{nl}{\beta^2} + \frac{n-1}{R^2}l$$
$$d = n - \frac{(n-1)l}{R} \; .$$

Den letzten Term für die Brechkraft $D = -c$ kann man ebenfalls vernachlässigen, und die Brechkraft wird gleich, wie im Fall mit Außenspiegeln (4.40).

Bei einigen Lasergläsern kompensiert sich der Anteil aufgrund der Brechzahländerung mit dem Anteil aufgrund des photoelastischen Effekts, d. h. für diese Gläser gilt in erster Näherung

$$dn/dT \approx -2n^3 \alpha C_{r,\Phi} \; . \tag{4.41}$$

In Tabelle 4.7 sind, soweit bekannt, die Materialparameter zur Brechkraftbestimmung zusammengetragen. Das relative thermische Verhalten ist aus den Materialparametern $M_{r,\Phi}$ ersehen. Für Stäbe mit einem Stabradius von 3 mm sind bei einer Pumpleistung von 1 kW die entsprechenden Brechkräfte D_r und D_Φ angegeben.

Der Heizwirkungsgrad η_Q und damit die Brechkräfte D_r und D_Φ sind von der verwendeten Kavität und dem Aufbau abhängig.

Unter der Voraussetzung homogener Erwärmung gilt (4.40) für viele Lasermaterialien in Stabform mit konventionellen stabilen Resonatoren im thermischen Gleichgewicht. Für die Strahlqualität $1/w\Theta$ von Stäben im Multimodebetrieb wurde für konventionelle stabile Resonatoren mit Außenspiegeln gezeigt (3.59)

$$\text{Max}(w\Theta) \geq \frac{r_0^2(D_i - D_j)}{4} \; .$$

Mit (4.40) ergibt sich

$$\text{Max}(w\Theta) \geq \frac{M(P_i - P_j)}{4\pi} \tag{4.42}$$

Tabelle 4.7. Thermischer Linsenkoeffizient

		LG-680 Schott	LG-706 Schott	LG-750 Schott	LG-760 Schott	YAG	GGG
k	W/m°C	1,35	0,69	0,52	0,60	13,0	6,43
dn/dT	10^{-6}/°C	1,46	−4,55	−6,5	−8,19	5,66	17,4
n		1,56	1,504	1,516	1,508	1,82	1,943
α	10^{-6}/°C	9,3	10,9	11,4	12,5	6,9	5,67
C_r		0,067	0,085	0,081	0,074	0,017	0,011
C_Φ		0,051	0,073	0,074	0,064	−0,0025	−0,164
$2n^3\alpha C_r$	10^{-6}/°C	4,73	6,30	6,43	6,38	1,41	0,92
$2n^3\alpha C_\Phi$	10^{-6}/°C	3,60	5,41	5,88	5,49	−0,21	−13,64
$\alpha(n-1)$	10^{-6}/°C	0,17	0,18	0,20	0,21	0,19	0,18
M_r	10^{-6}m/W	2,36	1,40	0,13	−1,33	0,35	1,44
M_Φ	10^{-6}m/W	1,94	0,76	−0,41	−2,08	0,27	0,31
n_Q	%	5	5	5	5	5	5
P_{in}	kW	1	1	1	1	1	1
r_0	mm	3	3	3	3	3	3
$D_r(P_{in}, \rho)$	m^{-1}	4,17	2,48	0,22	−2,36	0,62	2,54
$D_\Phi(P_{in}, \rho)$	m^{-1}	3,43	1,34	−0,72	−3,67	0,48	0,54

die Unabhängigkeit der Strahlqualität von der Stabgeometrie mit

$$M = \frac{1}{2k}\left[\frac{dn}{dT} + 2n^3\alpha C_{r,\Phi}\right] . \tag{4.43}$$

Die Strahlqualität kann in erster Näherung nicht durch Auswahl der Stabgeometrie beeinflußt werden. Da Pumpleistung P_{in} und Laserleistung P ebenfalls proportional zueinander sind, muß im allgemeinen ein Kompromiß zwischen Strahlqualität $1/w\Theta$ und Arbeitsbereich $\delta P = (P_i - P_j)$ eingegangen werden.

Transiente Linsenwirkung

Bisher wurde nur die mittlere Brechkraft der thermischen Linse im stationären CW-Betrieb oder im Pulsbetrieb mit genügend hoher Repetitionsrate ($f \gg 1/\tau$) betrachtet. Bei geringer Pulsrate ist aber ebenso das zeitliche Verhalten der Brechkraft während eines einzelnen Pulses von Interesse.

Das transiente Verhalten der thermischen Linse ist unter anderem in [4.15] beschrieben. Die Linse nimmt während des Pulses sowohl negative als auch positive Brennweiten an (Bild 4.8), sie ist außerdem abhängig von der Pumplichtverteilung im Lasermedium.

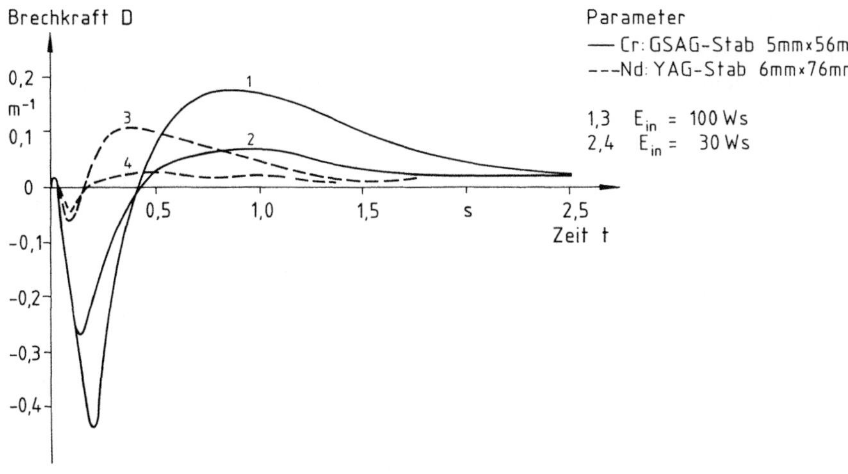

Bild 4.8. Zeitlicher Verlauf der Brechkraft nach [4.15]

4.7 Experimentelle Bestimmung der Linsenwirkung

Zur Auslegung des Resonators für kontinuierliche Anwendungen muß die mittlere Brechkraft abhängig von den Betriebs- und Materialparametern bekannt sein.

Eine einfache experimentelle Bestimmung der mittleren Brechkraft im Pulsbetrieb für YAG- bzw. Glasstäbe ist über die Bestimmung der kritischen Brechkraft D_d im Aufbau nach Bild 4.9 möglich.

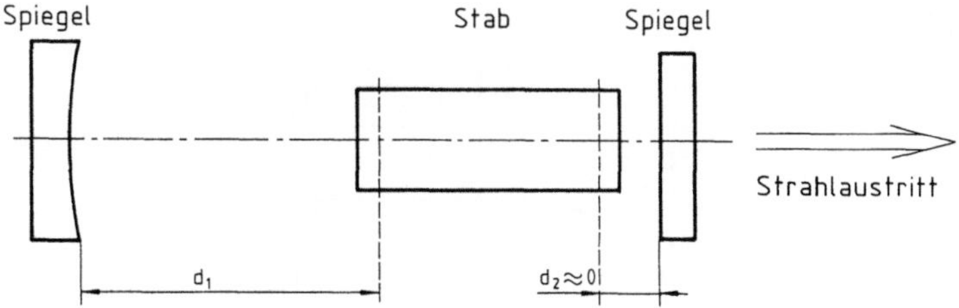

Bild 4.9. Aufbau zur Bestimmung der kritischen Brechkraft

Für einen plan-plan Resonator ist die kritische Brechkraft $D_d = 1/d_1$. Man mißt die mittlere Laserleistung als Funktion der Pumpleistung mit dem Abstand d_1 als Parameter. Bei Erreichen der kritischen Pumpleistung wird $D_d = 1/d_1$

und die Laserleistung sinkt, da der stabile Resonator in den instabilen Bereich
übergeht. Für verschiedene Abstände d_1 ergeben sich unterschiedliche Pumpleistungen P_{krit} bei denen der Resonator instabil wird. Aus der Steigung von $1/d_1$
über P_{krit} läßt sich der thermische Linsenkoeffizient bestimmen

$$D_d = \frac{M\eta_Q P_{krit}}{\pi r_0^2} \,. \tag{4.44}$$

Man bezeichnet

$$\frac{D_d}{P_{krit}} = \frac{M\eta_Q}{\pi r_0^2} \quad \text{als } \textbf{thermischen Linsenkoeffizienten} \,. \tag{4.45}$$

In Bild 4.10 ist bei verschiedenen Spiegelabständen d_1 die Laserleistung über der
Pumpleistung gemessen worden. Abweichungen von der Geraden kennzeichnen
den Beginn des instabilen Bereichs für eine Komponente r oder Φ der Brechkraft.

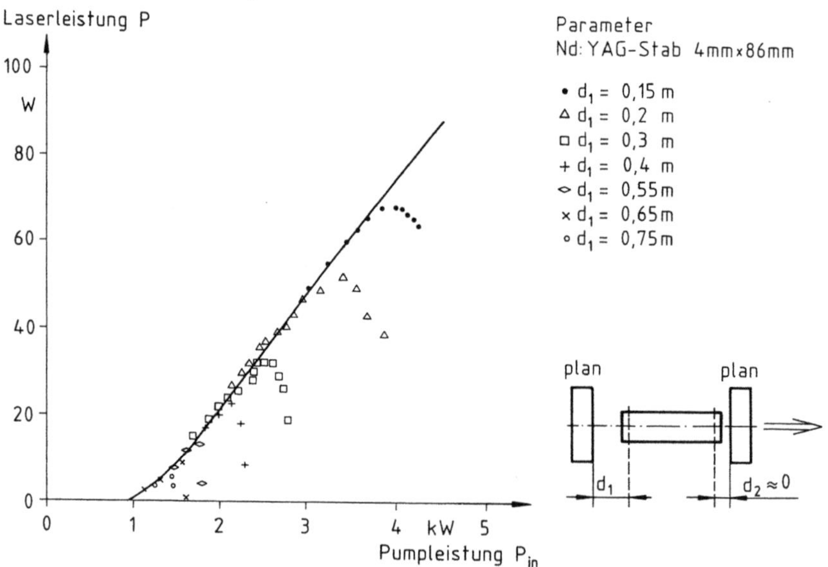

Bild 4.10. Bestimmung der mittleren Brechkraft für Nd:YAG-Stäbe

Eine andere Methode [4.3] ist die Bestimmung der Fokuslänge eines He-Ne-
Prüflasers. Diese Methode läßt die Untersuchung des transienten Verhaltens zu.

Experimentelle Anordnungen nach [4.16] (Bild 4.11) erlauben durch Moire-
Ablenkung ebenfalls den zeitlichen Verlauf der Brechkraft während eines Pulses
darzustellen. Tabelle 4.5 gibt eine Übersicht über die experimentell ermittelten
Brechkräfte verschiedener Materialien.

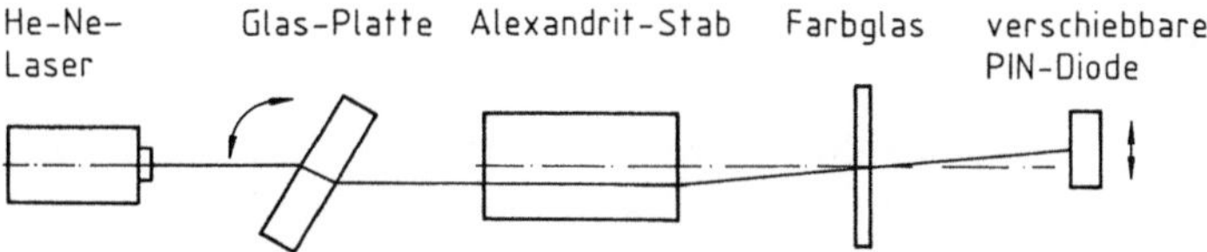

Bild 4.11. Experimenteller Aufbau zur Bestimmung der Brechkraft nach [4.3]

Tabelle 4.5. Übersicht über die experimentell gemessenen Brechkräfte für verschiedene Materialien

Betriebsart	Material	Stababmessung $2r_0 \cdot l$	Slope efficiency η_{slope}	Konstante K		Literatur
CW-Betrieb						
$D = KP_{in}^{1,5}$	YAG	4 mm · 85 mm	2,7%	0,73	$m^{-1}/kW^{1,5}$	Autor
$D = KP_{in}^{1,5}$	YAG	5 mm · 80 mm	3,6%	0,45	$m^{-1}/kW^{1,5}$	[4.2]
$D = KP_{in}^{1,5}$	YAG	1/4" · 4"	2,8%	0,38	$m^{-1}/kW^{1,5}$	Autor
Puls-Betrieb						
$D = KP_{in}$	APG − 1	6 · 180	2,5%	5	m^{-1}/kW	Autor
$D = KP_{in}$	YAG	1/4" · 4"	3,24%	0,5	m^{-1}/kW	Autor
$D = KP_{in}$	YAG	3/8" · 6"	4,0%	0,4	m^{-1}/kW	Autor
$D = KP_{in}$	GGG	1/4" · 3"	4,5%	2,16	m^{-1}/kW	Autor
$D = KP_{in}$	YAP	1/4" · 3"	2,7%	0,43	m^{-1}/kW	[9.22]
$D = KP_{in}$	YAG	10 · 76	−	0,17	m^{-1}/kW	[4.17]
$D = KP_{in}$	YLF_π	10 · 76	−	0,02	m^{-1}/kW	[4.17]
$D = KP_{in}$	YLF_σ	10 · 76	−	0,01	m^{-1}/kW	[4.17]
$D = KP_{in}$	GSAG	5 mm · 56 mm	0,38%	1,5	m^{-1}/kW	[4.15]
$D = KfE_{in}^{1,5}$ [a]	Alexandrit	1/4" · 4"	0,5%	$1,1 \cdot 10^{-5}$	$m^{-1}/HzWs^{3/2}$	Autor
$D = KfE_{in}^{1,5}$ [b]	Alexandrit	8 mm · 100 mm		$1,8 \cdot 10^{-5}$	$m^{-1}/HzWs^{3/2}$	[4.3]

[a] E = 328 Ws, f = 10,5 Hz
[b] Mittelwert für beide Kristallachsen a und b. C-Achse liegt in der Stabachse

Die bisherigen Messergebnisse geben den leistungsabhängigen Mittelwert für die Brechkraft an. Nach (4.40) kann die Brechkraft für die beiden Komponenten r und Φ unterschiedlich sein. Diese Unterschiede sind für YAG und GSGG in [4.18] bestimmt worden

$$D_r/D_\Phi = 1,13 \text{ für } Nd : YAG, \quad D_r/D_\Phi = 1,22 \text{ für } Cr : Nd : GSGG .$$

Der relative Unterschied in der Brechkraft von GSGG und YAG wird nach Literaturwerten angegeben zu

$$D_{GSGG}/D_{YAG} \approx 10 \text{ [4.18]} \quad \text{und} \quad D_{GSGG}/D_{YAG} \approx 5,9 \quad \text{[4.19]} .$$

4.8 Thermisch invariante Resonatoren und Anordnungen

Die Linsenwirkung auf den Laserstrahl während des Betriebs läßt sich prinzipiell dadurch vermeiden, daß die Richtung des Temperaturgradienten durch Erwärmung und Kühlung in Strahlrichtung liegt. Dies führt zu Lösungen wie „aktiver Spiegel" [4.20] oder „Plattenresonator" [5.2] (Bild 4.12). Ein Nachteil für diese Lösungen liegt darin, daß der Laserstrahl durch das Kühlmedium laufen muß. Dies führt bei Wasser und Gas zu Störungen und Absorptionen. Transparente Kühlmedien mit guter Wärmeleitung z. B. Saphir, werden in [4.14] vorgeschlagen. Dazu werden Scheiben aus aktivem Lasermaterial abwechselnd mit dem Kühlmaterial geschichtet. Die Wärme wird dann nahezu in Strahlrichtung aus dem Lasermaterial abgeführt.

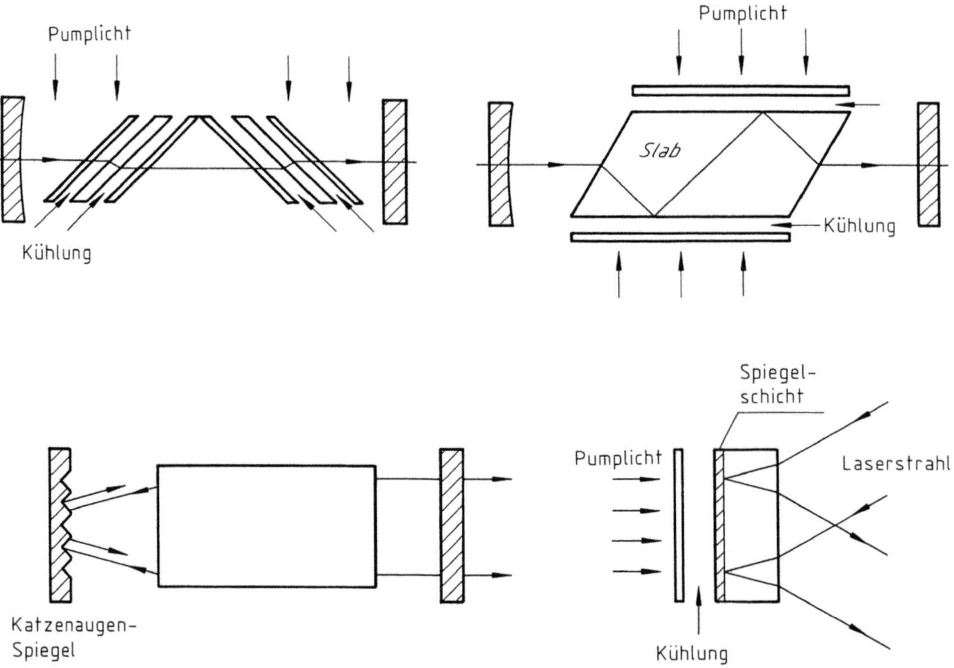

Bild 4.12. Thermisch invariante Anordnungen

Ein Kompromiß liegt in Slab-Lösungen [4.21]. In y-Richtung wird der Slab thermisch isoliert, es liegt also eine konstante Temperatur bei festem x vor. In x-Richtung wird der Slab von außen gekühlt, hier liegt ein Temperaturgradient vor. Durch den Zick-Zack-Verlauf in z-Richtung mitteln sich diese Einflüsse in erster Näherung heraus, und der Laserstrahl wird durch thermische Einflüsse nicht gestört, bis auf Effekte, die von dem Temperaturverlauf an den Enden hervorgerufen werden.

B Ausführung

Der prinzipielle Aufbau eines gepulsten Festkörperlasers für die Materialbearbeitung kann durch folgende Blockübersicht (Bild 5.1) verdeutlicht werden. Der Aufbau für CW-Laser oder Q-switch ist ähnlich.

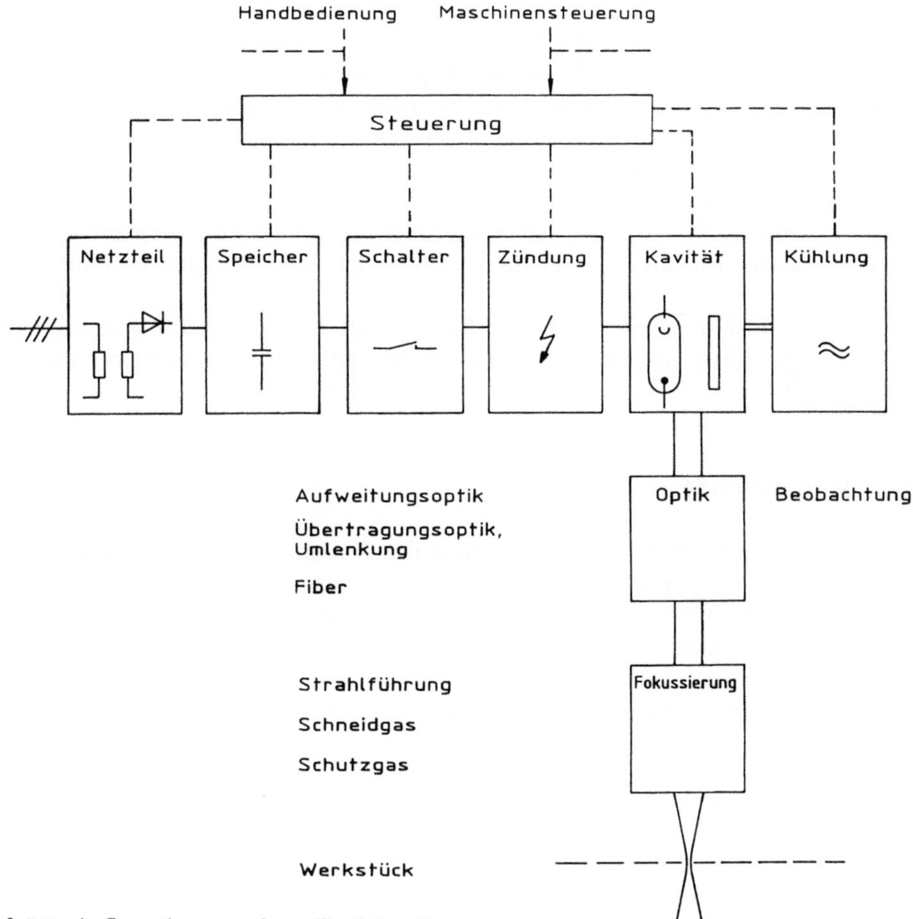

Bild 5.1. Aufbau eines gepulsten Festkörperlasers

Nach Spannungstransformation wird die Energie aus dem Netz zunächst in einer Kondensatorbank zwischengespeichert. Dadurch können im Pulsbetrieb überhaupt die hohen Spitzenleistungen erreicht werden. Der Modulator – ein schneller Halbleiterschalter – steuert die Laserstrahlintensität und Pulsdauer durch Modulation des Blitzlampenstroms. Die Blitzlampe setzt die elektrische Energie in Pumplicht für das Lasermedium um.

Der Gesamtwirkungsgrad des Lasers liegt unter 10%. Die anfallende Wärme in der Strahlquelle muß daher durch ein Kühlaggregat abgeführt werden.

Durch geeignete Optik oder Strahlführungssysteme wird der Laserstrahl zur Bearbeitungsstelle geleitet und dort im allgemeinen auf das Werkstück fokussiert.

5 Strahlquelle

Die unterschiedlichsten Anforderungen an das Lasersystem, wie große Kühloberfläche, hohe Effizienz, beste Strahlqualität usw. haben unterschiedlichste technische Lösungen hervorgerufen. Um große Leistungen zu erreichen werden Rohrlaser [5.1] vorgeschlagen, hohe Strahlqualität kann mit Slablasern oder Aneinanderreihen von aktiven Spiegeln [5.2] erreicht werden. Die begrenzte Standzeit von bisher verfügbaren Anregungslampen lassen Lösungen mit elektrodenlosen Lampen [5.3] bei hohen mittleren Leistungen und Anregung mit Laserdioden oder sogar mit Luminiszenzdioden bei niedrigen Leistungen sinnvoll erscheinen.

An dem bisher meist benutzten Aufbau mit Bogen- oder Blitzlampen und dem Lasermedium in Stabform sollen die speziellen Probleme weiter diskutiert werden.

5.1 Pumpkavität

In der Pumpkavität wird das Pumplicht der Anregungsquelle auf das Lasermedium abgebildet. Um eine hohe Effizienz zu erreichen, muß das Licht der Quelle möglichst verlustfrei in das Lasermedium gebracht werden, die geometrischen Verluste sowie Reflexionsverluste gering gehalten und die Pumplichtverteilung dem gewünschten Intensitätsverlauf angepaßt werden. Das Pumpspektrum sollte gut mit dem Anregungsspektrum übereinstimmen bei gleichzeitiger Minimierung des Quantendefekts.

Zum Pumpen von Laserstäben im mittleren bis hohen Leistungsbereich ist eine Kavität mit Doppelellipse und zwei Anregungslampen nach Bild 5.2 üblich. Die Effizienz gegenüber einer Einzelellipse ist zwar etwas geringer, durch die beiden Lampen wird aber eine wesentlich längere Standzeit erreicht.

Die Reflektoroberfläche ist in den meisten Fällen vergoldet. Silber hat zwar für einige Materialien (YAG) einen besseren Reflexionsfaktor, oxidiert aber sehr

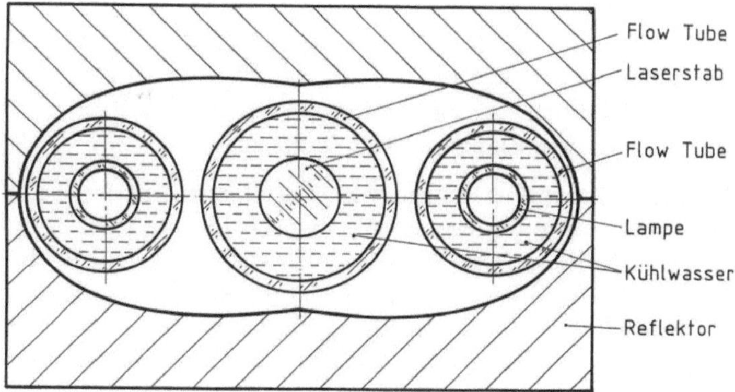

Bild 5.2. Querschnitt durch eine Pumpkavität mit Doppelellipse nach [5.4]

leicht in Industrieatmosphäre und muß aufwendig geschützt werden. Ebenfalls eingesetzt werden spezielle Keramiken mit Schutzglasur und speziell beschichtete Gläser. Letztere Lösungen bieten den Vorteil, daß im Fall eines Lampenbruchs mit freiliegenden Elektroden ein Kurzschluss über den Reflektor verhindert wird.

Die Übergänge für das Pumplicht insbesondere an den Flow-Tubes sollten für die wesentlichen Pumpbanden entspiegelt und für andere spektrale Anteile der Lampen verspiegelt sein.

Der Pumplichtweg durch das Kühlwasser sollte gering sein. Dies steht unter Umständen der Forderung nach Kühlung der Reflektoroberfläche entgegen. Der Reflektor muß dann von hinten gekühlt werden und kann sich bei starker Aufheizung durchbiegen.

Bei kleinen mittleren Leistungen verwendet man für das Lampenrohr Quarz mit zusätzlicher Dotierung z. B. Cerium oder Titan, um einige Spektralanteile umzuwandeln. Für Systeme mit hoher mittlerer Leistung muß gute Kühlung sichergestellt werden. Hier wird auf die UV-Absorption im Quarzrohr verzichtet, die zusätzlich die Wandung aufheizen würde. Um Farbzentrenbildung zu vermeiden, die mehr oder weniger durch UV-Absorption bei allen Lasermaterialen auftritt, muß dann durch Filter außerhalb der Lampe, z. B. durch die Flow-Tubes, das UV-Licht abgeschirmt werden.

Durch das spezielle Anwendungsproblem sind meist einige Randbedingungen wie Laserleistung und Standzeit festgelegt. Die gewünschte Standzeit bestimmt z. B. die Lampengröße, die Laserleistung die Stablänge. Nach [5.5] ergeben sich damit schon einige Dimensionierungsregeln für den Pumpreflektor.

Pumpreflektor

- Stab und Lampe sollten so dicht wie möglich aneinander montiert werden.
- Der Reflektor sollte so eng wie möglich um Stab und Lampe gelegt werden.
- Die Reflektorform muß so gewählt werden, daß die gewünschte Ausleuchtung des Stabs erreicht wird.

– Die maximale Effizienz wird mit einer Einzelellipse erreicht, mit zunehmender Ellipsenzahl sinkt die Effizienz etwas [5.6].
– Der Stab sollte größer im Durchmesser als die Lampe gewählt werden.
– Bei gleichem Stabdurchmesser sind längere Stäbe effizienter [5.7].

Es sind die verschiedensten Reflektorformen möglich. Bei kleinen mittleren Leistungen werden Einzelellipsen wegen des besten Wirkungsgrades und des geringen Aufwandes eingesetzt. Die inhomogene Ausleuchtung des Stabes führt aber zur einseitigen Belastung, der Strahl kann mit wechselnder Belastung wandern (Bananeneffekt). Bei Doppelellipsen verteilt sich die Belastung der Lampen, die Standzeit ist entsprechend größer, homogene Ausleuchtung des Stabes kann erreicht werden.

In [5.8] findet man Anleitungen zum Erstellen eines Ray-Tracing-Programms. Üblich sind Messingformen, die nach der Politur elektrolytisch vergoldet werden.

Stabhalter

Die Anforderungen an die Halterung des aktiven Mediums sind am Beispiel des Stabs

– Abdichten der Stabendfläche gegen den Kühlwasserdruck,
– „weiche" Lagerung des Stabes, damit beim Hantieren keine Belastungen auftreten, die zu Kantenabsprüngen führen,
– Beständigkeit des Dichtmaterials gegen Pump- und Laserstrahlung. (Falls dies nicht möglich ist, muß die Dichtung gegen die Strahlung abgeschirmt sein.)

Bild 5.3 zeigt die Konstruktion eines Stabhalters nach [5.9].

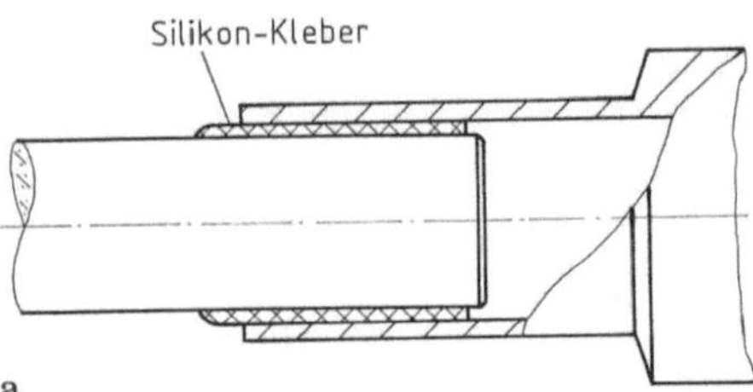

a

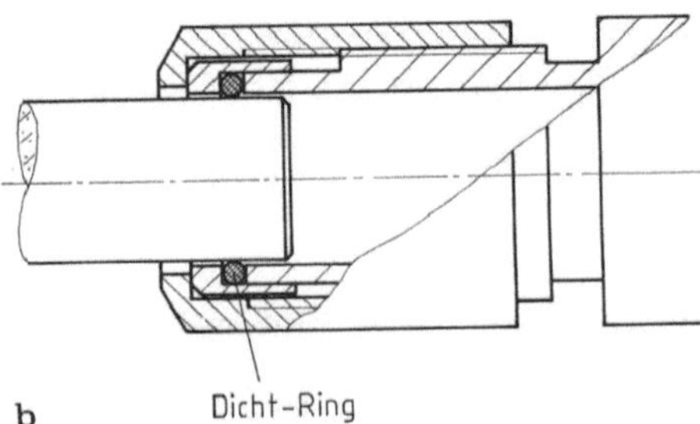

b

Bild 5.3. Stabhalterkonstruktion nach [5.9]

Stabdimension

Im wesentlichen bestimmt die gewünschte mittlere Laserleistung die Stablänge (4.25). Da für Stäbe aus mechanischen Gründen ein gewisses Verhältnis von Durchmesser und Länge nicht unterschritten werden kann und gleichzeitig bei transversalem Pumpen die notwendige Absorptionstiefe vorliegen soll, wird die mittlere erreichbare Laserleistung im wesentlichen vom Stabvolumen abhängen.

Im Bild 5.4 sind erreichte Laserleistungen über dem Volumen aufgetragen, die zugehörige Stabdimension ist angegeben.

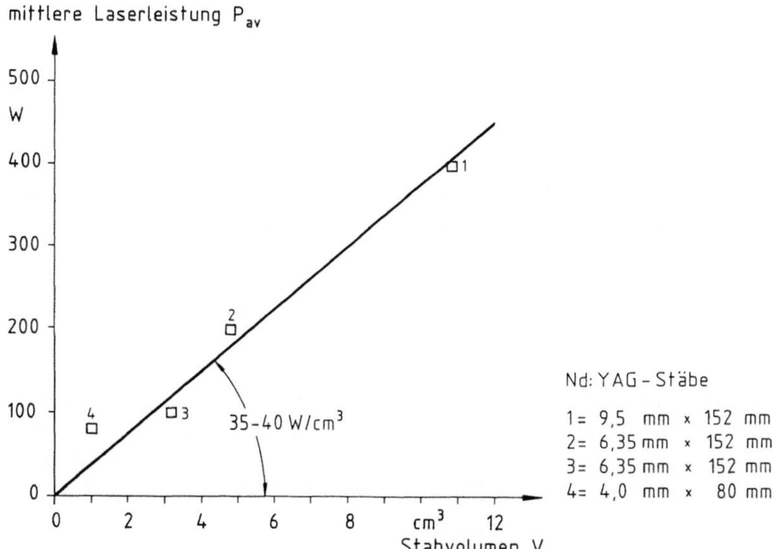

Bild 5.4. Mittlere Laserleistung in Abhängigkeit des Stabvolumens

Der Durchmesser wird von der gewünschten Zeitkonstanten (4.10) und von der Dotierung abhängen. Bei gleicher Absorption des Pumplichts kann der Stab umso dünner sein, je höher die Dotierung ist.

Pumplichtverteilung

Der Extraktionswirkungsgrad einer Pumplichtanordnung wird durch die Anpassung der Inversionsdichteverteilung an die durch den Resonator vorgegebenen Verteilung bestimmt.

Das gewünschte Inversionsprofil kann durch konstruktive Maßnahmen (Geometrie), über die Pumplichtverteilung und durch Auswahl von Materialstärke bzw. Dotierung angenähert werden.

Die Änderung der Pumplichtintensität auf einer differentiellen Strecke dr durch Absorption ist proportional zur einfallenden Intensität $J_p(r)$

$$dJ_p(r) = -\alpha J_p(r)\,dr \; . \tag{5.1}$$

$\alpha = \sigma_p N_0 = $ Absorptionskoeffizient
$\sigma_p = \sigma_p(\lambda) = $ Absorptionswirkungsquerschnitt für die Pumpstrahlung
$r = $ Ausbreitungsrichtung des Pumplichts

Die absorbierte Pumpleistung erzeugt die Inversion, wird aber auch teilweise direkt in Wärme umgesetzt. Der Inversionsanteil wird durch den Quantenwirkungsgrad η_q beschrieben, der das Verhältnis von der Zahl der angeregten Atome zur Zahl der absorbierten Photonen angibt. Es folgt damit aus (5.1) für die Pumprate $W(r)$ am Ort r

$$W(r) = \frac{\eta_q}{N_0 h \nu_p} J_p(r) \ . \tag{5.2}$$

$\eta_q = $ Quanteneffizienz
$\nu_p = $ Pumplichtfrequenz

Gibt man das gewünschte Strahlungsprofil $J(r)$ – z. B. Grundmode – im Resonator vor, dann läßt sich mit (1.40) für den CW-Betrieb oder Pulsbetrieb mit langen Pulsen $(T \gg \tau)$ das optimale Pumplichtprofil $J_p(r)$ angeben

$$J_p(r) = \frac{-\ln(V\sqrt{R})}{\eta_q \alpha l} \frac{\nu_p}{\nu} [J(r) + J_s] \ . \quad \nu = \text{Laserlichtfrequenz} \tag{5.3}$$

Die Schwelle ist dabei über den Querschnitt als konstant angenommen worden. Das Pumplicht muß also einen konstanten Sockel J_s aufweisen und darüber möglichst dem gewünschten Strahlungsprofil entsprechen. In diesem Fall stellt sich im stationären Betrieb im aktiven Medium überall die Schwellinversion N_{th} ein, wobei eine z-Abhängigkeit vernachlässigt wurde.

Die optimale Dotierung N_0 ist durch mehrere Randbedingungen gegeben:

- einerseits soll sie möglichst hoch sein, um das Pumplicht weitgehend zu absorbieren,
- dem entgegen steht das gewünschte Pumplichtprofil nach (5.3), welches nicht nur durch die Kavität, sondern auch durch die Dotierung beeinflußt wird,
- außerdem wird die Lebensdauer τ des oberen Laserniveaus mit zunehmender Konzentration reduziert (Concentration Quenching) [9.10] und muß für (5.3) in J_s berücksichtigt werden.

$$\tau = \frac{\tau_0}{1 + (N_0/N_{0,5})^2} \tag{5.4}$$

$\tau_0 = $ Lebensdauer bei $N_0 = 0$
$N_{0,5} = $ Konzentration bei der die Lebensdauer nur die Häfte von τ_0 beträgt

Die optimale Dotierung hängt von der Geometrie ab (Stab, Slab), den Abmessungen des aktiven Mediums und dem Wirkungsquerschnitt σ_p für die Pumplichtabsorption. Auch die Betriebsart und die Modenstruktur (Grundmode, Multimode) spielen eine Rolle, z. B. kann bei Pulsdauern kurz gegen die Lebensdauer

τ das Quenching vernachlässigt werden. Diese Zusammenhänge sind sehr komplex, geschlossene Formeln existieren bisher nicht.

Absorptionskoeffizient

In den Tabellen 5.1 und 5.2 ist abhängig von der Wellenlänge die Absorption des Pumplichts für Silicatglas LG-680 angegeben.

Tabelle 5.1. Absorption des Pumplichts in Laserglas nach [5.11]

Pumpwellenlänge λ/nm	Absorptionsquerschnitt $\sigma_\mathrm{p}/10^{-20}\mathrm{cm}^2$	Absorption für 3% Nd $\alpha = \mathrm{N}_0\sigma_\mathrm{p}/\mathrm{cm}^{-1}$	Eindringtiefe für 3% Nd $1/\alpha/\mathrm{mm}$
514	0,19	0,537	18,6
534	0,40	1,125	8,8
572	2,43	6,84	1,5
586	1,91	5,4	1,8
741	0,65	1,83	5,5
810	0,64	1,80	5,5

Laserglas LG-680 mit $C = 3\,\mathrm{WT\%\,Nd}$, $\alpha = \mathrm{F}\cdot\mathrm{C}\cdot\sigma_\alpha$, $\mathrm{F} = 0{,}94\cdot10^{20}/\mathrm{WT\%}/\mathrm{cm}^3$

In Tabelle 5.2 ist zusätzlich zu der mittleren Absorption eines Pumpbandes der relative Anteil des Pumplichtes in diesem Band für eine Kr-Bogenlampe angegeben. Damit läßt sich die effektive Anregung durch eine Bogenlampe für jedes Pumpband angeben. Durch selektives Abschneiden des kurzwelligen Pumplichts, läßt sich das Verhältnis der Lasereffizienz zur thermischen Belastung optimieren.

Tabelle 5.2. Absorption des Pumplichts in Laserglas nach [5.15]

Pumpbereich $\delta\lambda/\mathrm{nm}$	Kr-Lampen Effizienz $\mathrm{n}(\lambda)/\%$	Absorptions querschnitt $\sigma_\mathrm{p}/10^{-20}\mathrm{cm}^2$	eff. Anregung $\mathrm{n}(\lambda)\sigma\alpha$ $\%\,10^{-20}\mathrm{cm}^2$	Absorption $\alpha = \mathrm{N}_0\sigma\mathrm{p}$ cm^{-1}	Eindringtiefe $1/\alpha/\mathrm{mm}$
530 ± 20	3,3	0,39	1,3	0,73	13,7
580 ± 20	4,8	1,17	5,6	2,19	4,6
750 ± 20	11	0,72	8	1,35	7,4
805 ± 20	19	1,44	27,4	2,69	3,7
880 ± 20	11,3	0,74	8,4	1,39	7,2

Silicat-Laserglas mit $C = 4\,\mathrm{WT\%\,Nd}$, $\alpha = \mathrm{F}\cdot\mathrm{C}\cdot\sigma_\alpha$, $\mathrm{F} = 0{,}94\cdot10^{20}/\mathrm{WT\%}/\mathrm{cm}^3$

Für einzelne Linien (Tabelle 5.3) und für die Hauptpumpbänder (Tabelle 5.4) sind Eindringtiefe sowie die Absorptionen für Nd:YAG angegeben.

Tabelle 5.3. Absorption des Pumplichts in YAG nach [5.12]

Pumpwellenlänge λ/nm	Absorptionsquerschnitt $\sigma_\mathrm{p}/10^{-20}\mathrm{cm}^2$	Absorption $\alpha = \mathrm{N}_0\,\sigma_\mathrm{p}/\mathrm{cm}^{-1}$	Eindringtiefe $1/\alpha/\mathrm{mm}$
358	1,79	2,72	3,7
530	1,66	2,52	4,0
580	2,17	3,29	3,0
680	0,27	0,41	24,4
750	3,30	5,01	2,0
790	3,50	5,31	1,9
880	0,71	1,08	9,3

YAG mit $\mathrm{C} = 1{,}1\,\mathrm{AT\%\,Nd}$, $\alpha = \mathrm{F}_1 \cdot \mathrm{C} \cdot \sigma_\alpha$, $\mathrm{F}_1 = 1{,}38 \cdot 10^{20}/\mathrm{WT\%}/\mathrm{cm}^3$

Tabelle 5.4. Absorption des Pumplichts in YAG nach [5.15]

Pumpbereich $\Delta\lambda/\mathrm{nm}$	Kr-Lampen Effizienz $\eta(\lambda)/\%$	Absorptionsquerschnitt $\sigma_\mathrm{p}/10^{-20}\mathrm{cm}^2$	eff. Anregung $\eta(\lambda)\sigma_\mathrm{p}$ $\%\,10^{-20}\mathrm{cm}^2$	Absorption $\alpha = \mathrm{N}_0\,\sigma_\mathrm{p}$ cm^{-1}	Eindringtiefe $1/\alpha/\mathrm{mm}$
530 ± 20	3,3	0,09	0,3	0,17	58,8
580 ± 20	4,8	0,24	1,1	0,44	22,7
750 ± 20	11	0,65	7,2	1,22	8,2
805 ± 20	19	0,69	13	1,28	7,8
880 ± 20	11,3	0,07	0,8	0,13	76,9

Nd:YAG mit $\mathrm{C} = 0{,}98\,\mathrm{WT\%\,Nd}$, $\alpha = \mathrm{F}_1 \cdot \mathrm{F}_2 \cdot \mathrm{C} \cdot \sigma_\alpha$,
$\mathrm{F}_1 = 1{,}38 \cdot 10^{20}/\mathrm{AT\%}/\mathrm{cm}^3$ $\mathrm{F}_2 = 1{,}38\,\mathrm{AT\%}/\mathrm{WT\%}$

5.2 Anregung

Die wichtigsten Anregungsquellen für Materialbearbeitungslaser sind zur Zeit
Entladungslampen mit allen ihren Nachteilen wie begrenzte Standzeit bzw. Lebensdauer und nicht optimal angepaßtem Spektrum, das zusätzlich das Lasermedium erwärmt. Sie werden im folgenden Kapitel gesondert behandelt.

Zwei Entwicklungen zeichnen sich ab um diese Nachteile zu vermeiden, zum
einen elektrodenlose Entladungslampen, die durch Hochfrequenz angeregt werden, zum andern Halbleiterdioden-Arrays. Die Hochfrequenzlampe arbeitet mit
kontinuierlicher Entladung – eine Pulsüberhöhung um den Faktor zwei scheint
möglich – und bietet sich bei bei den geforderten Spitzenleistungen eher für große
mittlere Leistungen an. Die Halbleiterdioden arbeiten in einem sehr schmalen
Frequenzband, das zudem noch dicht an der Laserfrequenz liegt; die thermische Belastung dürfte damit prinzipiell geringer sein. Laser kleiner mittlerer
Leistung aber mit sehr hoher Strahlqualität scheinen damit möglich. In Bild 5.5
ist der konzentrische Aufbau nach [5.3] eines Lasers mit HF-Entladungslampe
dargestellt und in Bild 5.6 der Aufbau eines longitudinal, mit Halbleiterdiode
gepumpten Festkörperlasers, wie er zur Zeit kommerziell erhältlich ist.

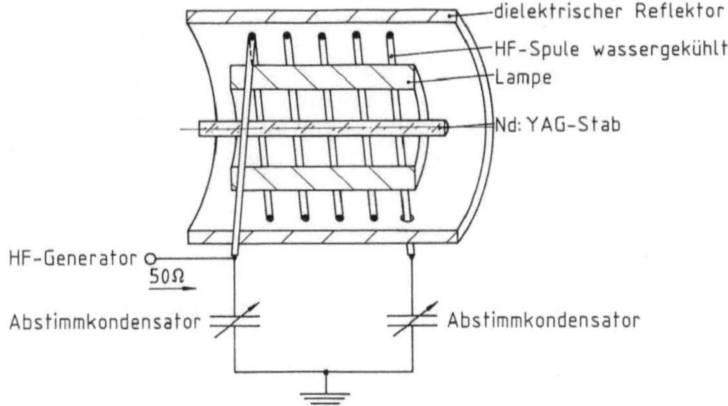

Bild 5.5. Laseranordnung mit Hochfrequenzanregung der Pumplampe nach [5.3] im Schnitt

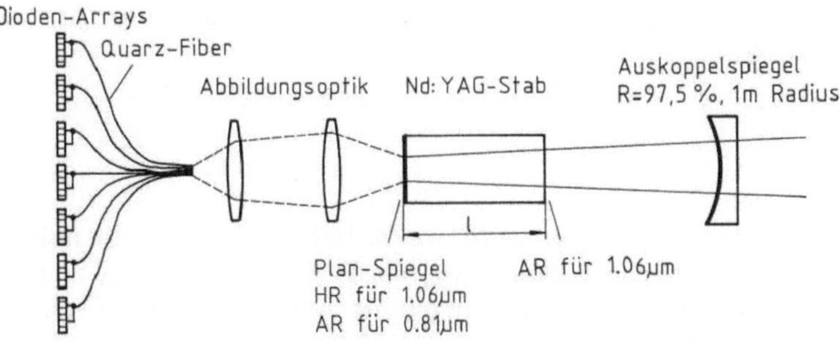

Bild 5.6. Aufbau eines FK-Lasers, der mit einem Halbleiterlaserdiodenarray gepumpt wird, nach [5.13]

Anregung mit Laserdiodenarrays

Die CW-Leistung eines Festkörperlasers beträgt nach (1.50)

$$P_{cw} = -\eta_{extr} \ln \sqrt{R} \left[\frac{\eta_{excit} P_{in}}{-\ln V\sqrt{R}} - fJ_s \right] . \tag{5.5}$$

Hier ist zusätzlich der Extraktionswirkungsgrad eingeführt worden, der die Übereinstimmung der Anregungsverteilung mit der Intensitätsverteilung aufgrund des Resonators berücksichtigt. Der Anregungswirkungsgrad setzt sich zusammen aus der Umsetzung von elektrischer Leistung zu Pumplichtleistung P_p, aus der Quantendifferenz von Pumplicht zu Laserlicht und aus dem Absorptions- und Geometrieanteil

$$\eta_{excit} = \left[1 - e^{-\alpha l} \right] \eta_q \frac{\lambda_p}{\lambda} \frac{P_p}{P_{in}} . \tag{5.6}$$

Beispiel 5.1 Anregung eines Nd:YAG-Volumenelements durch ein Laserdioden-array

Pumpquelle: Wellenlänge $\lambda_p = 810\,\mathrm{nm}$
    Lichtleistung $P_{\mathrm{Licht}} = 100\,\mathrm{W}$
    Wirkungsgrad $P_{\mathrm{Licht}}/P_{\mathrm{in}} = 0{,}3$
    Abstrahlwinkel $(1/e^2)$ $\beta_x = 32^\circ$
    $\beta_y = 90^\circ$

Lasermedium: Wellenlänge $\lambda = 1064\,\mathrm{nm}$
    Absorptionskoeffizient $\alpha = 0{,}4\,\mathrm{mm}^{-1}$ $(810\,\mathrm{nm})$
    Sättigungsintensität $J_s = 1{,}6\,\mathrm{kW/cm}^2$
    Streuverluste $-\ln V = 0{,}01/\mathrm{cm}$
    Fläche $f = 2 \cdot 2\,\mathrm{mm}^2$

Resonator: Extraktion $\eta_{\mathrm{extr}} = 0{,}5$
    Reflexion $R = 0{,}9$

Damit ergibt sich der Anregungswirkungsgrad zu $\eta_{\mathrm{excit}} = 0{,}2$ und die Laserleistung P_{cw} zu etwa $10\,\mathrm{W}$.

5.3 Kühlung

Da der Wirkungsgrad von Festkörperlasern im %-Bereich liegt, muß nahezu die gesamte zugeführte elektrische Leistung P_{in} als Wärmeleistung P_Q aus der Pumpkavität über das Kühlmittel wieder abgeführt werden. Im Versorgungsgerät entsteht insbesondere bei höheren mittleren Leistungen ebenfalls ein erheblicher Wärmeanfall, der durch ausreichende Kühlung abgeführt werden muß. Bei kleinen mittleren Laserleistungen (um $10\,\mathrm{W}$) sind Kompressorkühlaggregate im Einsatz, die ohne zusätzlichen Wasseranschluß auskommen, für das Netzteil reichen dann noch Lüfter aus. Bei großen mittleren Leistungen (ca. $300\,\mathrm{W}$) werden Strahlquelle und Netzteil wassergekühlt, Varianten mit zusätzlichem Kompressor und Benutzung von vorhandenen Rückkühlanlagen sind ebenfalls gebräuchlich.

Kühlleistung

$$P_Q = \frac{dV}{dt}\rho c \Delta T\,. \tag{5.7}$$

$dV/dt =$ Kühlmitteldurchfluß
   $\rho =$ spezifisches Gewicht
   $c =$ spezifische Wärme
  $\Delta T =$ Temperaturdifferenz

Bei FK-Lasern, die durch Lampen gepumpt werden, entsteht dabei der Hauptanteil der Wärme an den Lampen, der geringere an dem Lasermedium und an dem Reflektor.

Beispiel 5.2

Zur Bestimmung der Aufteilung wurden bei einem blitzlampengepumpten Nd:YAG-Laser der jeweilige Wasserdurchfluß und die Temperaturerhöhung des Kühlwassers für den Laserstab und die Lampen einschließlich Reflektor gemessen.

Blitzlampen: $dV/dt = 230\,l/h$ $\Delta T = 8\,°C$ $P_Q = 2139\,W$ (84%)
Laserstab: $dV/dt = 120\,l/h$ $\Delta T = 3\,°C$ $P_Q = 418\,W$ (16%)

Da die Laserschwelle von der Temperatur abhängt, wählt man die Kühlmitteltemperatur bei Eintritt in die Kavität dem Lasermedium angepaßt. Jedoch darf bei tiefen Temperaturen der Taupunkt nicht unterschritten werden und Temperaturen über 50 °C sollten bei offenem Kühlkreislauf ebenfalls vermieden werden, um Kondensation des Wasserdampfes an kühleren Teilen zu verhindern. Turbulente Strömung ist notwendig, um den Wärmeübergangskoeffizienten λ hoch zu halten und Dampfblasenbildung, z. B. an der Lampenoberfläche, zu vermeiden. Bei den Lasermedien Nd:YAG und Nd:Glas läßt sich im Pulsbetrieb ($P_{in} \gg P_{th}$) für den Kühlwassertemperaturbereich von 5 bis 50 °C keine wesentliche Abhängigkeit der Pulsenergie feststellen. Damit darf das Kühlwasser beim Austritt maximal eine Temperatur von ca. 40 °C (Berührungstemperatur) haben, und die Temperaturdifferenz zwischen einlaufendem und auslaufendem Kühlwasser liegt etwa bei 20 °C.

Für die übliche Kühlung eines Stabes mit Flow-Tubes (Bild 5.8) sind nachfolgend die notwendigen Zusammenhänge dargestellt. Die Temperatur T_o an der Oberfläche des zu kühlenden Mediums (Laserstab, Lampe) ergibt sich nach (4.5) zu

$$T_o = T_k + \frac{P_Q}{\lambda O} \, . \tag{5.8}$$

$\lambda =$ Wärmeübergangskoeffizient
$O =$ Kühloberfläche
$P_Q =$ Wärmeleistung im Medium
$T_k =$ Temperatur des Kühlmittels.

Durch Wahl der Kühlquerschnitte und der Strömungsgeschwindigkeit läßt sich der Wärmeübergangskoeffizient und damit die mittlere Temperatur im Lasermedium beeinflussen, nicht jedoch der Temperaturverlauf im Medium.

Der Volumenstrom dV/dt ergibt sich mit den bezeichneten Durchmessern zu

$$\frac{dV}{dt} = \pi(r_f^2 - r_0^2)u \, . \tag{5.9}$$

$r_f =$ Flow-Tube-Radius
$r_0 =$ Stabradius
$u =$ Strömungsgeschwindigkeit

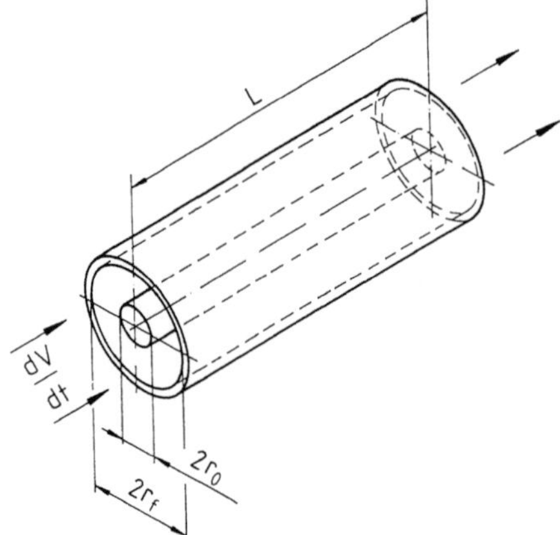

Bild 5.7. Flow-Tube-Kühlung

Die Differenz der beiden Durchmesser wird strömungstechnisch als effektiver Durchmesser D bezeichnet

$$D = 2(r_f - r_0).\tag{5.10}$$

Der Wärmeübergangskoeffizient λ bestimmt sich nach [5.14] für **laminare Strömung** $900 < N_{Re} < 2000$ zu

$$\lambda = 1{,}02\, N_{Re}^{0,45}\, N_{Pr}^{0,33}\, N_{Gr}^{0,05}\, \frac{k}{D} \left[\frac{D}{l}\right]^{0,4} \left[\frac{r_f}{r_0}\right]^{0,8}\tag{5.11}$$

und für **turbulente Strömung** $12000 < N_{Re} < 22000$ zu

$$\lambda = 0{,}02\, N_{Re}^{0,8}\, N_{Pr}^{0,33}\, \frac{k}{D} \left[\frac{r_f}{r_0}\right]^{0,53}\tag{5.12}$$

mit
$N_{Pr} = c\mu/k$ Prandtl-Zahl
$N_{Re} = \rho u D/\mu$ Reynold-Zahl
$N_{Gr} = \Gamma\rho^2 g D^3 (T_0 - T_k)/\mu^2$ Grashof-Zahl
$\quad \Gamma = $ kubischer Ausdehnungskoeffizient
$\quad g = 9{,}81\,\text{m/s}^2$
$\quad \mu = $ Viskosität

Für die wichtigsten Kühlmedien Wasser und Luft sind in Tabelle 5.5 die charakteristischen Größen zur Kühlung zusammengestellt.

Tabelle 5.5. Charakteristische Größen von Wasser und Luft

	c Ws/g°C	μ g/cms	k W/cm°C	ϱ g/cm³	Γ 10^{-3}/°C
Wasser	4,186	10^{-2}	$6\cdot10^{-3}$	1	0,280
Luft	1	$17\cdot10^{-4}$	$2,4\cdot10^{-4}$	$12,9\cdot10^{-3}$	3,66

	N_{Pr}	N_{Re}	N_{Gr}
Wasser	7	$100\,\dfrac{uD}{cm^2/s}$	$2,74\cdot10^6\,\dfrac{D^3(T_0-T_k)}{cm^3\,°C}$
Luft	7,08	$7,6\,\dfrac{uD}{cm^2/s}$	$0,2\cdot10^6\,\dfrac{D^3(T_0-T_k)}{cm^3\,°C}$

Beispiel 5.3 Kühlung eines Nd:YAG-Stabes mit Flow-Tube

$dV/dt = 500 \quad l/h \approx 140\,cm^3/s \quad r_0 = 0,5\,cm \quad r_f = 0,75\,cm$
ergibt $u \approx 140\,cm/s \quad N_{Re} \approx 7000 \quad \lambda \approx 0,67\,W/cm^2\,°C$

5.4 Kühlaggregat

Strahlquellenkühlung

Aus den vorliegenden Überlegungen und Messungen erkennt man für den Aufbau des Kühlaggregats folgendes.

- Ab ca. 40 °C Wassertemperatur muß das Kühlaggregat eingeschaltet werden. Um Kondensation aus der Umgebungsluft zu vermeiden, sollte nicht unter Umgebungstemperatur gekühlt werden. Ab 50 °C Übertemperatur soll eine Überwachung automatisch den Laser abschalten und den Ausfall des Kühlaggregats anzeigen.
- Zur Sicherstellung der gleichmäßigen Kühlung mit turbulenter Strömung sollte der Durchfluß und damit die Pumpen insbesondere bei kleiner Leistung überdimensioniert sein. Der Wasserdurchfluß für Lampen und Lasermedium kann etwa im Verhältnis 4 : 1 aufgeteilt sein. Der Durchfluß muß überwacht werden.
- Beim Lampendefekt werden Glasteilchen weggespült. Diese dürfen zu keiner Funktionstörung führen.

Bild 5.8 zeigt den prinzipiellen Aufbau eines Kühlaggregats mit Wärmetauscher gegen Wasser.

Gibt man die gewünschte mittlere Temperatur im Lasermedium vor und bestimmt mit gegebener Konstruktion (r_f, r_o) mit dem Wärmeübergangskoeffizienten λ die notwendige Strömungsgeschwindigkeit, so ist damit der minimal notwendige Durchfluß nach (5.21) und (5.19) aufgrund der Leistungsbilanz festgelegt. Gewählt werden muß der größere der beiden Werte.

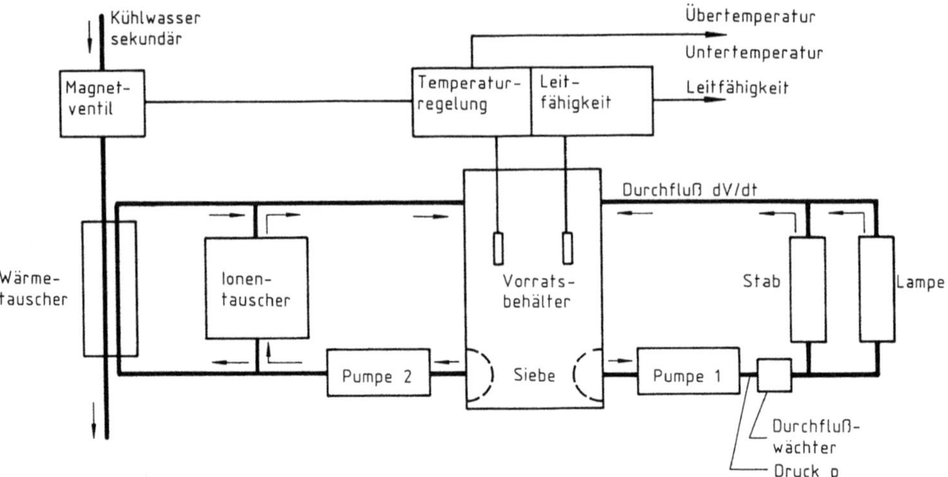

Bild 5.8. Aufbau eines Kühlaggregats Wasser-Wasser

Der notwendige Pumpendruck p ergibt sich mit

$$p = R \left[\frac{dV}{dt}\right]^2 \qquad R = \text{Durchflußwiderstand} . \qquad (5.14)$$

Der Durchflußwiderstand ist konstruktionsbedingt charakteristisch für Strahl-quelle, Pumpe und Kühlaggregat. Durch Wahl der Querschnitte der Zuleitungs-schläuche und durch Vermeidung von Kanten und scharfen Umleitungen im Kühlwasserstrom, läßt sich der Durchflußwiderstand gering halten. Typische Werte für R liegen im Bereich von 0,5 bis $2 \cdot 10^{-6}$ bar/(l/h)^2.

Taupunkt

Optische Teile, wie Laserspiegel oder Linsen, die gekühlt werden müssen, dürfen die Taupunkttemperatur nicht unterschreiten. Bild 5.9 nach [5.16] gibt die Tau-punkttemperatur bei vorgegebener Luftfeuchtigkeit und -temperatur an. Zum Beispiel muß bei einer Lufttemperatur von 20 °C und einer Feuchtigkeit von 50% die Kühlwassertemperatur über 15 °C liegen.

Netzteilkühlung

Der Wirkungsgrad der Netzteile, der elektronischen Steuerung und der Lei-stungsschalter liegt bei etwa 90%. Dies bedeutet in den Versorgungsgeräten je nach Laserleistung eine Heizleistung von einigen 100 W bis zu über 1 kW. Bei kleinen Leistungen läßt sich die Wärme mit Ventilatoren an die Umgebung abführen, bei großen Leistungen verwendet man auch hier ein internes Kühlag-gregat und kühlt extern gegen Wasser.

Da Lasergeräte zur Materialbearbeit zu den Be- und Verarbeitungsmaschinen gezählt werden, müssen sie die entsprechenden Sicherheits- und Lärmvorschriften

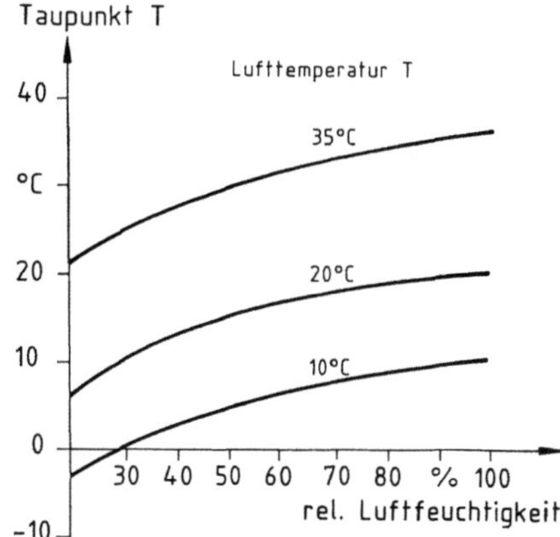

Bild 5.9. Taupunktdiagramm nach [5.16]

erfüllen. Bei externer Kühlung kann das Gehäuse geschlossen gehalten und die Anforderung (z. B. IP 54) leicht erfüllt werden.

Liegt keine geschlossene Rückkühlanlage des Anwenders vor, dann muß das Kühlaggregat so ausgelegt werden, daß der Wasserverbrauch des Sekundärkreises minimiert wird. Bei hohem Zulaufdruck kann dies durch Reihenschaltung mehrerer Wärmetauscher erreicht werden. Die zusätzlichen Investitionskosten amortisieren sich durch die Einsparung von Kühlwasser. Besteht ein Rückkühlsystem, dann spielt der Durchfluß keine so große Rolle. Da in diesem Fall meist der Zulaufdruck gering ist, schaltet man die Wärmetauscher parallel.

6 Anregungslampen

Wegen der großen Verbreitung der Entladungslampen zum Pumpen von Festkörperlasern sollen sie ausführlich weiter diskutiert werden. Um einerseits die Lampen optimal für den Anwendungsfall auslegen zu können und andererseits die Betriebsschaltungen für eine spezielle Lampe zu dimensionieren, ist die Kenntnis der Lampenparameter und deren funktionelle Zusammenhänge notwendig. Im folgenden sind die lampenspezifischen Parameter in Abhängigkeit von den Betriebsparametern definiert und – soweit bekannt – die allgemeinen Zusammenhänge dargestellt. In vielen Fällen kann nur mit einer empirischen Beschreibung der funktionellen Zusammenhänge gearbeitet werden. Die notwendigen Parameter einschließlich der geometrischen Größen sind am Kapitelende in einer Tabelle für Blitz- und Bogenlampen getrennt aufgelistet. Die Parameter sollten für den ungünstigsten Betriebsfall angegeben werden, so daß bei ihrer Benutzung zur Dimensionierung der elektrischen Betriebskreise in jedem Fall ein sicherer Betrieb gewährleistet ist.

Für den Betrieb der Lampen kann man drei Phasen unterscheiden:

– Ionisation

  Hier werden durch Anlegen einer hohen Spannung in der Lampe genügend freie Ladungsträger erzeugt, ein Lichtbogen ist nachweisbar und es fließt ein Strom durch die Anschlüsse der Lampe.

– Expansion des Plasmas zu einem stabilen Simmerbogen

  Durch einen kleinen Strom im mA bis A-Bereich wird die Lampe nach der Ionisation betriebsbereit gehalten und die Elektroden insbesondere die Kathode weitgehend auf Arbeitstemperatur oder zumindest auf eine so hohe Temperatur gebracht, daß eine ausreichende Lebensdauer gewährleistet ist.

– Arbeitsstrom

  Aus dem Simmerbereich wird dann durch Stromerhöhung die Lampe in den Arbeitsbereich überführt. Dies kann im Pulsbetrieb sein oder im geschalteten bzw. im reinen CW-Betrieb.

6.1 Ionisation für Blitz- und Bogenlampen (Triggerkreis)

Sperrspannung U_{th}

Dies ist die maximale Gleichspannung, die permanent an der Lampe anliegen darf, ohne daß eine Selbstionisation stattfindet und die Lampe zündet.

Zündspannung U_z

Darunter soll die Spannung verstanden werden, die notwendig ist, um durch die kalte und dunkle Kathode einen Strom fließen zu lassen. Gleichzeitig kann an der Kathode Licht nachgewiesen werden.

  Neben unveränderlichen inneren Parametern bestimmen als äußere Parameter etwaige Zündhilfen oder der Zündspannungsanstieg die notwendige Zündspannung. Für einen definierten Meßaufbau läßt sich durch Variation der angelegten Spannung die Zündspannung U_z bestimmen.

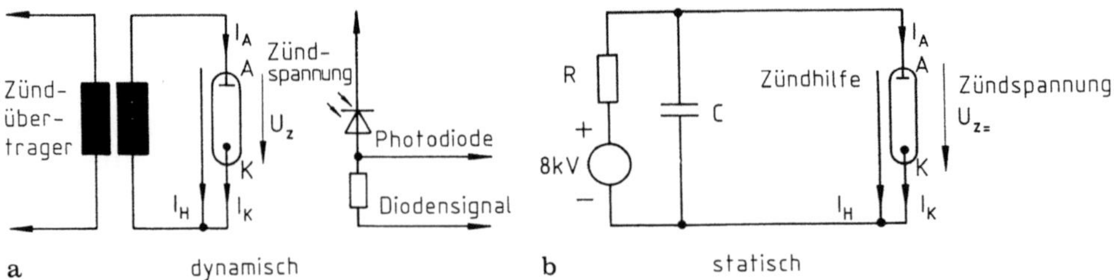

Bild 6.1. Schaltungen zur Bestimmung der Zündspannung und des Zündspannungverlaufs

Die Zündspannung $U_{z=}$ ist die statische Spannung, mit der die Lampe sicher zündet. Sie ist durch die Abmessung, den Gasdruck, die Gasart und das Kathodenmaterial sowie durch etwaige Zündhilfen, wie Anodenring weitgehend festgelegt.

Für den Zusammenhang der statischen Zündspannung $U_{z=}$ mit den Lampenparametern wurde mit Schaltung nach Bild 6.1 empirisch folgender Zusammenhang ermittelt, der mit der Erfahrung führender Hersteller übereinstimmt und ebenfalls in [6.1] angegeben wird

$$U_{z=} = K_z F l \sqrt{p} \quad \text{Statische Zündspannung} \tag{6.1}$$

K_z = Zündkonstante
F = Faktor für die Gasart
l = Bogenlänge
p = Fülldruck.

Bild 6.2 zeigt eine Messung der Zündspannung von zwei verschiedenen Lampentypen bei unterschiedlicher Bogenlänge.

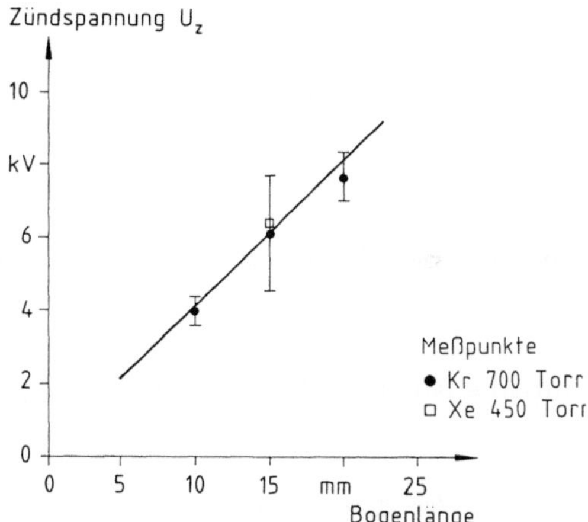

Bild 6.2. Abhängigkeit der Zündspannung von den Lampenparametern

Um Exemplarstreuungen und andere statistische Streuungen zu berücksichtigen, sollte bei der Auslegung des Zündkreises die Zündspannung $U_{z=}$ um den Faktor 1,5 erhöht werden.

Als Zündzeitpunkt kann der Beginn des steilen Anstiegs des Kathodenstroms definiert werden. Gleichzeitig wechselt der Strom durch die Zündhilfe das Vorzeichen und Licht kann unmittelbar an der Kathode nachgewiesen werden. Den Strom- und Spannungsverlauf im statischen und dynamischen Fall zeigt Bild 6.3.

Legt man zum Zünden eine Spannung mit hoher Anstiegsgeschwindigkeit dU/dt an die Lampe, dann ist eine höhere Zündspannung notwendig. Eine em-

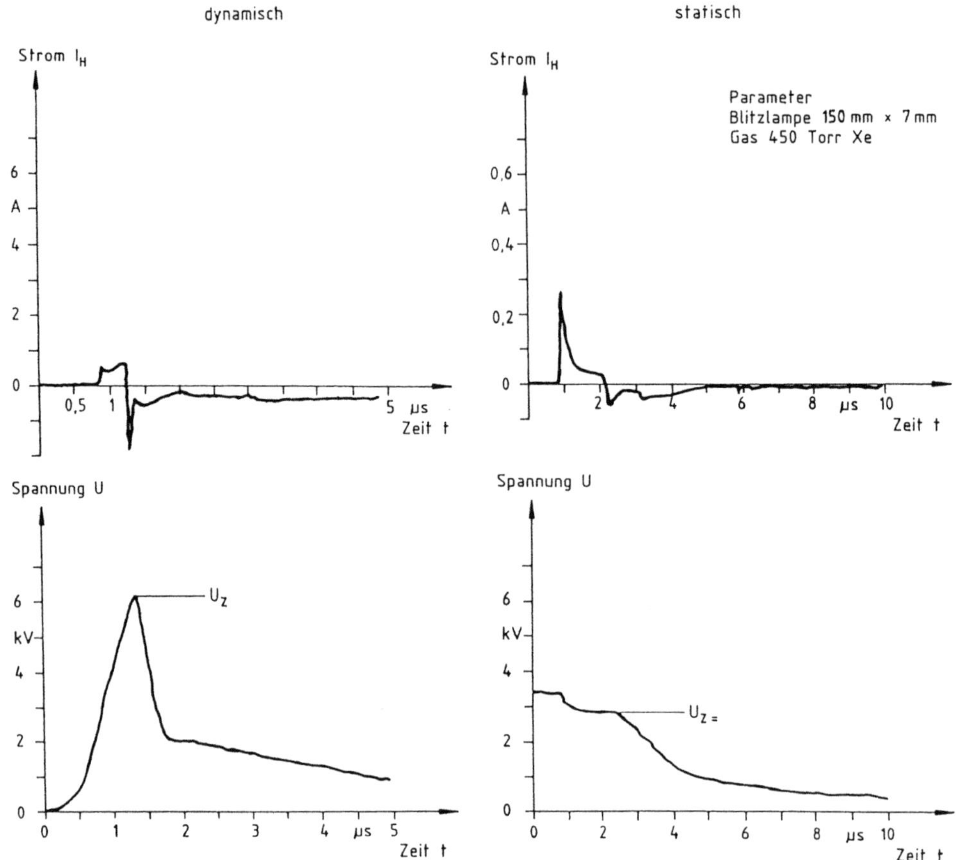

Bild 6.3. Verlauf von Zündspannung und Zündstrom

pirische Abschätzung für die notwendige Zündspannung U_z gibt Gleichung (6.2)

$$U_z \geq U_{z=} + \tau_v \frac{dU}{dt} \tag{6.2}$$

U_z = dynamische Zündspannung
τ_v = Zündverzugszeit.

In Bild 6.4 werden Meßwerte mit dem Verlauf nach (6.2) verglichen. Für eine vorgegebene Zündschaltung liegt dU/dt fest und mit (6.2) kann die notwendige dynamische Zündspannung U_z bestimmt werden.

Zündspannungserhöhungsfaktor F_+ bei Reihenschaltung

Schaltet man zwei gleiche Lampen in Reihe, dann erhöht sich die notwendige Zündspannung nicht auf das Doppelte, sondern für die Reihenschaltung von N

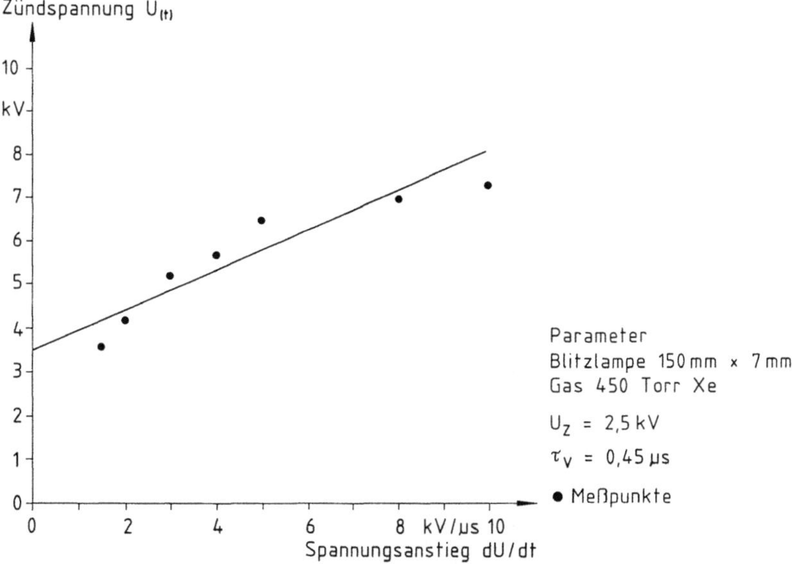

Bild 6.4. Zündspannungserhöhung im dynamischen Fall

Lampen gilt empirisch nach Bild 6.5

$$U_z(N) = U_z(1)\,[1 + F_+(N-1)]\,. \tag{6.3}$$

F_+ = empirischer Faktor
$U_z(1)$ = Zündspannung für eine Lampe

6.2 Expansion des Plasmabogens (Boosterkreis)

Nach der Ionisation soll eine Lampe entweder im CW- oder im Simmerbetrieb arbeiten oder ein Kondensator soll entladen werden. Mittels eines sogenannten Boosterkreises (Bild 6.6) wird die Lampe in den Bereich mit dem entsprechenden Strom überführt.

Zwei Bedingungen müssen erfüllt sein, damit die Entladung des Kondensators C überhaupt stattfindet,

- die Kondensatorspannung U muß größer sein als eine kritische, lampenspezifische Spannung U_b
- und abhängig von der Kondensatorspannung $U > U_b$ muß eine gewisse Energie $E_z = \int U(t)\,I(t)\cdot dt$ durch den Zündkreis vorher in die Lampe eingebracht worden sein.

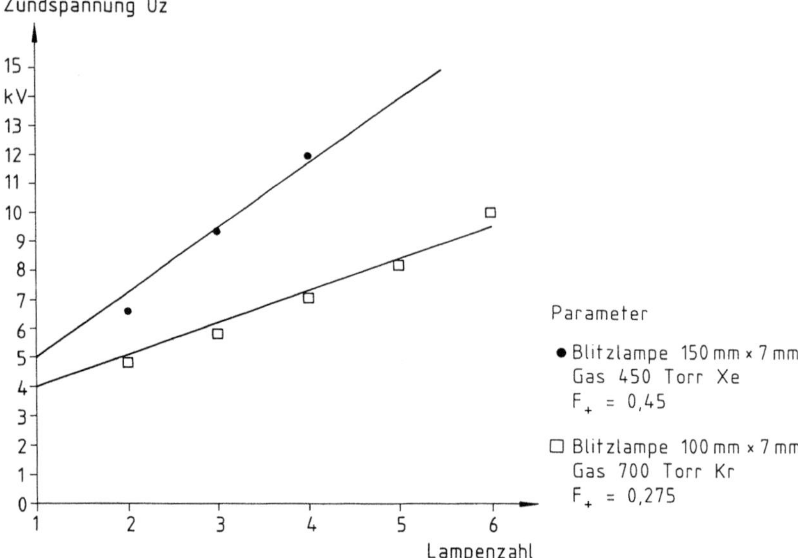

Bild 6.5. Zündspannungserhöhung bei Reihenschaltung

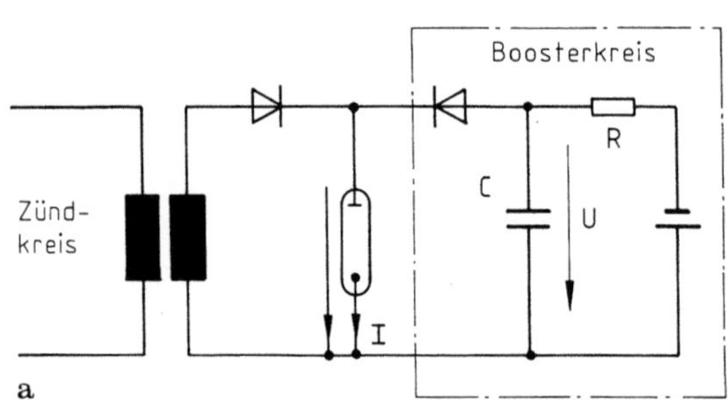

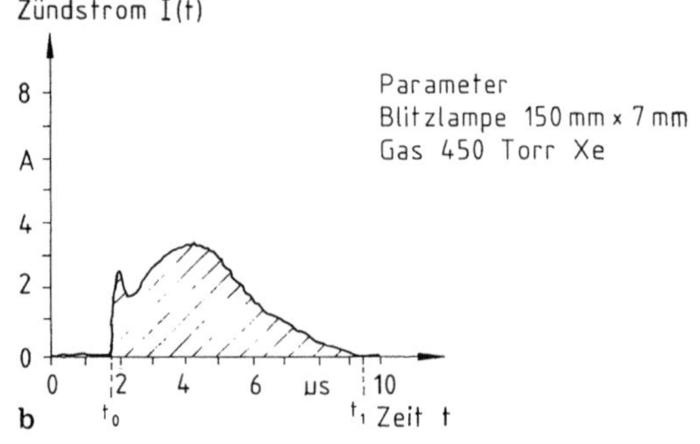

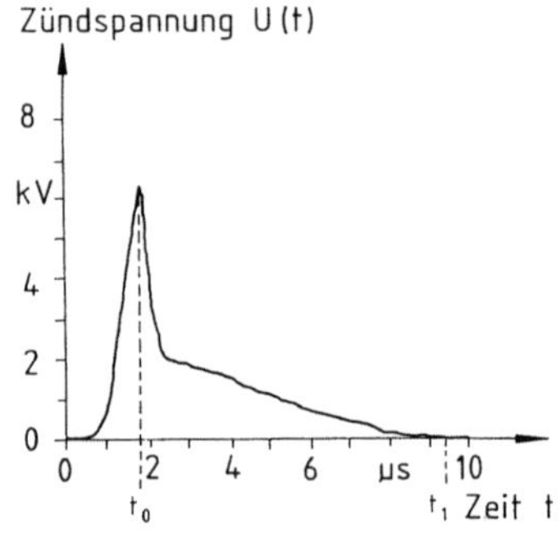

Bild 6.6. Boosterkreis und Zündstromverlauf

(6.4) beschreibt empirisch diesen Zusammenhang und Bild 6.7 zeigt eine Messung der notwendigen Kondensatorspannung U abhängig von der Zündenergie.

$$(U - U_b)^2 \int\limits_{t_0}^{t_1} U(t)\,I(t)\,dt = K_b \tag{6.4}$$

K_b = Boosterkonstante
U_b = Boosterspannung

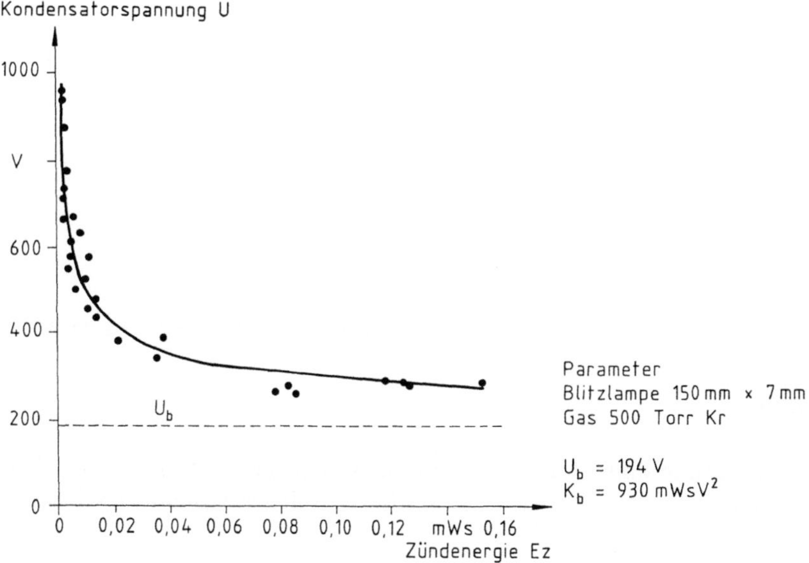

Bild 6.7. Boosterbedingung

Minimale Spannung U_{min} der Kennlinie

Nach dem Entladen über die Lampe bleibt im Kondensator eine Restspannung U_{min} zurück (Bild 6.8). Diese Spannung ist die niedrigste Spannung in der statischen U-I-Kennlinie der Lampe und sie darf während des Betriebes nicht unterschritten werden. Insbesondere muß nach einem Puls dafür gesorgt werden, daß beim Übergang aus dem Hochstrombereich in den Simmerbereich an der Lampe immer eine Spannung größer als U_{min} anliegt.

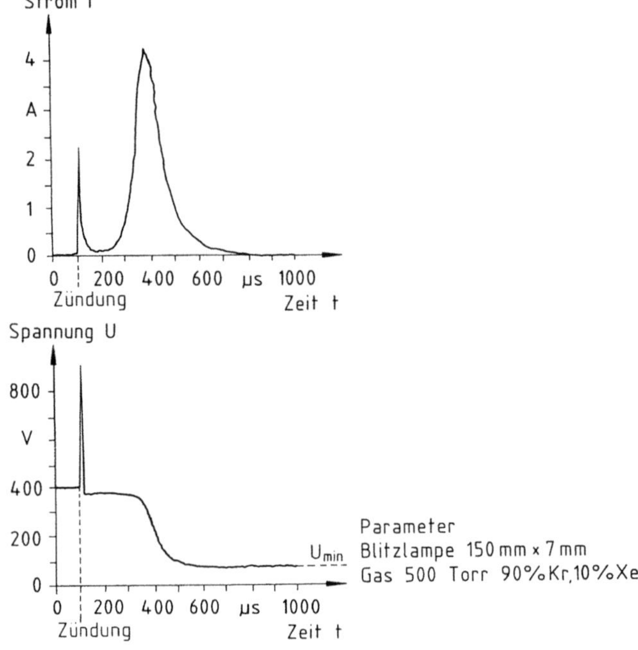

Bild 6.8. Boosterstromverlauf und minimale Spannung der Kennlinie, Schaltung nach Bild 6.6

6.3 Kennlinie

Die statische Kennlinie einer Lampe ist durch drei prinzipielle Bereiche (Bild 6.9) gekennzeichnet und kann für diese Bereiche hinreichend genau beschrieben werden

- den Simmerbereich beginnend ab einigen mA bis zu einigen A,
- den CW-Bereich ab einigen A bis zu mehreren 10 A,
- und Hochstrom-Bereich bis zu einigen 100 A.

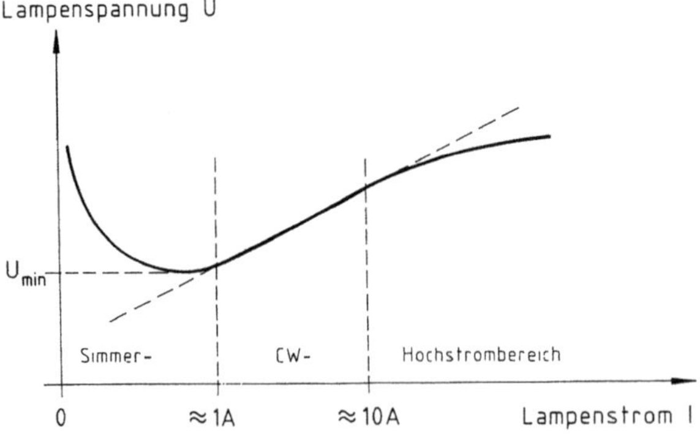

Bild 6.9. Prinzipielle Bereiche der Kennlinie einer Anregungslampe

Statischer Simmerbetrieb (50 mA bis 5 A)

Nach der Ionisation soll die Blitzlampe durch den konstanten Simmerstrom I betriebsbereit gehalten werden. Die Simmerspannung hängt davon ab, an welcher Stelle der Simmerbogen an den Elektroden startet und kann sich durch das Springen des Bogens während des Betriebs ändern.

Die Simmerkennlinie weist einen negativen differentiellen Widerstand auf (Bild 6.10), so daß sich die Verwendung einer Konstantstromquelle empfiehlt.

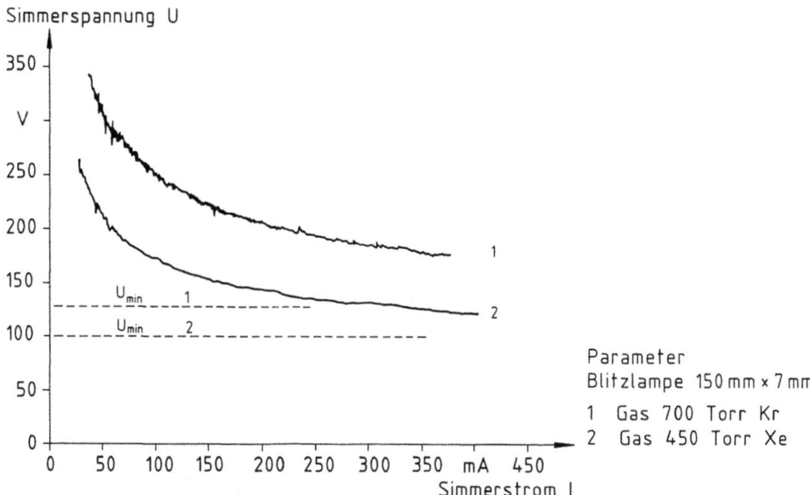

Bild 6.10. Typischer Verlauf der statischen Simmerkennlinie

Für den statischen Fall wurde folgende Abhängigkeit der Simmerkennlinie empirisch ermittelt

$$(U - U_{min})^2 = K_s/I \tag{6.5}$$

U = Simmerspannung
I = Simmerstrom
K_s = Simmerkonstante.

CW-Betrieb (5 A bis 20 A)

Die Kennlinie verläuft für diesen Bereich nahezu linear und läßt sich nach Herstellerangaben [6.2] beschreiben durch

$$U = U_0 + rI \tag{6.6}$$

U = Spannung
I = Strom

$r = r(d,l)$ diff. Widerstand
$U_0 = U_0(d,l)$ Grundspannung.

Bild 6.11 zeigt einen typischen Verlauf einer solchen Kennlinie.

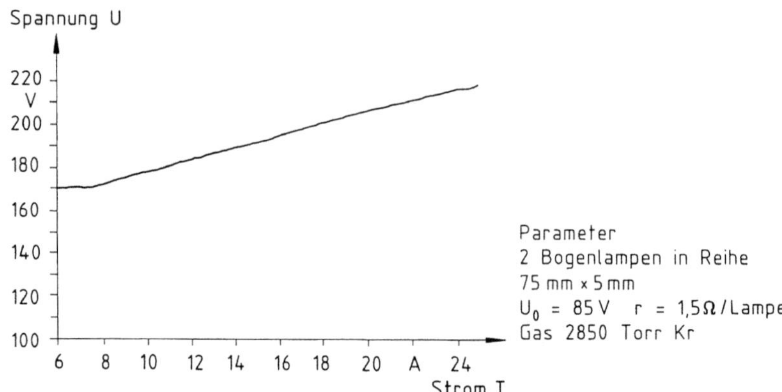

Bild 6.11. Verlauf einer CW-Kennlinie von 2 Bogenlampen in Reihe

Die Abhängigkeit von Strom und Spannung vom Druck für zwei Lampen mit unterschiedlichem Fülldruck wird nach [6.3] angegeben mit

$$U'/U = \sqrt[4]{p'/p} \qquad\qquad I'/I = \sqrt[4]{p/p'} \qquad p',p = \text{Lampeninnendruck} . \tag{6.7}$$

Die empfohlenen Grenzen der Betriebsparameter sind nach [6.4] abhängig von dem Lampendurchmesser in der Tabelle 6.1 aufgelistet.

Tabelle 6.1. Grenzen für den CW-Betrieb nach [6.4]

Innendurchmesser der Lampe	mm	4	5	6
Strombereich	A	15...24	22...33	32...45
Spannungsbereich/Länge	V/cm	14,2...19,8	12,6...16,5	11,8...16,0
max. Leistung/Länge	W/cm	430	520	650

Hochstrombereich im Pulsbetrieb (20 A → 100 A)

Der allgemeine Ansatz zur Beschreibung der Lampenkennlinie für diesen Bereich lautet nach [6.10]

$$U = F'p^{\alpha}\,\frac{l}{d}\,I^{\beta} \tag{6.8}$$

$F' = $ Faktor
$p = $ Fülldruck
$l = $ Elektrodenabstand
$d = $ Lampeninnendurchmesser
$\alpha \approx 0{,}29$
$\beta \approx 0{,}5$

Lampenparameter K_0

Man faßt die lampenspezifischen Konstanten zu einem Parameter K_0 zusammen und (6.8) wird nach [6.5] näherungsweise mit $\beta \approx 0{,}5$ zu

$$U = K_0\sqrt{I} \; , \qquad K_0 = F \left[\frac{p}{g}\right]^{\alpha} \frac{l}{d} \tag{6.9}$$

$p = $ Fülldruck in Torr
$F = 1{,}28\,\mathrm{V}/\sqrt{A}$
$\alpha = 0{,}25$
$g = 450$ für Xe und 805 für Kr

K_0 kann sich jedoch mit der mittleren elektrischen zugeführten Leistung ändern, dies tritt insbesondere bei Gasgemischen auf. Deshalb muß K_0 unter definierten Betriebsbedingungen gemessen werden, z. B. im Einzelpulsbetrieb. Bild 6.12 zeigt das Ergebnis einer solchen Messung für zwei Blitzlampen in Reihe.

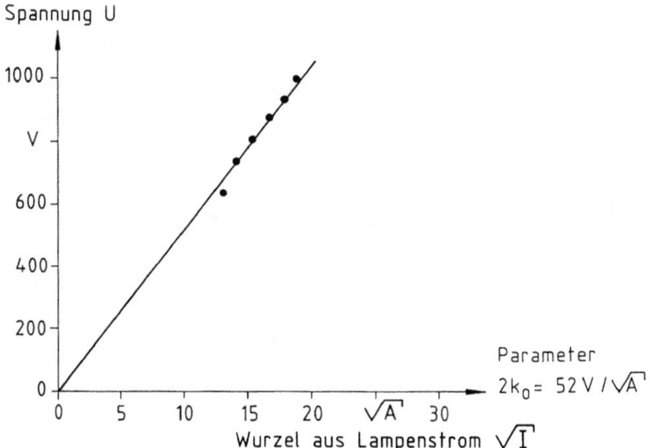

Bild 6.12. Kennlinie von zwei Blitzlampen in Serie im Hochstrombereich

6.4 Blitzen mit Simmer

Einschaltverhalten

Nach dem Schließen des Schalters (Bild 6.13) beginnt aus dem Kondensator C, der Entladestrom I verzögert zu fließen. Der Entladungskanal breitet sich ausgehend von dem Simmerbogen auf einen neuen Durchmesser aus [6.15]. Die Lampe verhält sich dadurch wie eine zeitabhängige Induktivität. Die charakteristische Zeit τ_d begrenzt unter anderem die maximale Impulsfrequenz des Lasers. Die Verzögerungszeit τ_d nimmt mit zunehmendem Simmerstrom I_s ab (Bild 6.14).

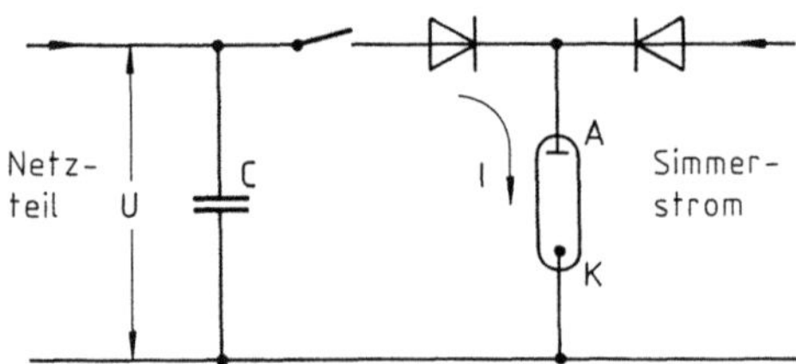

Bild 6.13. Schaltung zur Entladung des Speicherkondensators im Pulsbetrieb

Nach [6.13] kann die Zeitabhängigkeit der Lampeninduktivität modellmäßig beschrieben werden durch

$$L(t) = L_0\, e^{-t/\tau_d} \tag{6.10}$$

$L_0 = $ Lampeninduktivität für t = 0
$\tau_d = $ Verzögerungszeit.

Beide Parameter sind jedoch abhängig von dem Simmerstrom [6.14] und von der angelegten Spannung. Eine empirische Ermittlung für eine 4"-Blitzlampe ergibt

$$L_0(U) = K_L U^{-\alpha}\,, \qquad K_L \approx 1{,}5\cdot 10^8\,\text{mH}\cdot \text{V}^\alpha \qquad \alpha \approx 3{,}5$$

$$\tau_d(U) = K_\tau U^{-\beta}\,, \qquad K_\tau \approx 4{,}7\cdot 10^3\,\text{ms}\cdot \text{V}^\beta \qquad \beta \approx 2{,}0\,.$$

Die Kennlinie der Lampe (6.9) muß durch den induktiven Anteil erweitert werden zu

$$U = K_0\sqrt{I} + L(t)\frac{dI}{dt}\,. \tag{6.11}$$

Damit können der Einschaltvorgang und der stationäre Stromverlauf näherungsweise beschrieben werden. Beim Ausschalten kann kein induktives Verhalten der Lampe beobachtet werden.

Erholzeit τ_r (Recovery)

Nach einem Strompuls mit hoher Stromstärke benötigt die Lampe eine gewisse Zeit τ_r, um wieder mit Sperrspannung belastet werden zu können, ohne erneut

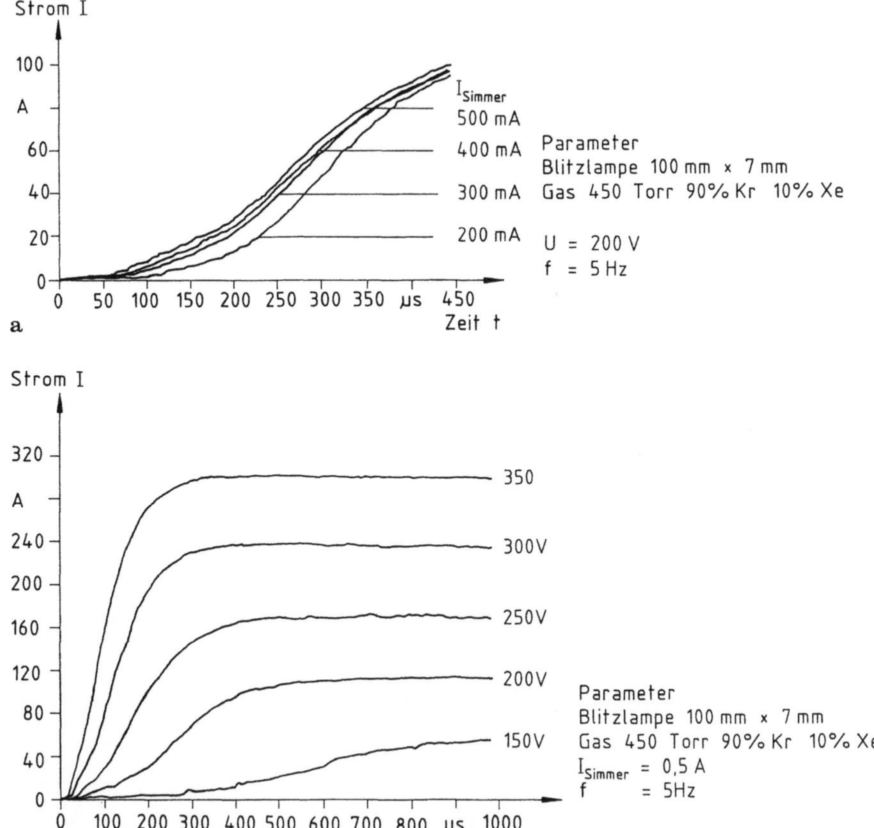

Bild 6.14. Übergang vom Simmerbereich in den Hochstrombereich
a) bei konstanter Spannung und unterschiedlichem Simmerstrom
b) bei konstantem Simmerstrom und unterschiedlicher Ladespannung des Kondensators

durchzuzünden.

$$\tau_r = \tau_r(U, I, K_r) \quad K_r = \textbf{Erholkonstante} \ . \tag{6.12}$$

Die notwendige Wartezeit ist, neben den lampenspezifischen Parametern, auch von äußeren Parametern wie Sperrspannung und Strom während des Pulses abhängig.

6.5 Dynamisches Verhalten

Im Pulsbetrieb bei hohen Strömen ändert sich die Kennlinie für den Simmerbetrieb. Die Lampe läuft nach Beendigung eines Pulses kurzzeitig auf einer anderen Simmerkennlinie zurück als im statischen Betrieb. Bei konstantem Simmerstrom tritt, abhängig von Pulsdauer und angelegter Spannung, kurzzeitig eine Spannungserhöhung ΔU auf [6.14]. Dies muß bei der Dimensionierung des Simmernetzteils berücksichtigt werden. Den prinzipiellen zeitlichen Verlauf zeigt Bild 6.15.

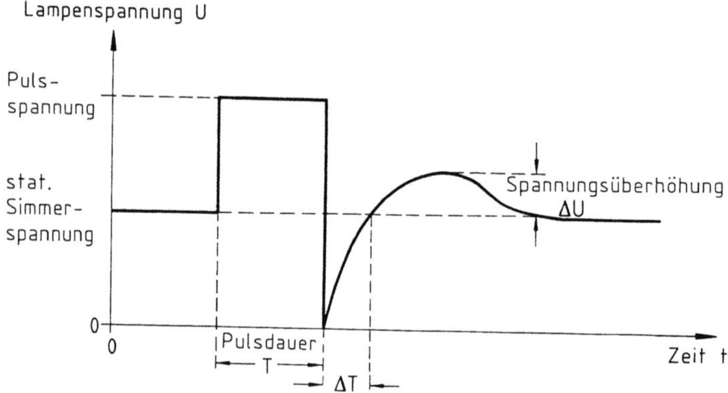

Bild 6.15. Prinzipieller Verlauf der Lampenspannung nach einem Hochstromimpuls

Die empirischen Abhängigkeiten für die Verzögerungszeit Δt und Spannungsüberhöhung ΔU lauten

$$\Delta U = \frac{K_d(U - U_d)T^\alpha}{I_s} \tag{6.13}$$

K_d = dynamische Lampenkonstante
U = Betriebsspannung während des Pulses
U_d = dynamische Spannung
T = Pulsdauer
α = Exponentialfaktor ≈ 2
I_s = Simmerstrom,

$$\Delta t = K/T^\beta \tag{6.14}$$

β = Exponentialfaktor
K = empirische Konstante

Das Simmernetzteil muß also für den dynamischen Fall die Spannung $U + \Delta U$ für I_s = const. liefern, die zusätzlich die Leistung $\Delta P = \Delta U I_s$ erfordert oder gesondert in einem Kondensator bereitgestellt werden muß.

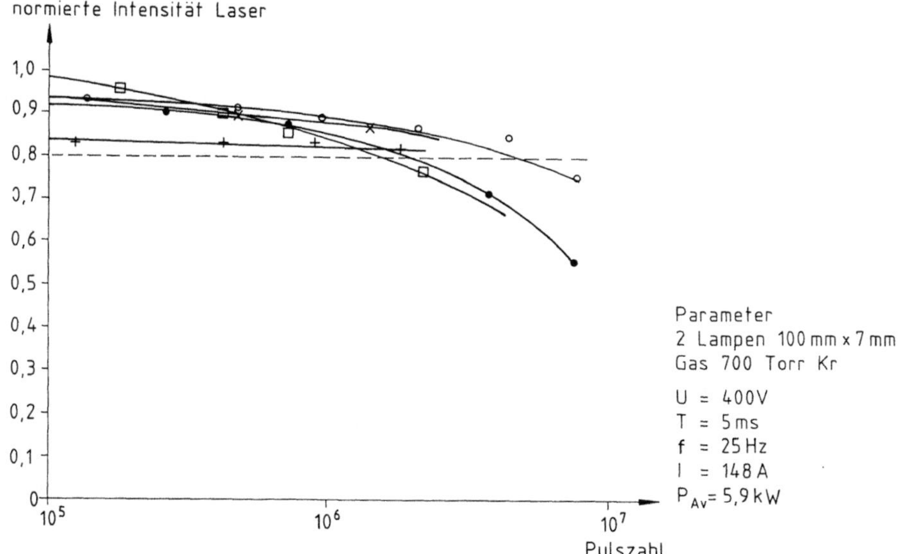

Bild 6.16. Blitzlampenlebensdauer

6.6 Lebensdauer

Die Standzeit eines Festkörperlasers im industriellen Einsatz wird eigentlich nur durch die Lebensdauer der Anregungslampen bestimmt. Unter Lebensdauer soll die Zeit verstanden werden, in der die Lampe entweder mechanisch zerstört ist oder die Lichtintensität unter einen gewissen Anteil der Anfangsintensität sinkt. In Bild 6.16 sind die Messergebnisse von 5 Lampen für die relative Abnahme der Laserpulsenergie über der Pulszahl bis zum Ausfall der jeweiligen Lampe aufgetragen.

Beide Fälle für den Blitzlampenausfall lassen sich elektronisch überwachen. Im ersten Fall wird der Simmerstrom unterbrochen, im zweiten wird ein einstellbarer Wert für die Laserstrahlung unterschritten und der notwendige Austausch der Lampen kann signalisiert werden.

Abgesehen von den Lampen, die während des Betriebs relativ früh ausfallen, verhalten sich alle Lampen ähnlich. Im Laufe der Zeit lösen sich von der Kathode Teilchen und lagern sich an der Wandung in der Nähe der Kathode ab. Dies führt einerseits zu einer fortschreitenden Verdunklung der Wandung, andererseits wird dadurch das Quarz chemisch angegriffen. Es entstehen allmählich Mikrorisse, bis die Lampe dann, ausgehend vom Kathodenraum, mehr oder minder vollständig zersplittert. Empirische Ansätze zur Lebensdauerbestimmung werden in den Gleichungen (6.17) bis (6.20) angegeben. Die dazugehörigen Messungen sind jedoch sehr aufwendig und teuer. Ergebnisse können nur als Erfahrungswerte von vielen Anwendern zusammengetragen werden.

Lebensdauer τ im CW-Betrieb

$$\tau = K_\tau/(UI) \tag{6.15}$$

$K_\tau =$ Lebensdauerkonstante
$U =$ Spannung
$I =$ Strom

$$K_\tau \sim dl \tag{6.16}$$

Lebensdauer τ im Pulsbetrieb ms-Bereich

$$\tau = K_\tau/(UIfT) \qquad f = \text{Pulsfrequenz}, \quad T = \text{Pulsdauer} \tag{6.17}$$
$$N = \tau/T = K_\tau/(UIfT^2) \quad N = \text{Pulszahl} \tag{6.18}$$

Lebensdauer τ im Pulsbetrieb μs-Bereich

Im μs-Pulsbetrieb insbesondere darf eine gewisse Energie pro Puls nicht überschritten werden, wenn man eine feste Pulszahl N erreichen will. Die Pumpenergie, mit der die Lampe gerade zerstört wird, bezeichnet man als Explosionsenergie E_x. Sie wird nach [6.16] angegeben zu

$$E_x = K_x ldT^{\frac{1}{2}} \tag{6.19}$$

$E_x =$ Explosionsenergie
$K_x =$ Explosionskonstante

und die Anzahl der Pulse

$$N = \frac{E^{-\beta}}{E_x} \tag{6.20}$$

$\beta = \beta(d)$ beträgt 8 bis 10 bei $d \approx 8$ bis $15\,\text{mm}$
$d =$ Lampeninnendurchmesser

Betriebsleistung

Die Wärme, die in der Lampe erzeugt wird, muß über die Glasmantelfläche f an das Kühlmittel abgegeben werden. Im stationären Zustand gilt für den Temperaturunterschied ΔT zwischen Glasinnenwand und Kühlmittel

$$\Delta T = P_Q/G \tag{6.21}$$

$P_Q =$ zugeführte Wärmeleistung
$G =$ Wärmeleitwert.

Der Wärmeleitwert nimmt mit der Größe der Oberfläche O zu und ist umgekehrt proportional zur Wandstärke s

$$G = MO/s \quad M \; = \; \text{Materialparameter} \; . \tag{6.22}$$

Die maximale Betriebsleistung für eine Lampe hängt von den Eigenschaften der verwendeten Materialien ab (Tabelle 6.2). Die Elektroden, insbesondere die Anode, werden sehr heiß. Bei der Dimensionierung der Querschnitte für die Anschlüsse muß die Temperaturableitung zur Kühlung berücksichtigt werden.

Tabelle 6.2. Maximale Wandbelastung von Lampenmaterialien nach [6.16,17,18]

		synth. Quarz	dot. Quarz	Saphir
Schockparameter R_T	W/cm	14,5		100
Konvektionskühlung	W/cm^2	15		
Luftkühlung (Pressluft)	W/cm^2	30		
Wasserkühlung	W/cm^2	300	160	2750

Akustische Grenzfrequenz

Eine akustische Resonanz kann in einer Blitzlampe auftreten, wenn die Pulsfrequenz f so groß wird, daß sich in der Lampe eine stehende akustische Welle ausbilden kann. Bei kurzen Rechteckimpulsen können u. U. auch schon subharmonische Pulsfrequenzen diese Resonanzen anregen. Durch die Resonanzen wird der Lichtbogen räumlich verändert, er spiegelt die periodische Struktur der stehenden Welle wieder. In diesen Frequenzbereichen können sich durch die veränderten Pumplichtbedingungen Laserleistung und Energie ändern. Die niedrigsten Frequenzen f für die einzelnen Moden betragen nach [6.11]

$$f_l = n\frac{u}{2l} \quad \textbf{longitudinal} \quad n = 1, 2, \ldots \tag{6.23}$$

u = Schallgeschwindigkeit
l = Abstand der Elektroden

$$f_\Theta = 1{,}84\frac{u}{2\pi r} \quad \textbf{azimuthal} \quad 2r = \text{Lampeninnendurchmesser} \tag{6.24}$$

$$f_r = 3{,}83\frac{u}{2\pi r} \quad \textbf{radial} \; . \tag{6.25}$$

Die Resonanzfrequenzen können sich überlagern zu $f^2 = f_l^2 + f_r^2$. Die Schallgeschwindigkeit u ist bestimmt durch

$$u = \left[\frac{c_p \, p}{c_v \, \rho}\right]^{0,5} \tag{6.26}$$

c_i = spezifische Wärme bei konstantem Druck bzw. Volumen
p = Druck
ρ = Gasdichte.

Mit der allgemeinen Gastheorie läßt sich (6.26) umschreiben zu

$$u = \left[\frac{c_p RT}{c_v M}\right]^{0,5}$$

c_p/c_v = 5/3 für Edelgase
  R = 8,314 Ws/(Mol · K) (Gaskonstante)
  T = mittlere Gastemperatur in K
  M = mittleres Atom- oder Molekulargewicht, beträgt 131 für Xe und 84 für Kr.

Für die longitudinalen Resonanzen ist im wesentlichen die Temperatur in der Lampenachse, für die radialen und azimutalen Resonanzen die mittlere Temperatur zwischen Wand und Lampenmitte maßgeblich.

In [6.12] wird gezeigt, daß die mittlere Temperatur in dem gemessenen Bereich linear mit der Pumpenergie E_{in} steigt.

$$T = T_0 + FE_{in}/V \ .$$

T_0 = Umgebungstemperatur (Kühlmittel)
  F = 244 K/(Ws/cm^3) Faktor nach [6.12]
  V = $\pi r^2 l$ (Volumen)

Typische Werte für die Schallgeschwindigkeit und der Temperatur während des Betriebs werden in [6.11] mit u = 500 bis 590 m/s und T = 2000 bis 3000 K angegeben.

Beispiel 6.1 Bogenlampe mit 6 mm Innendurchmesser und 150 mm Bogenlänge

Für u = 500 m/s ergibt sich
f_l = n · 166 Hz   n = 1, 2, 3 . . ., f_Θ = 4,9 kHz, f_r = 10,3 kHz.

6.7 Spektrale Eigenschaften und Effizienz

Die spektrale Emission der Lampe muß dem verwendeten Lasermaterial so weit wie möglich angepaßt werden. Ballaststrahlung außerhalb der Pumpbanden führt zur unnötigen Erwärmung des Mediums und sollte daher unterdrückt werden. Strahlung der Lampe mit der Laserwellenlänge wird im Lasermedium verstärkt und verringert dadurch die nutzbare Inversion.

In Bild 6.17 wird die Effizienz von zwei Lampen mit Xe- bzw. Kr-Füllung verglichen. Obwohl die Lichteffizienz von Xe-Lampen besser ist, ergibt sich mit Kr-Lampen eine höhere Laserenergie, da Kr-Lampen spektral besser den Hauptabsorptionsbanden von Nd angepaßt sind (Bild 6.19).

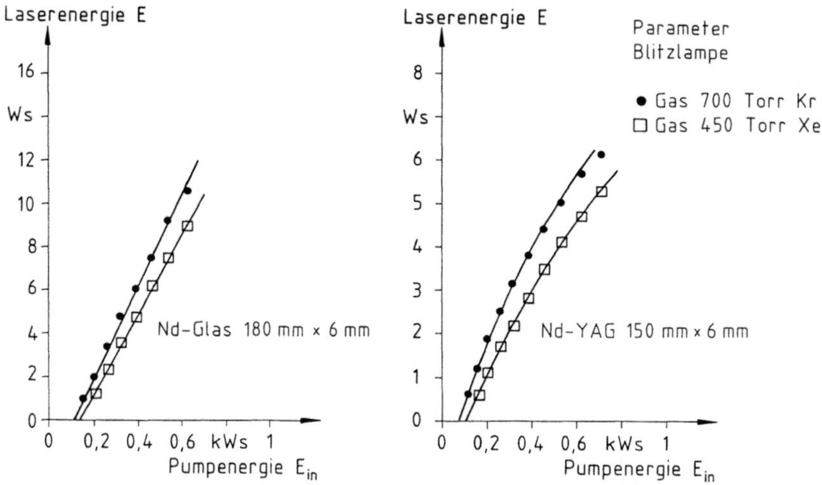

Bild 6.17. Wirkungsgrad, abhängig von der Blitzlampengasfüllung für Nd:YAG und Nd:Glas

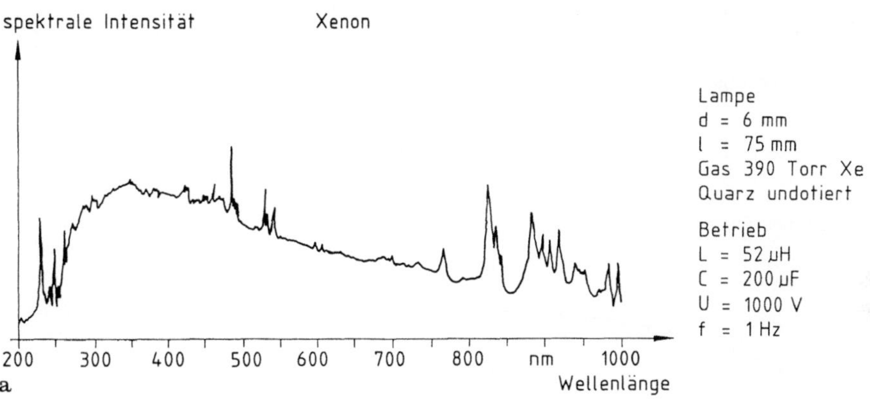

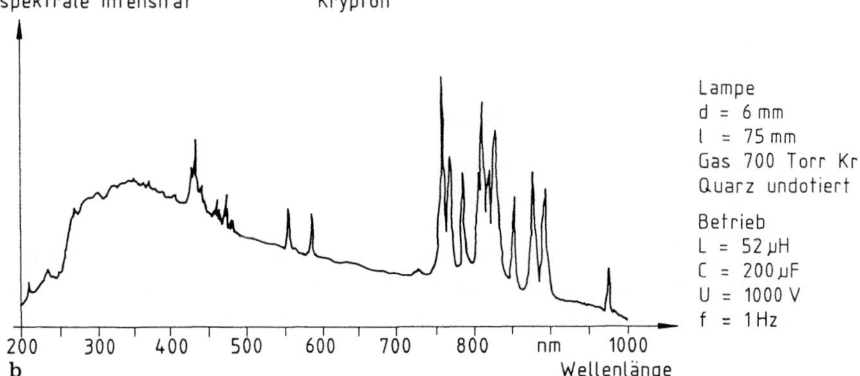

Bild 6.18. Emissionsspektren von Xe- bzw. Kr-Lampen nach [6.2]

Die bessere spektrale Anpassung von Kr-Lampen läßt sich mit den Emissionsspektren (Bild 6.18) im Vergleich mit dem Anregungsspektrum von Nd:YAG (Bild 6.19) erkennen. Für die Xe-Lampe müßte noch zusätzlich der Bereich um $1\,\mu$m unterdrückt werden, um die Verstärkung der Lampenstrahlung durch das Lasermedium zu unterbinden.

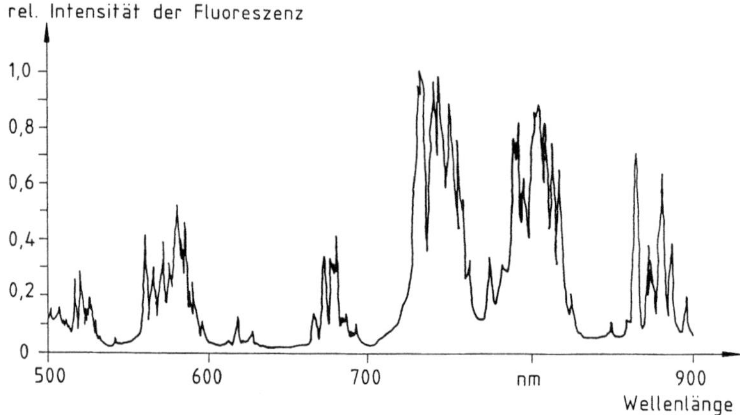

Bild 6.19. Anregungsspektrum von Nd:YAG nach [6.6]

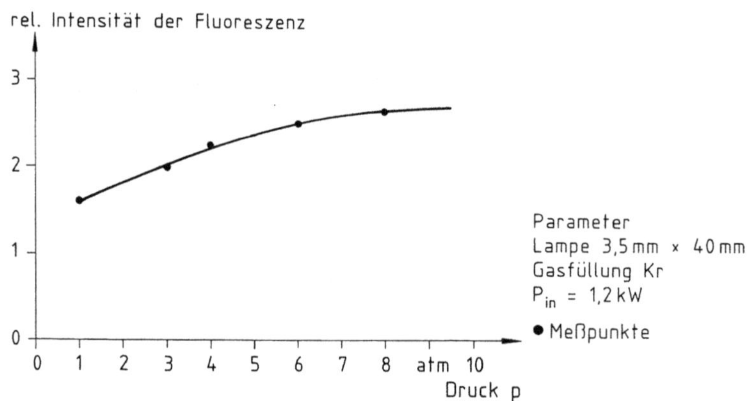

Bild 6.20. Effizienz der Bogenlampe bei unterschiedlichem Kaltfülldruck (nach [6.9])

Weitere spektrale Eigenschaften wie Transmission der Hüllrohre und Filter sind mit den entsprechenden Kurven im Kapitel 12 angegeben. In Tabelle 6.3 werden deshalb nur einige spezielle Eigenschaften aufgeführt.

Tabelle 6.3. Spektralbereich von Quarz

Material	Dotierung	UV-Kante 10%–90%	Solarisation
syntetic fused quartz	–	160	nein
clear fused quartz	–	190	ja
Heraeus m-235	Ti:	220...250	nein
Heraeus m-382	Ce:	330...390	nein

Mit zunehmendem Fülldruck steigt die Effizienz der Lampen, gleichzeitig erhöhen sich aber auch die Zünd- und Betriebsspannungen. Nach [6.9] ist in Bild 6.20 die relative Abhängigkeit der 1μm Fluoreszenz bei Nd:YAG von dem Kr-Fülldruck bei CW-Betrieb mit einer Bogenlampe aufgetragen.

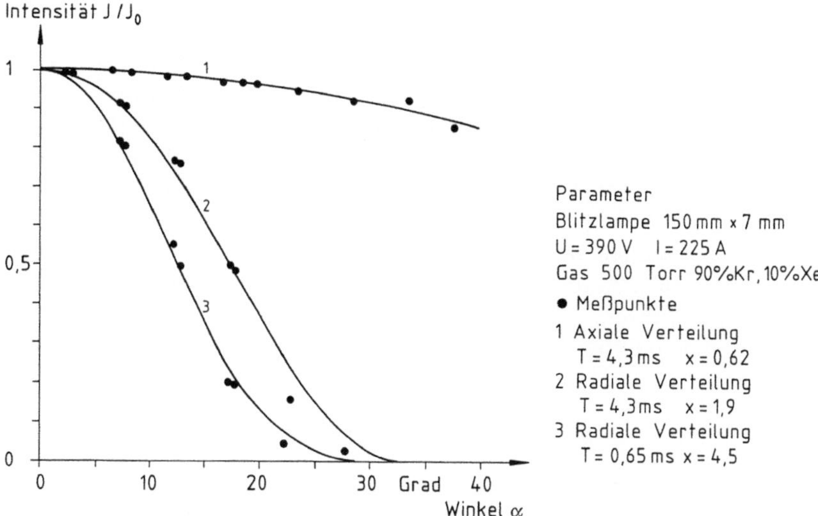

Bild 6.21. Verteilung der Lichtintensität eines Punktes [6.7, 6.8]

6.8 Abstrahlcharakteristik

Die Kenntnis der Abstrahlcharakteristik einer Anregungslampe ist notwendig, um den Pumplichtverlauf innerhalb der Kavität für die geometrische Anordnung und für das gewünschte Inversionsprofil optimal auslegen zu können.

Die zeitlich gemittelte Winkelverteilung der Intensität des Lichts, das aus einer kleinen Fläche aus der Lampe austritt, läßt sich als verallgemeinerte cos-Verteilung beschreiben [6.7, 6.8]

$$J(\alpha) = J_0 \cos^x \alpha \ . \quad x = \text{Verteilungskoeffizient} \tag{6.27}$$

Eine gemessene Winkelverteilung in axialer und radialer Richtung zeigt Bild 6.21.

Der Koeffizient x für die radiale Verteilung ist dabei von der Stromdichte und im Pulsbetrieb zusätzlich von der Pulsdauer abhängig. Für hohe Stromdichten strebt der Exponent x gegen 2; für niedrige Stromdichten verhält sich die Lampe eher wie ein fadenförmiger Strahler ($x \approx 8$).

Ein Ansatz die Abhängigkeit des Verteilungskoeffizienten von Stromstärke und Pulsdauer zu beschreiben ist nach [6.8] gegeben durch

$$x \sim (IT)^{-0,33} \; . \tag{6.28}$$

6.9 Hinweise zum Betrieb

Die Lampen müssen polaritätsrichtig angeschlossen werden. Vertauscht man Anode und Kathode, dann funktioniert die Lampe zunächst scheinbar richtig. Nach kurzer Betriebszeit wird jedoch die Wandung um die eigentliche Anode schwarz, die Lichtleistung der Lampe läßt nach und die Simmerkennlinie ändert sich.

Bei senkrechtem Betrieb der Lampen ist darauf zu achten, daß sich die Kathode unten befindet; sonst tritt durch abgesputterte Kathodenteilchen, die auf die Anode fallen, ein ähnlicher Effekt ein.

Beim Einbau der Lampen sollte auf Sauberkeit geachtet werden. Fingerabdrücke und Schmutzrückstände können einbrennen und somit zur frühzeitigen Zerstörung der Lampe führen.

In Tabelle 6.4 findet man für Bogen- und Blitzlampe die entsprechenden charakteristischen Parameter.

Tabelle 6.4. Beispiele für Lampenparameter

		Blitzlampen für Pulsbetrieb		Bogenlampe für CW-Betrieb
Gas		Xe	Kr	Kr
p	/Torr	450	700	2840
l	/mm	150	150	75
d	/mm	6	6	5
U_z	/kV	$3,5 \pm 1$	$4,0 \pm 1$ (DC)	9 ($20\,kV/\mu s$)
F_+		0,3	0,5	
U_b	/V	275	350	380
U_{min}	/V	100	125	
K_0	$/V/\sqrt{A}$	26	22	–
K_s	$/V^2 A$	800	1900	
L_0	$/\mu H$	150	170	
U_0	/V	–	–	72
r	$/\Omega$	–	–	1,4

7 Elektrische Stromkreise

Der prinzipielle Aufbau eines Netzteils zur Blitzlampenversorgung ist aus Bild
7.1 ersichtlich; der Aufbau eines CW-Netzteils ist bis auf den Kondensator zum
Speichern der Pumpenergie ähnlich.

Die Energie aus dem Netz wird bei gepulsten Lasern mittels eines geeigneten
Netzteils bei der gewünschten Spannung im Kondensator zwischengespeichert.
Nach dem Zünden der Lampe wird durch die Simmerstromquelle ein Entla-
dungsbogen in der Lampe gehalten. Die eigentliche Entladung des Kondensators
erfolgt durch Einschalten des Modulators. Dieser bestimmt Dauer und Verlauf
der Lampenleistung und damit auch des Laserpulses.

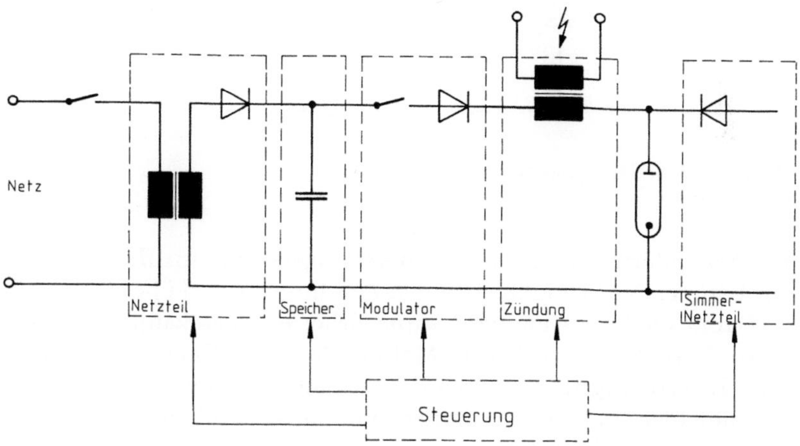

Bild 7.1. Blockschaltbild eines Netzteils

7.1 Zündkreise

Durch einen Hochspannungsimpuls werden in der Lampe zunächst genügend
freie Ladungsträger erzeugt. Üblich dafür sind zwei Varianten.

Außenzündung

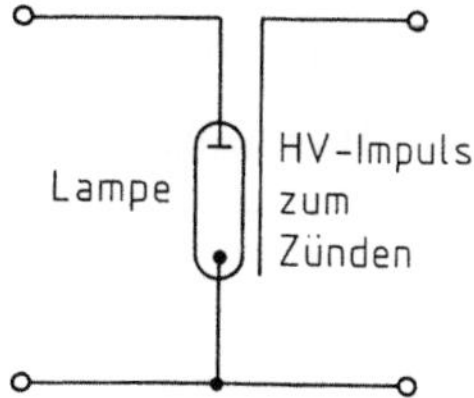

Bild 7.2. Außenzündung

Über eine dritte Elektrode außerhalb der Lampe wird gegenüber der Kathode (oder Anode) der Hochspannungszündimpuls angelegt. Diese Hilfselektrode ist meist ein sehr dünner Edelstahldraht, der um die Lampe gebunden ist. Es kann aber auch der Reflektor oder ein separater Draht sein [7.1].

Überlagerungszündung

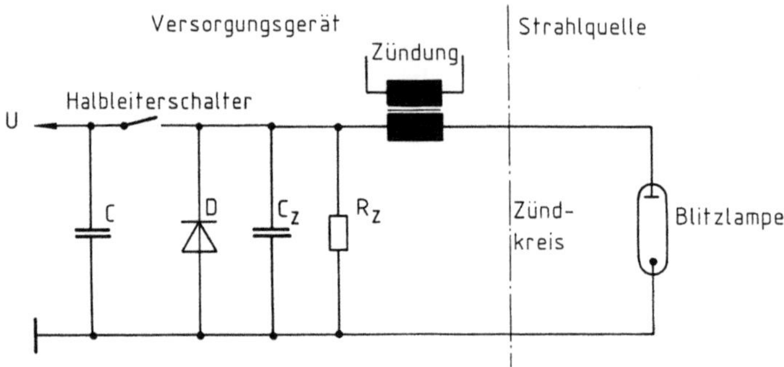

Bild 7.3. Überlagerungszündung

Die Sekundärwicklung des Zündübertragers liegt im Hauptstromkreis in Reihe zur Lampe. Der Stromkreis für den Zündimpuls wird über C_Z und R_Z geschlossen.

Damit die Ionisation der Lampe sicher erfolgen kann, müssen elektrisch definierte Verhältnisse vorliegen. Metallteile in der Nähe der Lampe, wie Reflektor oder Befestigungen, die durch das deionisierte Wasser gut isoliert sind, können sich aufladen und so die Lampenzündung verhindern. Sie sollten deshalb hochohmig ($M\Omega$) auf definiertem Potential (Kathode) liegen.

Eine Übersicht von möglichen Zündschaltungen zeigt Bild 7.4.

– Schaltung 1

Die Sekundärwicklung muß zündspannungsfest sein (bis zu 30 kV). Für hohe Ströme muß die Wicklung für die Verlustleistung ausgelegt werden; die Querschnitte der Wicklung können beträchtlich werden. Um den Stromanstieg für die Halbleitermodulation zu begrenzen, ist keine zusätzliche Induktivität notwendig.

– Schaltung 2

Nach dem Zünden übernimmt ein Vakuumrelais den Hauptstrom. Der Kontakt muß in offenem Zustand die Zündspannung isolieren.

– Schaltung 3, 4

Hier müssen die Halbleiterelemente die Zündspannung als Sperrspannung sicher aushalten und gleichzeitig den maximalen Hauptstrom führen können.

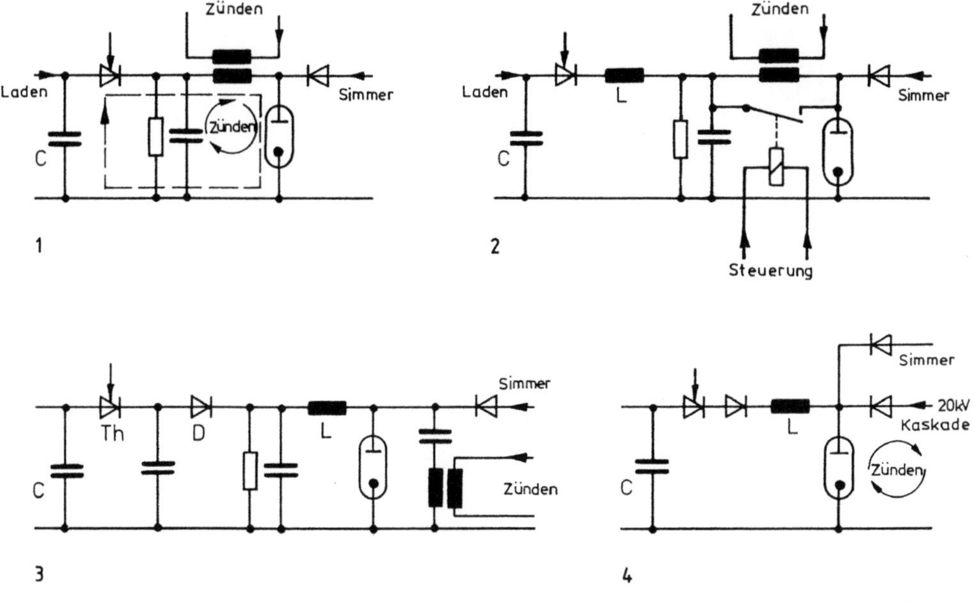

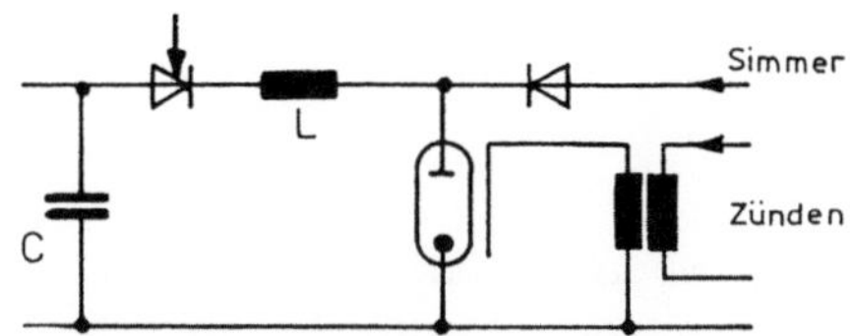

Bild 7.4. Zündschaltungen

– Schaltung 5

Die Strahlquelle muß für diese Schaltung so aufgebaut werden, daß Überschläge in der Kavität vermieden werden.

7.2 Netzteile

Üblich sind heute fast ausschließlich Techniken mit kurzschlußfesten Schaltnetzteilen. Für den Leistungsbereich von 10 kW kommen im allgemeinen nur Durchflußwandler nach dem Gegentaktprinzip in Betracht, weil der Übertrager in beiden Stromrichtungen bis an die Grenze der magnetischen Sättigung genutzt werden kann. Üblich dafür sind Halb- oder Vollbrücken nach Bild 7.5, die mit Transistoren oder auch Thyristoren als Halbleiterschalter aufgebaut sind.

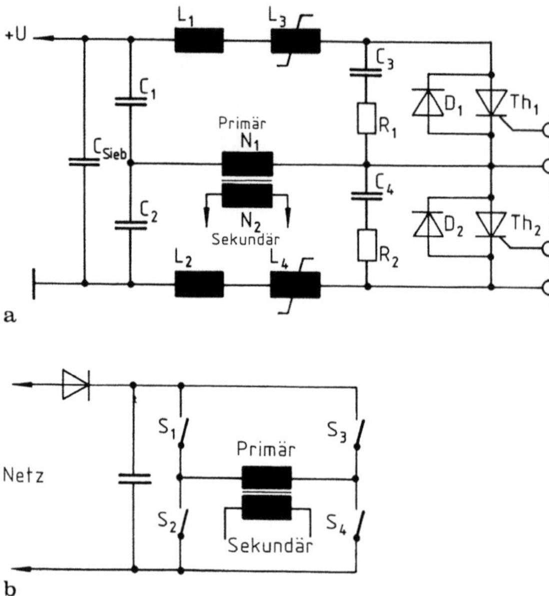

Bild 7.5. Prinzipschaltbild des Netzteils in a) Halb- und b) Vollbrückenausführung

Simmernetzteil

Nach dem Zünden der Lampe wird die Betriebsbereitschaft durch einen relativ geringen Strom – den sogenannten Simmerstrom – aufrechterhalten. Da die Lampe bei diesem geringen Strom noch eine negative Kennlinie hat, muß das Simmernetzteil zweckmäßigerweise als Konstantstromquelle ausgeführt sein. Vorteilhaft dafür ist die Verwendung von kurzschlußfesten Schaltnetzteilen. Durch den kontinuierlichen Simmerstrom ist auch im gepulsten Betrieb eine Überwachung der Lampen auf Bruch möglich.

7.3 Energiespeicher

Die benötigte Spitzenleistung eines Lasers während eines Pulses übersteigt die mittlere Anschlußleistung des Netzteils um mindestens eine Größenordnung. Dazu folgende Abschätzung:

Die notwendige Laserpulsleistung zum Anschmelzen von Metallen beträgt ca. 5 kW bei einem Schweißpunktdurchmesser von ca. 0,5 mm. Bei einem Wirkungsgrad von 2% bedeutet dies 250 kW Pulsleistung des Netzteils. Für eine mittlere Laserleistung von 100 W sind aber nur 5 kW Anschlußleistung notwendig.

Daher wird die benötigte Pulsenergie für den Laser in einer Kondensatorbank zwischengespeichert und somit bei kleinem Anschlußwert die Erzeugung hoher

Spitzenleistungen im ms-Bereich sichergestellt. Zwei Varianten werden zur Zeit für Pulslaser in diesem Bereich eingesetzt, MP-Kondensatoren in LC-Ketten und Elektrolytkondensatoren mit elektronischem Schalter.

LC-Kette

Für Pulslaser sollte zumindest die Pulsleistung und -dauer einstellbar sein. Die Pulsleistung läßt sich bei der LC-Kette durch Aufladen auf die entsprechende Spannung und die Dauer durch Zu- bzw. Abschalten von Kettengliedern verändern.

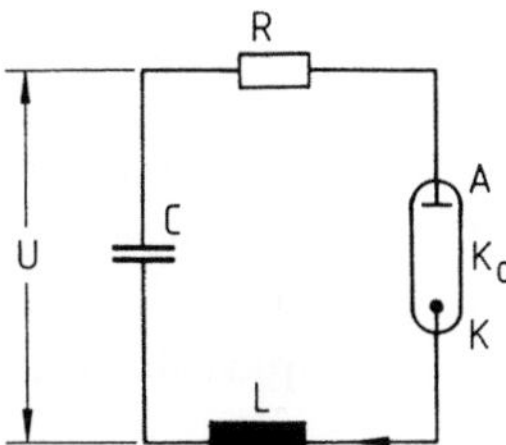

Bild 7.6. 1-Maschen-LC-Kreis

Die nichtlineare Differentialgleichung für den 1-Maschen-Kreis (Bild 7.6) lautet

$$U = L\frac{dI}{dt} + RI + K_0|I|^{0,5} + \frac{1}{C}\int_0^t I\,dt \ .$$ (7.1)

Mit folgenden Substitutionen

$$Z_0 = \sqrt{L/C}, \quad T = \sqrt{LC}, \quad \alpha = K_0/(UZ_0)^{0,5}, $$
$$J = U/Z_0, \quad \tau = t/T, \quad \beta = R/Z_0$$ (7.2)

ergibt sich die normierte Gleichung

$$1 = \frac{dJ}{d\tau} \pm (\alpha + \beta|J|^{0,5}) + \int_0^\tau J\,d\tau \ .$$ (7.3)

Für verschiedene Dämpfungsparameter α wurden für $R = 0$ Lösungen von (7.3) in [5.13] und für $R > 0$ in [7.2] numerisch berechnet. Die kritische Dämpfung liegt nach [5.13] etwa bei $\alpha_k = 0,75$ nach [7.2] eher bei $\alpha_k = 0,84$. Für größere Werte von α ist der Kreis stärker bedämpft, für kleinere Werte schwingt er über. Das Überschwingen kann zu Zerstörung von Aufladedioden oder anderen Bauteilen führen und muß durch geeignete Lampenanpassung oder durch Freilaufdioden verhindert werden.

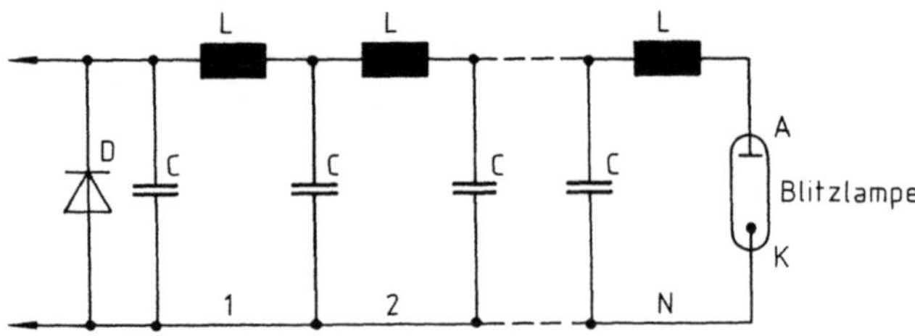

Bild 7.7. N-Maschen-LC-Kreis

Die Pulsdauer T für den N-Maschen-Kreis (Bild 7.7) beträgt

$$T = 2{,}2\,N\,\sqrt{LC} \qquad (7.4)$$

T = Halbwertsbreite der Pulsdauer
N = Maschenzahl
L = Induktivität einer Masche
C = Kapazität einer Masche

Der Vorfaktor 2,2 ist empirisch z. B. nach Bild 7.8 für die Halbwertsbreite (FWHM) ermittelt.

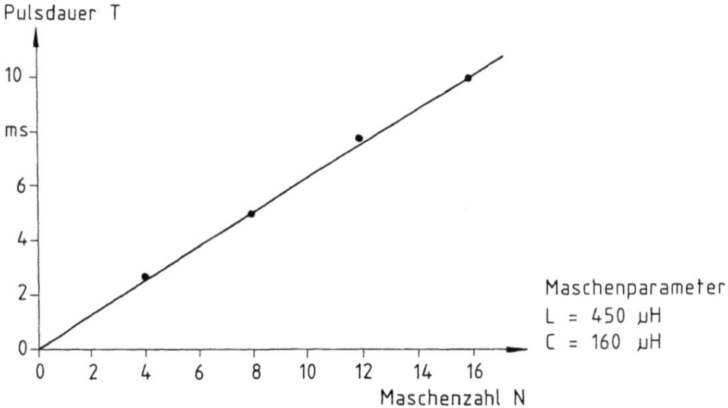

Bild 7.8. Pulsdauer im N-Maschen-Kreis

Die Energie der Kondensatorkette wird bei kritischer Anpassung während eines Pulses nahezu vollständig an die Lampe übergeben

$$E = 0{,}5\,NCU^2\ . \qquad (7.5)$$

Die erreichbare Spitzenleistung für den Pumppuls beträgt damit

$$\hat{P} = \frac{E}{T} \approx 0{,}23\sqrt{C/L}\,U^2 \qquad (7.6)$$

Um die kritische Dämpfung für den N-Maschen-Kreis zu bestimmen, wurde für verschiedene Spannungen U das Überschwingen der Spannung am Anfang der Kette N = 1 aufgenommen (Bild 7.9). Bei kritischer Anpassung $\alpha_k = 0{,}75$ tritt gerade noch kein Überschwingen am Ende des Pulses auf.

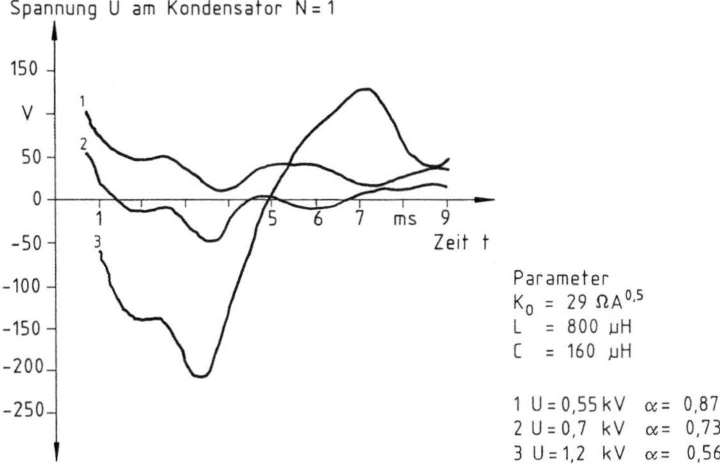

Bild 7.9. Überschwingen bei verschiedener Anpassung

Bei vorgegebenem Lampenparameter K_0 und maximaler Speicherspannung U läßt sich mit (7.2) für $\alpha_k = 0{,}75$ das kritische L-C-Verhältnis ermitteln, bei dem gerade noch kein Überschwingen auftritt

$$\frac{L}{C} = \frac{K_0^4}{\alpha_k^4 U^2} \cdot \quad \alpha_k = 0{,}75 \tag{7.7}$$

In Bild 7.10 ist L/C über K_0 im doppelt logarithmischen Maßstab mit U als Parameter aufgetragen.

Elko-Speicher

Ein Nachteil von L-C-Ketten (großes Volumen und Gewicht) läßt sich durch Einsatz von Elektrolyt-Kondensatoren und geeignetem elektronischen Schalter vermeiden. Die durch Simmerstrom betriebsbereite Lampe wird durch den Schalter ein- und – nach eingestellter Pulsdauer – wieder ausgeschaltet. Bild 7.11 zeigt den Strom- und Spannungsverlauf an der Lampe beim Entladen des Elko-Speichers.

Für die Forderung, daß die Laserspitzenleistung während eines Laserpulses um nicht mehr als 30% bei höchster Spannung abnimmt, kann die notwendige

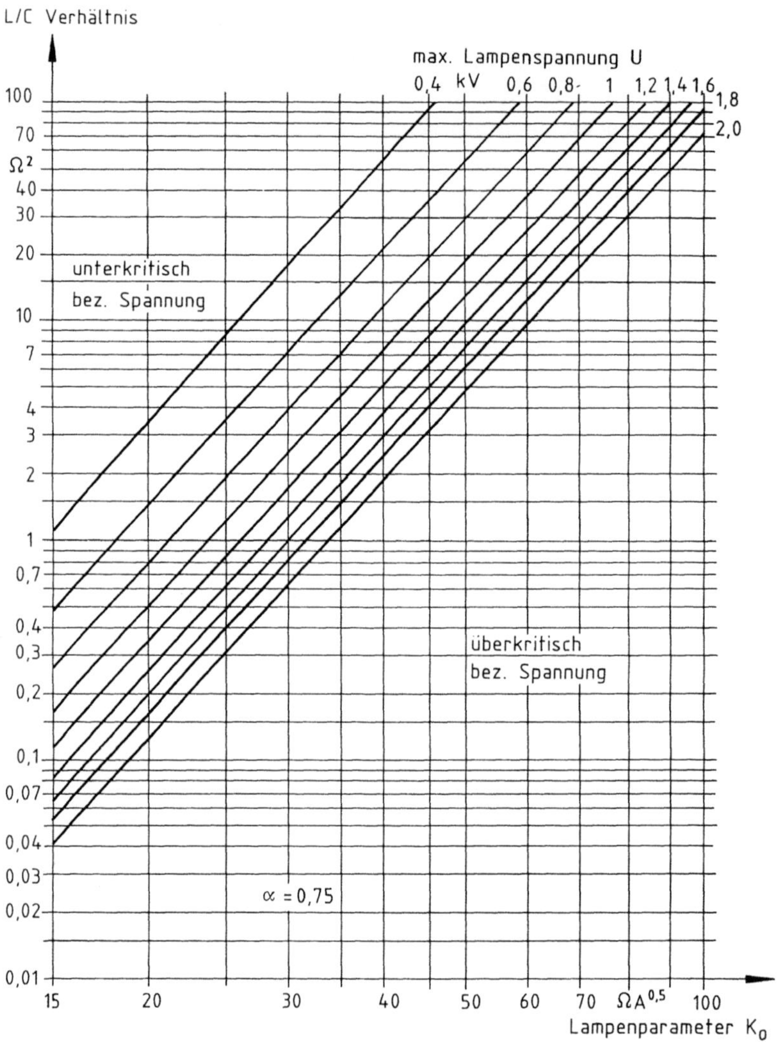

Bild 7.10. Grenzkurven für kritische Lampenanpassung an L-C-Kreis

Kondensatorkapazität C wie folgt abgeschätzt werden

$$P \sim UI = \frac{U^3}{K_0^2} \tag{7.8}$$

U = Ladespannung des Kondensators
I = Lampenstrom
K_0 = Lampenparameter.

Bei einer Laserleistungsänderung von maximal 30% darf sich der Kondensator nur um 10% in der Spannung entladen und die maximale, dem Speicher entnom-

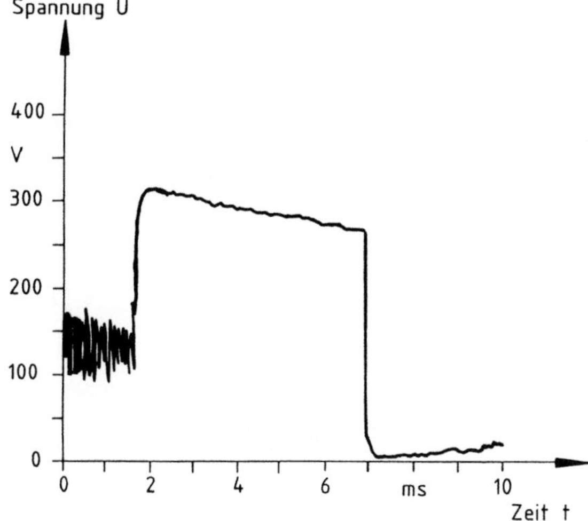

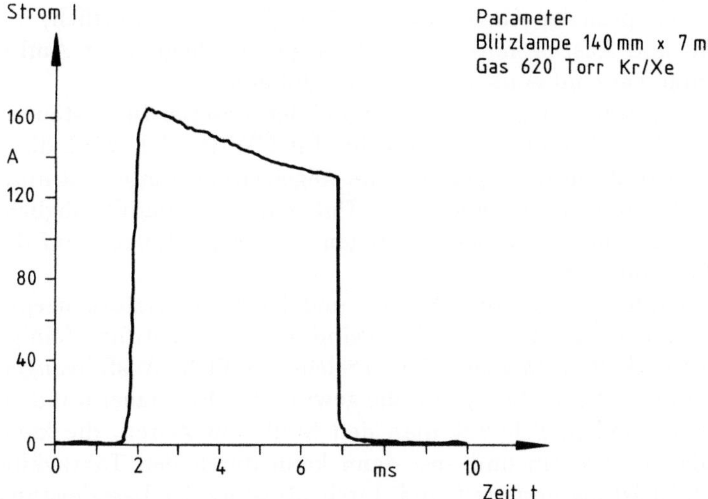

Bild 7.11. Strom- und Spannungsverlauf an der Lampe beim Entladen

mene Energie beträgt

$$E = 0{,}5\,C[U^2 - (0{,}9U)^2] \approx 0{,}1\,CU^2 \;. \tag{7.9}$$

Nimmt man die Entladung während des Pulses als linear an,

$$U(t) = \left[1 - 0{,}1\frac{t}{T}\right] \;, \tag{7.10}$$

dann läßt sich damit die von der Lampe aufgenommene Energie angeben

$$0{,}1\,CU^2 = \int_0^T U(t)I(t)\,dt \approx 0{,}86\frac{U^3}{K_0^2}\,. \tag{7.11}$$

Die Kapazität ergibt sich damit zu

$$C \approx 10\frac{UT}{K_0^2} \tag{7.12}$$

Beispiel 7.1

$U = 700\,V, \quad K_0 = 40\,V/\sqrt{A}, \quad T = 10\,ms \quad$ ergibt $\quad C = 40\,mF\,.$

7.4 Leistungsmodulation

Durch Verwendung von speziellen Gleichstromstellern [7.3] ist es möglich, die Lampe nicht nur Ein- und Auszuschalten, sondern sogar mit begrenzter Auflösung den Lampenstrom während eines Pulses zu modulieren.

Der Leistungsschalter soll den zeitlichen Verlauf der Laserleistung steuern oder mit geeignetem Meßaufnehmer sogar regeln. Im CW-Betrieb wird diese Funktion durch das Netzteil selbst ausgeführt, die Regelzeitkonstante bestimmt dann Anstiegs- und Abfallzeit der Laserleistung. Pulsbetrieb ist damit möglich, jedoch ist die Spitzenleistung des Lasers bei langen Pulsen ($> 100\,ms$) auf die maximale mittlere Leistung begrenzt.

Im Pulsbetrieb sind aufgrund der hohen Ströme und des Kondensatorkonzepts spezielle Stromsteller notwendig, die in der Lage sind, die Spitzenströme (einige 100 A) in kurzer Zeit zu schalten. In vielen Fällen reichen einfache Ausführungen mit Halbleiterschaltern aus, die die Lampe für die gewünschte Pulsdauer mit dem Speicherkondensator verbinden. Schaltet man den Steller in Zeiten, die klein gegenüber der Pulsdauer sind, ein und aus, dann kann durch den Taktzyklus der Mittelwert der Pulsleistung gesteuert und durch Messung der Laserleistung auch geregelt werden (Bild 7.12).

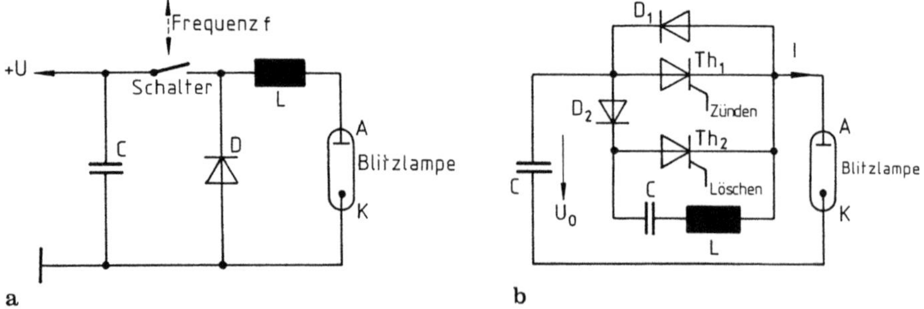

Bild 7.12. a Prinzipschaltung zur Regelung der Laserpulsleistung **b** Ausführung des Schalters mit Thyristoren

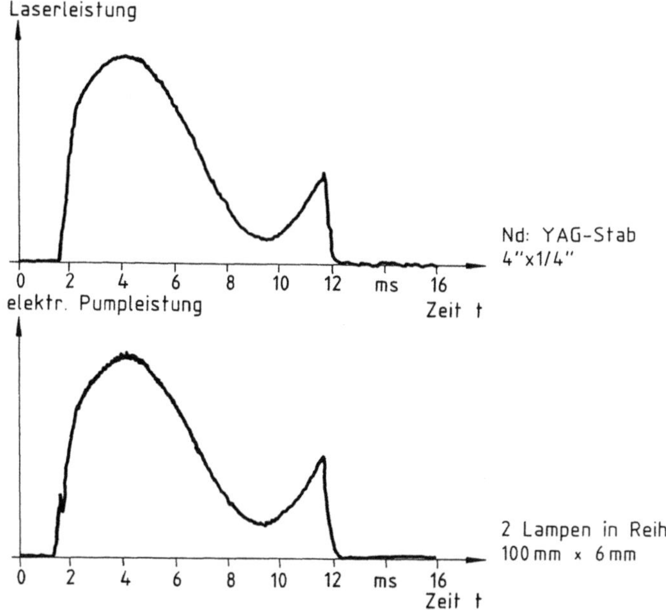

Bild 7.13. Zeitlicher Verlauf eines Laserpulses, der mit einem Pulsstromsteller moduliert wurde

Der Laserpuls läßt sich innerhalb eines Auflösungsrasters sogar im Verlauf programmieren und somit den Bearbeitungsanforderungen weitgehend anpassen. Bild 7.13 zeigt den zeitlichen Verlauf eines programmierten Laserpulses.

8 Optik

Durch das Anwendungsproblem und die verwendete Strahlquelle sind der Fokusdurchmesser, der Arbeitsabstand, die Divergenz und der Strahldurchmesser vorgegeben. Um keine geometrischen Verluste zu bekommen, sollten die Durchmesser der Optikkomponenten bei Berücksichtigung der Toleranz ausreichend groß gewählt werden. Durch Schwerpunktentspiegelungen lassen sich Reflexionsverluste vermeiden. Für eine einzelne Fläche können Restreflexionen kleiner als 0,2% erreicht werden.

Es sollten an den entsprechenden Stellen Achromate verwendet werden, um die Linsenfehler gering zu halten. Gekittete Achromate müssen die hohe Intensität aushalten, sonst sind Luftachromate vorzuziehen.

Die Objektivlinse sollte durch ein entspiegeltes, austauschbares Glas geschützt werden, um Beschädigungen durch die Plasmafackel oder durch Materialpartikel zu vermeiden.

8.1 Fokussierungsoptik

Die Optik dient dazu, den Laserstrahl auf das Werkstück zu fokussieren, die Bearbeitungsstelle zu sichtbar zu machen oder zu kennzeichnen und den Laserstrahlfokus zu positionieren.

Bei Verwendung eines Teilerspiegels und eines Beobachtungsfernrohres (Bild 8.1) erfolgt die Einstellung des Arbeitsabstandes durch Verschieben des Fokussierungsobjektivs in z-Richtung bis die Werkstückoberfläche mittels des Beobachtungsfernrohrs scharf sichtbar ist. Das Fadenkreuz im Fernrohr kennzeichnet dann die Lage des Laserstrahlfokus in x-y-Richtung.

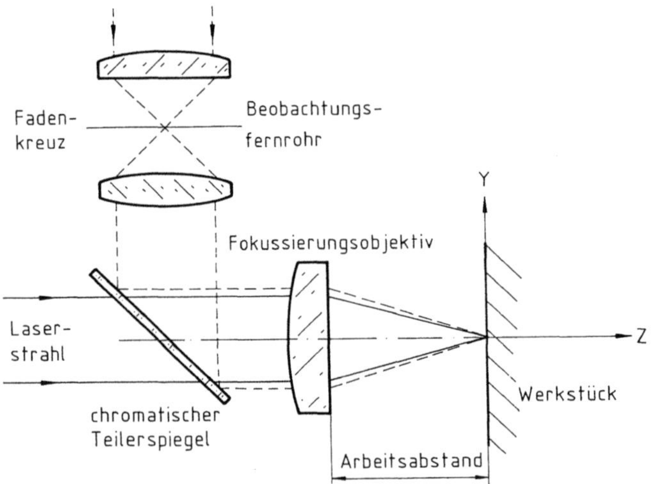

Bild 8.1. Aufbau der Fokussierungsoptik

Andere Methoden um die Bearbeitungsstelle zu markieren, sind

– Einblenden einer Lichtmarke über den Beobachtungsstrahlengang,
– Kollinearführung eines aufgeweiteten He-Ne-Laserstrahls.

Als Beispiel sei in Bild 8.2 der He-Ne Strahlengang nach [8.1] skizziert.

Aufweitungsoptik

Bei Verwendung eines einzelnen Fokussierungsobjektivs kann bei vorgegebenem Arbeitsabstand aufgrund der Laserstrahldivergenz der gewünschte Fokusdurchmesser meist nicht erreicht werden. Eine Aufweitungsoptik nach Bild 8.3 reduziert die Strahldivergenz und damit den Strahldurchmesser um den Aufweitungsfaktor. Gleichzeitig wird aber die Schärfentiefe reduziert und der Fokussierungswinkel nimmt zu.

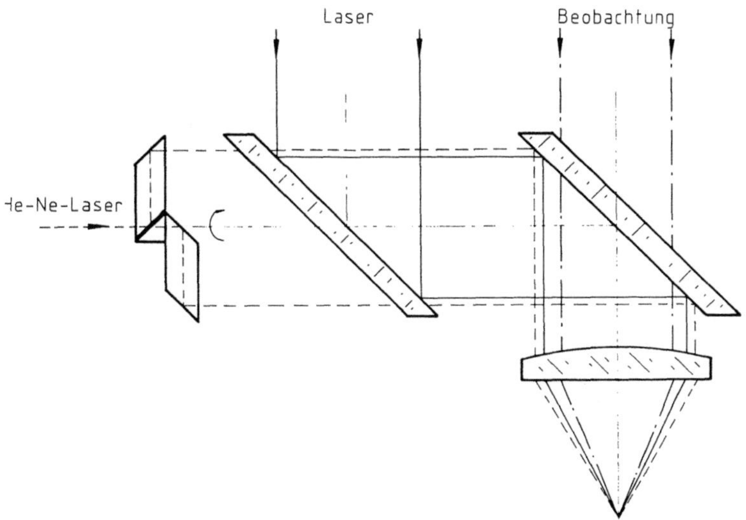

Bild 8.2. Kennzeichnung des Fokuspunktes mittels Hilfslaser [8.1]

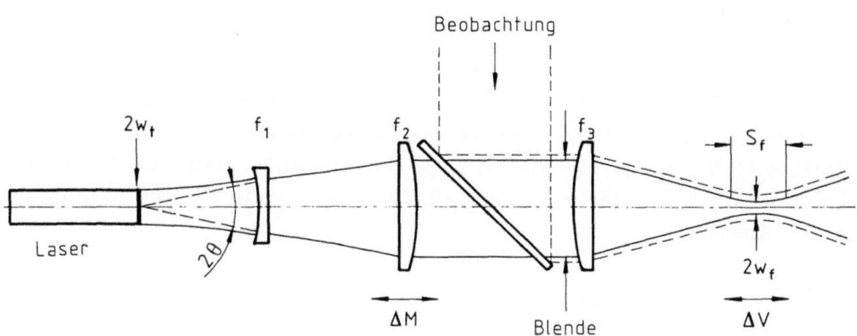

Bild 8.3. Aufweitungsoptik

Ohne Berücksichtigung der Linsenfehler ergibt sich für den Fokusdurchmesser nach (2.51)

$$2w_f = 2f_3\Theta/A \qquad A = \frac{|f_2|}{|f_1|} = \text{Aufweitungsfaktor} \qquad (8.1)$$

$f_3 \approx$ Arbeitsabstand

und für die Rayleigh-Länge (2.52)

$$s_f = s/A^2 \, . \qquad (8.2)$$

$s =$ Rayleigh-Länge des nicht aufgeweiteten Laserstrahls

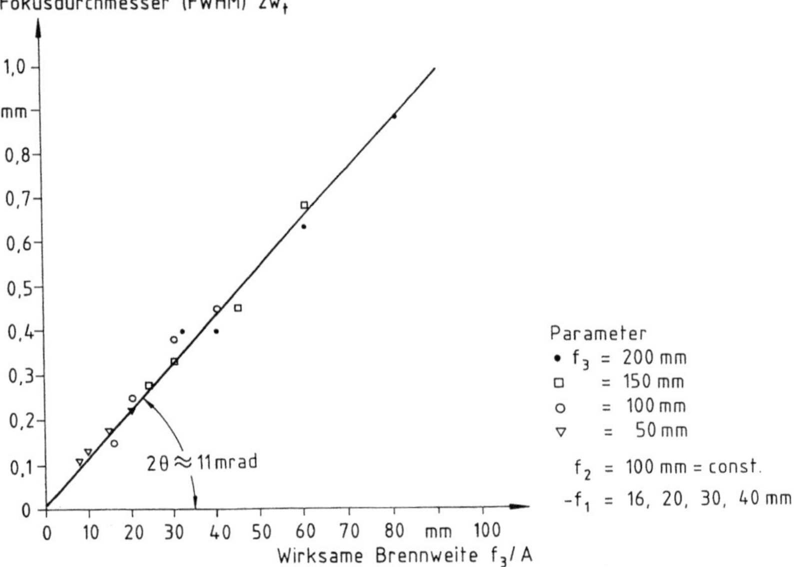

Bild 8.4. Fokusdurchmesser als Funktion der effektiven Brennweite

In Bild 8.4 sind die Meßergebnisse für den Fokusdurchmesser bei verschiedenen Objektivbrennweiten und Aufweitungsfaktoren aufgetragen.

Der Schärfentiefebereich z_s sei dadurch gekennzeichnet, daß sich beim Verschieben der Werkstückoberfläche um $\pm z_s/2$ die Leistungsdichte des Strahls um maximal $\pm 10\%$ ändert

$$z_s = 0{,}33s = \frac{0{,}33\pi w_f^2}{\lambda(m+1)} = 0{,}33\frac{f_3^2}{A^2}\frac{\Theta}{w_t} \tag{8.3}$$

$\lambda =$ Wellenlänge
$m =$ Modenordnung
$w_f =$ Taillenradius im Fokus

Bei großem Arbeitsabstand ist auch ein großer Schärfentiefebereich gegeben und umgekehrt schließen sich kleiner Fokusdurchmesser und großer Schärfentiefebereich aus.

Beispiel 8.1

Ein Nd-Glas-Laser mit der Modenordnung von etwa 100 wird mit einer entsprechenden Optik auf $2w_f \approx 0{,}7\,\mathrm{mm}$ fokussiert. Der Schärfentiefebereich liegt bei etwa $z_s \approx 5\,\mathrm{mm}$.

Bild 8.5 zeigt den Verlauf der Laserintensität um den Fokus bei verschiedenen Fokussierungsbrennweiten.

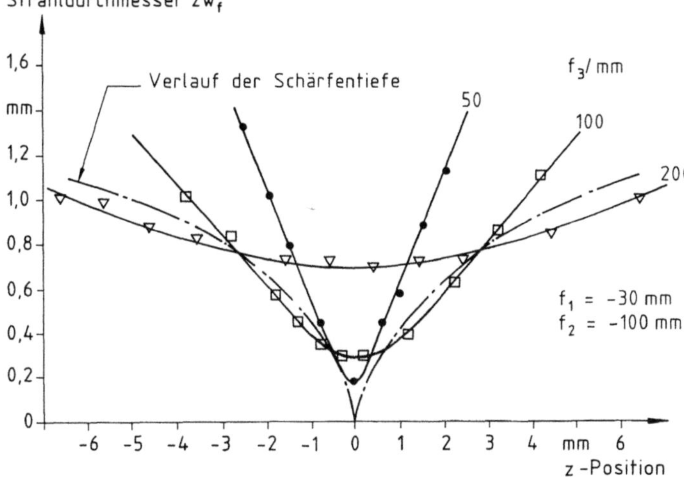

Bild 8.5. Strahlverlauf um den Fokusbereich

Defokussierung

Verschiebt man die Linse f_2 um den Betrag ΔM, dann ergibt sich für die Verschiebung ΔV der Strahltaille in guter Näherung

$$\Delta V = -\frac{f_3^2}{f_2^2}\Delta M \ . \tag{8.4}$$

Dies läßt sich ausnutzen, um bei gleichbleibender scharfer Beobachtung bzw. festem Arbeitsabstand die Strahlintensität auf der Werkstückoberfläche zu variieren. Das Vorzeichen besagt, daß sich beim Verschieben der Linse f_2 auf den Resonator zu die Fokusebene in die entgegengesetzte Richtung in das Werkstück hinein verschiebt.

8.2 Linsenfehler

Im allgemeinen ist die abbildende Linse nicht ohne Fehler und diese erhöhen den Fokusdurchmesser entsprechend. Zu dem endlichen Durchmesser, aufgrund der Beugung, kommt noch ein Anteil durch die transversale Aberation TSA hinzu (Bild 8.6). Durch Verwendung von Achromaten können die Linsenfehler gering gehalten werden. Andererseits möchte man die Anzahl der Linsenflächen aufgrund der endlichen Reflexion so gering wie möglich halten.

Die TSA eines Teilstrahls wird umso größer, je weiter der Strahl von der optischen Achse entfernt auftrifft und je kleiner die Brennweite ist. Das Verhältnis aus Strahldurchmesser und Brennweite ist ein Maß für den Streukreisdurchmesser der Linse. Der Quotient aus Brennweite f und Linsendurchmesser wird als

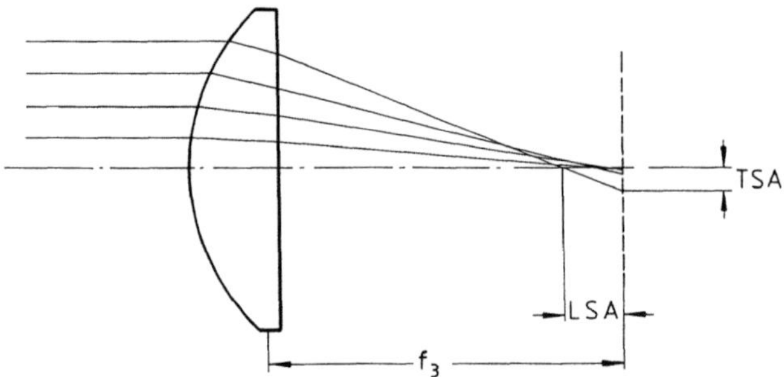

Bild 8.6. Linsenfehler

Öffnungsverhältnis oder F-Number (F#) bezeichnet und kennzeichnet die Abbildungsqualität der Linse.

In erster Näherung setzt sich der Fokusdurchmesser im wesentlichen nach [8.2] aus dem Beugungsanteil und aus dem Anteil aufgrund des Linsenfehlers von f_3 zusammen

$$2w_f = \frac{2f_3\Theta}{A} + f_3 K(q,n)\left[\frac{Aw_t}{f_3}\right]^3 . \tag{8.5}$$

$K(q,n)$ ist eine Konstante, die vom Brechungsindex n und vom Formfaktor q der Linse abhängt.

$$q = \frac{R_r + R_l}{R_r - R_l} \qquad R_i = \text{Linsenradien} \tag{8.6}$$

Ein Minimum für den Fokusdurchmesser liegt vor bei einer optimalen Brennweite f_{opt} von

$$f_3 = f_{opt} = Aw_t(2K/\Theta)^{\frac{1}{3}} , \tag{8.7}$$

mit dem minimalen Durchmesser

$$2w_{min} = 1,5A\Theta w_t(2K/\Theta)^{\frac{1}{3}} . \tag{8.8}$$

Im folgenden sollen die Linsenfehler nur für plan-konvex Linsen weiter untersucht werden. Sie sind relativ preiswert herzustellen, und falls ihre Qualität nicht ausreichend ist, sollte auf Achromate übergegangen werden.

Für plan-konvexe Linsen ist q = 1 und K(1, n) wird nach [8.2] zu

$$K(1,n) = \frac{1}{32(n-1)^2}\left[n^2 - 2n + 2/n\right] \tag{8.9}$$

angegeben.

Für das übliche Glasmaterial BK-7 ist n = 1,506 bei $\lambda = 1\,\mu$m und damit beträgt K = 0,071.

In Tabelle 8.1 werden die optimalen Brennweiten und die zugehörigen, kleinsten Fokusdurchmesser angegeben. Parameter sind die Strahldivergenz und der Durchmesser des aufgeweiteten Laserstrahls.

Tabelle 8.1 Minimaler Fokusdurchmesser aufgrund von Linsenfehlern und Divergenz

$2Aw_t$/mm	Θ/mrad	1	2	5	10	20
1		5,2	4,1	3,1	2,4	1,9
2		10,4	8,3	6,1	4,8	3,8
5	f_{opt}/mm	26,1	20,7	15,3	12,1	9,6
10		52,2	41,4	30,5	24,2	19,2
20		104	83	61	48	38
50		261	207	153	121	96
1		0,008	0,012	0,023	0,036	0,058
2		0,016	0,025	0,046	0,073	0,115
5	$2w_{min}$/mm	0,039	0,062	0,114	0,182	0,288
10		0,078	0,124	0,229	0,363	0,577
20		0,16	0,25	0,46	0,73	1,15
50		0,39	0,62	1,14	1,82	2,88

8.3 Lichtleiter

Zum Führen des Laserstrahls an das Werkstück [8.8] werden in der Materialbearbeitung zunehmend Lichtleiter eingesetzt, aufgrund der hohen mittleren Leistung und der Pulsleistung, hauptsächlich Stufenindexfasern mit einigen Zehnteln mm Kerndurchmesser. Eine Darstellung verschiedener Anwendungsformen findet man in [8.6].

Die Vorteile der Laserenergieführung mittels Lichtleiter sind:

- Die Leistung bzw. Energie kann über einen flexiblen Lichtleiter an nahezu jede gewünschte Stelle herangeführt werden. Der Durchmesser des Schutzschlauchs beträgt etwa 5 mm und ist damit klein genug.
- Die notwendige Fokussierungsoptik ist um ein Vielfaches kleiner als eine entsprechende Strahlquelle mit Optik, die ohne Lichtleiter installiert werden müßte.
- Ein Lasersystem kann mehrere Arbeitspositionen bedienen. Entweder wird der Strahl über ein geeignetes Ablenksystem zeitlich nacheinander über die Lichtleiter zu den einzelnen Arbeitsstellen geführt [8.4] oder es kann gleichzeitig durch Strahlaufteilung das Werkstück an mehreren Stellen bearbeitet werden (Bild 8.7).

Numerische Apertur [8.3]

Historisch ist die NA durch den Sinus des halben Akzeptanzwinkels definiert

$$NA = \sin\alpha \ . \tag{8.10}$$

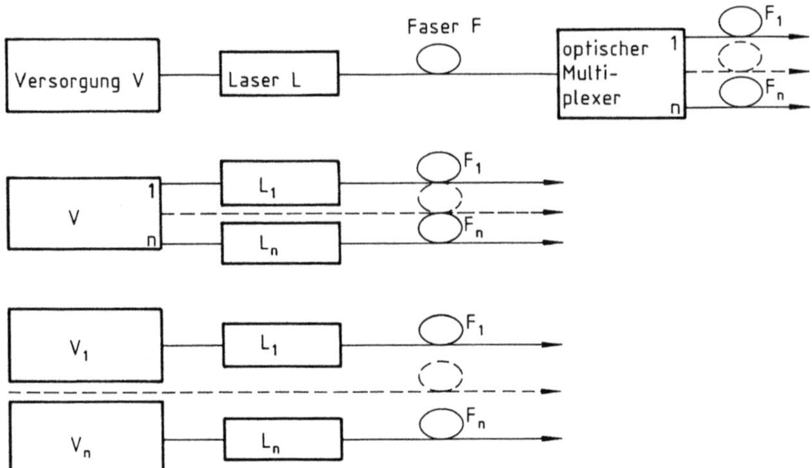

Bild 8.7. Optische Multiplexer

Fasereinkopplung

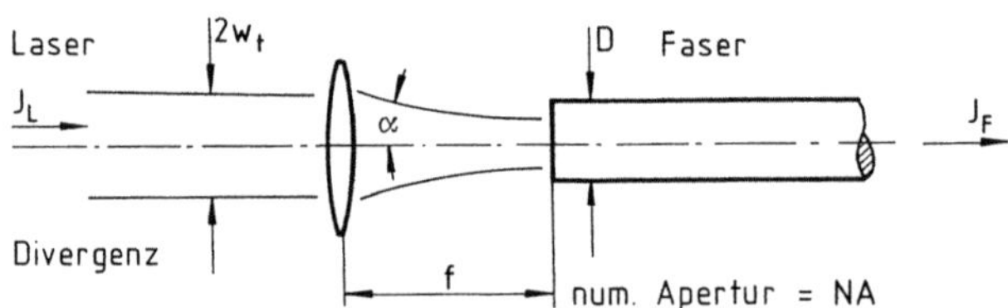

Bild 8.8. Fasereinkopplung

Die Bedingungen für verlustfreies Einkoppeln bei kleinen Winkeln lauten:
– Der Faserdurchmesser muß größer als der Fokusdurchmesser des Lasers sein

$$D > 2f\Theta \qquad (8.11)$$

D = Faserdurchmesser
f = Brennweite der Einkoppellinse
Θ = Divergenz des Laserstrahls
– und der Akzeptanzwinkel muß größer als Fokussierungswinkel sein

$$2NA > w_t/f . \quad w_t = \text{Taillenradius des Laserstrahls} \qquad (8.12)$$

Diese beiden Bedingungen müssen natürlich für alle Betriebszustände des Lasers eingehalten werden. Im Grenzfall ist

$$D \cdot NA = 2w_t \cdot \Theta , \qquad (8.13)$$

die Bedingung für die Modenanpassung zwischen Faser und Laser.

Beispiel 8.2

Faser mit $2NA = 0{,}17$ und $D = 0{,}6\,\text{mm}$, Laser mit $2w_t = 10\,\text{mm}$

Linsenbrennweite $f > 2w_t/2NA = 58{,}8\,\text{mm}$
Laserdivergenz $2\Theta < D/f = 10\,\text{mrad}$

Zur Überprüfung der richtigen Linsenbrennweite und der optimalen Modenanpassung mißt man die Leistung P_F hinter der Faser in Abhängigkeit der Linsenbrennweite. Bei kleiner Brennweite f ist der Fokuswinkel größer als der Akzeptanzwinkel und es gilt bei konstanter Intensitätsverteilung $J(r) = \text{const}$.

$$\frac{P_F}{P} \approx \frac{D^2}{4f^2\Theta^2}\,, \tag{8.14}$$

bei großen Brennweiten wird der Faserdurchmesser überschritten

$$\frac{P_F}{P} \approx \frac{NA^2f^2}{4w_t^2}\,. \tag{8.15}$$

Bild 8.9 zeigt das Ergebnis einer solchen Messung.

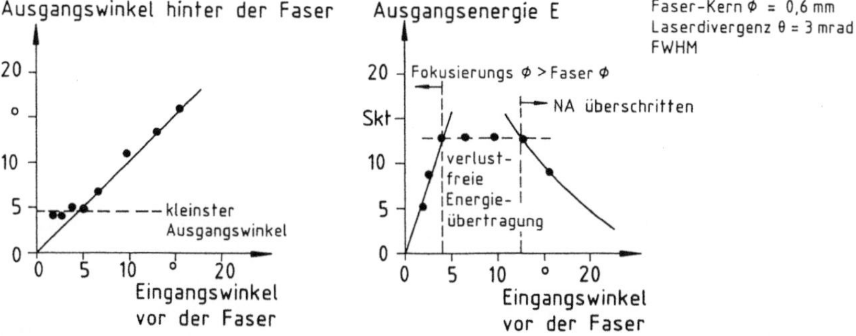

Bild 8.9. Verluste beim Einkoppeln eines Laserstrahls in einen Lichtleiter

Aufbau

Übliche Fasern, die zur Strahlübertragung verwendet werden, sind im allgemeinen Quarzfasern in folgender Ausführung

- PCS-Faser (Plastic Cladded Silica, Step Index)

  Ein Quarzkern ist mit einem Silicat mit niedrigerem Brechungsindex umgeben. Beides wird durch einen äußeren Plastikmantel geschützt. Beim Polieren muß man mit kleinen Ausbrüchen am Rand rechnen, so daß der volle Durchmesser nicht genutzt werden kann. Die Fasern sind als Stufenindexfasern ausgführt.

– Quarz-Quarz-Faser (Step Index)

Über einem Quarzkern befindet sich eine dotierte Schicht mit kleinerem Brechungsindex, die wiederum mit einem Quarzmantel umgeben ist. Zum Schutz ist ebenfalls ein Plastikmantel aufgebracht.

– Quarz-Quarz-Faser (Gradienten Index)

Der Brechungsindex nimmt von der Mitte parabelförmig zum Rand hin ab. Der Strahl wird wie in einer Linsenleitung geführt.

Stufenindexfaser

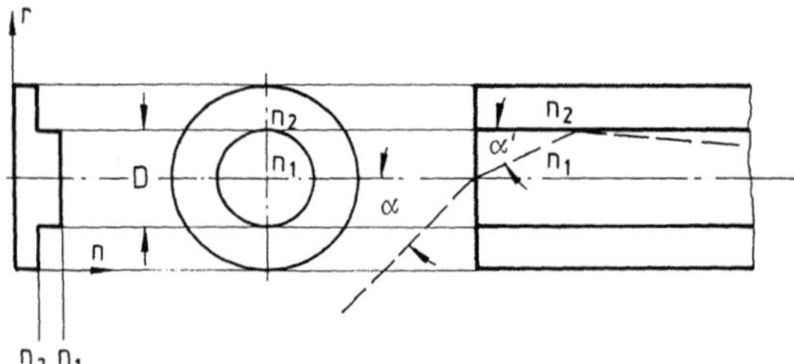

Bild 8.10. Stufenindexfaser

Mit dem Brechungsgesetz und dem Grenzwinkel für Totalreflexion (Bild 8.10) ergibt sich

$$\mathrm{NA} = \sqrt{n_1^2 - n_2^2} \qquad (8.16)$$

$\sin \alpha = n_1 \sin(90° - \beta)$ Brechung
$\sin \alpha' = n_1/n_2$ Totalreflexion

Wird die Faser mit dem Radius R gekrümmt verringert sich die NA etwas

$$\mathrm{NA(R)} = \sqrt{n_1^2 - n_2^2(1 + D/(2R))^2} \; . \quad [8.9] \qquad (8.17)$$

Die Faser ist durch ihre beiden optischen Parameter Kerndurchmesser D und numerische Apertur NA bestimmt. Während der Kerndurchmesser mit einem Mikroskop leicht bestimmt werden kann, ist die Bestimmung der NA mit einem Laser etwas aufwendiger. Dreht man ein Faserende im Laserstrahl geringer Divergenz um die Endfläche, dann läßt sich der Winkel α bestimmen bei dem die Intensität um 10% abnimmt.

Gradientenfaser [8.10]

Die Gradientenfaser ist durch den radialen parabelförmigen Verlauf der Brechzahl charakterisiert

$$n(r) = n\left[1 - \frac{r^2}{2\beta^2}\right] \ . \quad \beta = \text{charakteristische Fokuslänge} \tag{8.18}$$

Die zugehörige optische Matrix lautet nach Tabelle 2.4

$$M = \left| \begin{array}{cc} \cos(1/\beta) & \frac{\beta}{n}\sin(1/\beta) \\ -\frac{n}{\beta}\sin(1/\beta) & \cos(1/\beta) \end{array} \right| \ .$$

Soll am Ausgang der Faser unabhängig von ihrer Länge derselbe Taillenradius wie am Eingang vorliegen, so folgt mit (2.29)

$$w_t^2 = A^2 w_t^2 + B^2\Theta^2 = w_t^2 \cos^2(1/\beta) + \frac{\beta^2}{n^2}\Theta^2 \sin^2(1/\beta) \ . \tag{8.19}$$

Dies ist unabhängig von der Länge erfüllt, falls für den Eingangswinkel gilt

$$\Theta = \frac{n w_t}{\beta} \ . \tag{8.20}$$

Erreicht der Fokusdurchmesser $2w_t$ gerade den Faserdurchmesser D, dann ergibt der Eingangswinkel die numerische Apertur der Faser

$$NA = \frac{nD}{2\beta} \ . \tag{8.21}$$

Ein Strahl, der unter diesem Winkel auf den Faserdurchmesser fokussiert wird, läuft mit konstantem Durchmesser und ebener Wellenfront durch die Faser. Die fokussierende Wirkung der Faser kompensiert gerade die Divergenz des Strahls.

Fokussierung

Nach der Übertragung des Laserstrahls durch die Faser wird der Strahl auf das Werkstück fokussiert. Eine übliche Fokussierungsanordnung zeigt Bild 8.11. Das Faserende wird durch die beiden Linsen f_2 und f_3 abgebildet.

$$2w_f = \frac{f_3}{f_2}D \tag{8.22}$$

Verluste

Es lassen sich im wesentlichen 3 Verlustmechanismen unterscheiden.

− Fehlanpassung des Lasers durch Überschreiten der Apertur oder des Durchmessers der Faser,

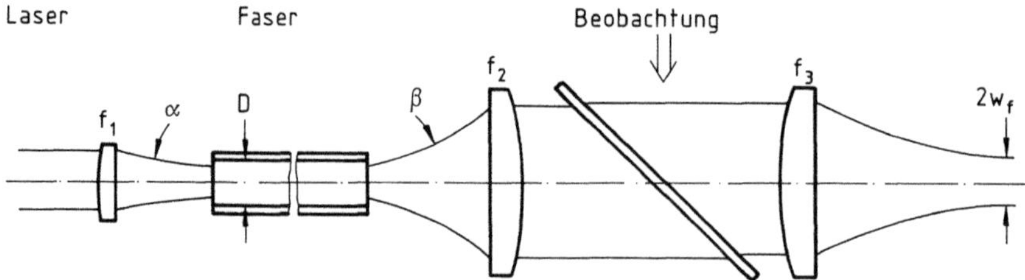

Bild 8.11. Fokussierung nach Übertragung mit Lichtleiter

– Verluste durch Fehljustierungen bzw. durch notwendige Toleranzen bei ausreichender Strahlqualität,
– und materialspezifische Verluste wie Reflexion und Dämpfung.

Die Absorptions- und Streuverluste werden im allgemeinen in dB/km angegeben

$$P_F/P = 10^{-vl/10dB} \tag{8.23}$$

$\quad$ P $=$ Laserleistung vor der Faser
P_F $=$ Laserleistung nach der Faser
$\quad$ v $=$ Verlustkoeffizient in dB/km
$\quad$ l $=$ Faserlänge in km.

Der Verlustanteil durch Absorption ist bei Faserlängen von mehreren 10 m mit einer Dämpfung von 5 dB/km bei 1060 nm vernachlässigbar.

Beispiel 8.3

Faserlänge l $=$ 100 m $\quad$ Verlustkoeffizient v $=$ 5 dB/km
$P_F/P = 0{,}89$ d. h. ca. 10% Verlust auf 100 m Länge

Fokussiert man mit dem Aperturwinkel einen Laserstrahl in die Faser, dann betragen die Verluste abhängig vom Strahlprofil aufgrund der Apertur etwa 6%, hinzu kommen die Reflexionsverluste an jeder Endfläche mit 4%, so daß die Gesamtverluste mit 15% eine untere Grenze angeben.

Zerstörungsschwellen

Beschädigungen der Faserendflächen treten auf, falls durch Fehlanpassung oder durch Dejustierung der Strahl nicht auf das Faserende sondern auf benachbarte Teile trifft und dort Material verdampft oder verändert. Fehlstellen in der Faser führen bei hohen Pulsenergien oder großen mittleren Leistungen sofort zum Faserbruch an der betreffenden Stelle, bei kleiner Leistung tritt Laserstrahlung an der Fehlstelle aus.

Übertragen werden mittlere Leistungen im CW-Betrieb von 1 kW und Pulsleistungen bis 20 kW bei 100 Ws Pulsenergie durch eine 600 μm Faser.

Bei hohen Pulsintensitäten, insbesondere im Q-switch Betrieb, kann die Faser ebenfalls zerstört werden. Die Faser bricht nach einer gewissen Länge. Die Änderung der Brechzahl aufgrund der Intensität führt zu einer Selbstfokussierung

$$n(J) = n + \gamma J \ . \qquad \gamma = \text{nichtlineare Brechzahl} \tag{8.24}$$

Eine Abschätzung der kritischen Leistung P_c und Fokussierungslänge z_f ist nach [8.7] gegeben durch

$$P_c = \frac{1}{16\pi} \frac{\varepsilon c \lambda^2}{\gamma} \tag{8.25}$$

ε = Dielektrizitätskonstante
c = Lichtgeschwindigkeit
λ = Wellenlänge

$$z_f = \frac{\pi D^2 n}{4\lambda \sqrt{\frac{P}{P_c} - 1}} \qquad D = \text{Faserdurchmesser} \tag{8.26}$$

Tabelle 8.2 Selbstfokussierung

Medium	$\gamma/\text{m}^2/\text{W}^2$	P_c/W
Luft	$5 \cdot 10^{-24}$	$1 \cdot 10^7$
Wasser	$2 \cdot 10^{-22}$	$3 \cdot 10^5$
BK-7	$2 \cdot 10^{-22}$	

8.4 Ablenksysteme

Für viele Anwendungen ist es notwendig, den Laserstrahl über das Werkstück zu führen (Beschriften, Trimmen, Nahtschweißen). Aus der Vielzahl der möglichen Lösungen sollen hier einige vorgestellt werden.

Eindimensionale Systeme

Die Verschiebung (Bild 8.12a) einer Linse bewirkt, daß sich der Fokus mitverschiebt. Die Linsenfehler nehmen am Linsenrand zu, der Verschiebebereich und die Geschwindigkeit sind begrenzt, der Auftreffwinkel des Strahls ändert sich mit der Position.

Die Begrenzung des Bereichs läßt sich durch gleichzeitiges Verschieben von Umlenkspiegel und Fokussieroptik (fliegende Optik, Bild 8.12b) aufheben.

Zweidimensionale Systeme

Diese Systeme beruhen meist auf einer Winkelablenkung des Strahls nach Bild 8.13. Sie erfordern eine spezielle Planfeldoptik, es sind nur kleine z-Verstellungen möglich.

$$\Delta V = f \cdot \tan \alpha \tag{8.27}$$

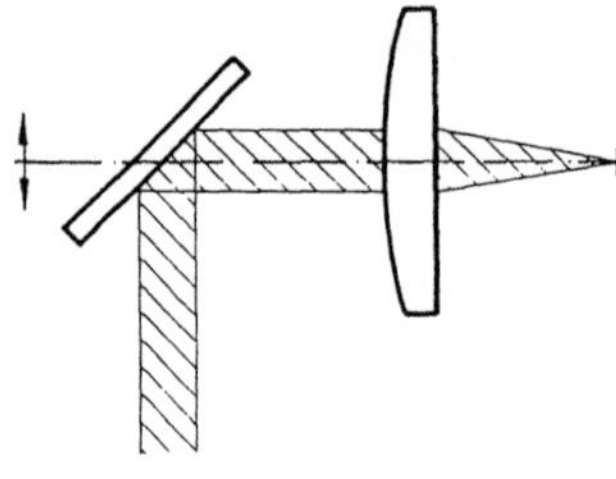

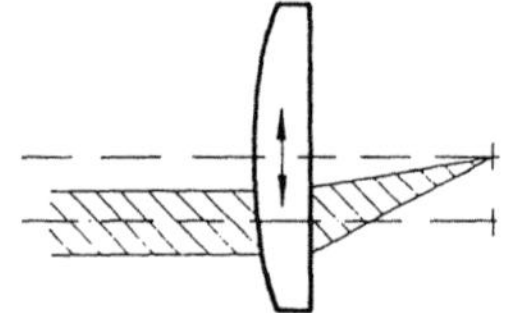

Bild 8.12. Möglichkeiten zur eindimensionalen Strahlablenkung

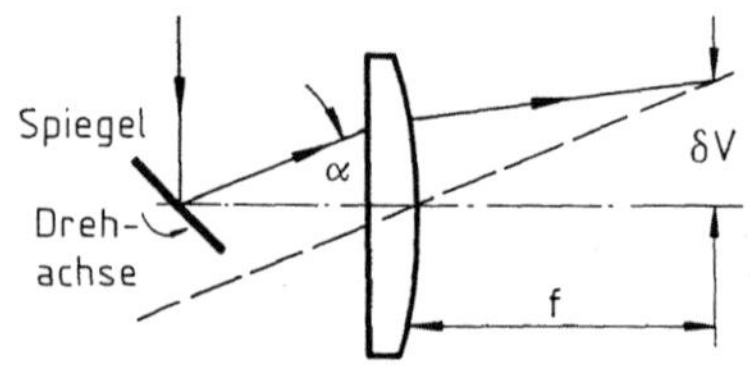

Bild 8.13. Verschiebung der Fokuslage bei schrägem Einfall

1. Keilplattendrehung

Eine Methode, die von der Bauform her Zylindersymmetrie erhält [8.10], ist die Drehung von Keilplatten z. B. mittels Torque Motoren. Die Beobachtung ist dabei über denselben Strahlengang möglich. Die Auslenkung ΔV ist sehr begrenzt ebenso die Ablenkgeschwindigkeit (Bild 8.14).

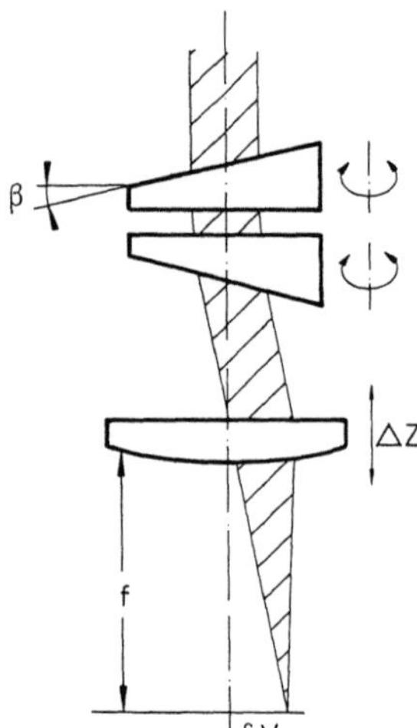

Bild 8.14. Ablenkung über rotierende Prismen

2. Spiegelablenkung (Scanner) (Bild 8.15)

Weit verbreitet, z. B. zur Beschriftung, ist die Ablenkung über Spiegel mit schnellen Antrieben (Scanner). Der Ablenkwinkel (20°) und die Ablenkgeschwindigkeit sind relativ groß.

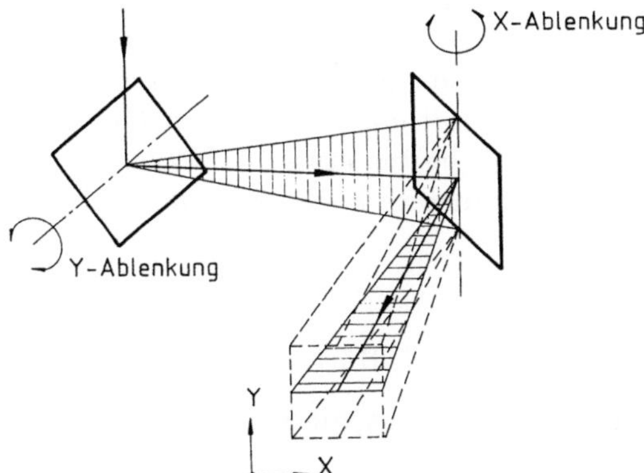

Bild 8.15. Scanner

3. Multiplexer

Eine Anordnung beim Fokussieren auf Fiberenden, die Fokusposition konstant zu halten, findet man in [8.5]. Die Winkeltoleranz des Ablenkspiegels erfordert eine etwas größere numerische Apertur der Faser (Bild 8.16).

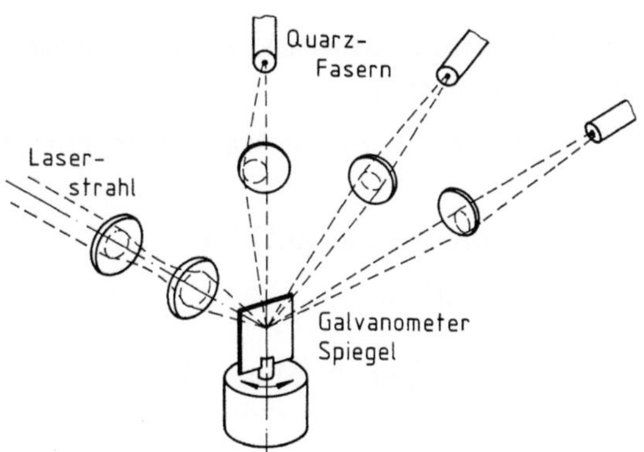

Bild 8.16. Schneller optischer Multiplexer [8.5]

9 Bearbeitungsparameter

Die Anwendungen des Lasers in der Materialbearbeitung beruhen hauptsächlich darauf, daß die eingebrachte Strahlungsenergie lokal definiert in Wärme umgesetzt wird [9.1]. Dabei wird die Wärme bei hohen Intensitäten so schnell eingebracht, daß Verluste für Schweiß- und Schneidanwendungen aufgrund der Wärmeleitung selbst zunächst eine untergeordnete Bedeutung haben. Beim Transformationshärten wird dagegen die Wärmeleitung für den Prozeß genutzt.

Kommerzielle Festkörperlaser in Verbindung mit einer geeigneten Optik ermöglichen Intensitäten an der Werkstückoberfläche bis etwa $10^{12}\,\text{W/cm}^2$. Abhängig von der Intensität und den Materialparametern lassen sich drei Arbeitsgebiete unterscheiden:

– Geringe Intensität 10^4–$10^5\,\text{W/cm}^2$

Erwärmung   Wärmebehandlung von Materialien, Härten, Oxidieren

Das Material wird durch den Laserstrahl nur erwärmt, die Schmelztemperatur wird noch nicht erreicht.

– Mittlere Intensität 10^5–$10^7\,\text{W/cm}^2$

Schmelzen   Löten, Naht- und Punktschweißen, Markieren, Beschriften, Kristallziehen, Schmelzschneiden, Oberflächenveredeln

An der Materialoberfläche wird möglichst schnell die Schmelztemperatur erreicht, die Intensität dann so gehalten, daß die Schmelze im flüssigen Zustand bleibt, bis das gewünschte Volumen aufgeschmolzen ist.

– Hohe Intensität 10^7–$10^9\,\text{W/cm}^2$

Verdampfen   Bohren, Sublimationsschneiden, Beschriften, Trimmen, Abtragen, Perforieren, Abgleichen, Ritzen, Schockhärten

Mit höchster Intenstät – meist im Pulsbetrieb – wird das Material möglichst schnell verdampft.

Für die jeweilige Anwendung müssen die Parametersätze [9.2] für

– das **Material**, wie Wärmeleitfähigkeit, Absorption,
– den **Laser**, wie Laserleistung, Strahlqualität,
– die **Bearbeitungaufgabe** am Werkstück, wie Fügespalt, Materialstärke und
– das **Verfahren**, wie Gaszuführung, Arbeitsabstand, Einwirkdauer, Betriebsart

aufeinander abgestimmt sein, um die Gesamtlösung überhaupt zu erreichen, bzw. zu optimieren.

9.1 Strahlparameter

Im folgenden soll versucht werden, die einzelnen Parameter zu erläutern, den Zusammenhang zwischen ihnen näher herzustellen und – soweit möglich – die Materialbearbeitung über erste Abschätzungen quantitativ zu beschreiben.

Laserparameter

Die Strahlparameter des Lasers an der Bearbeitungstelle sind

- λ, die Wellenlänge, bei Festkörperlasern meist im Bereich von $1\,\mu$m,
- p, die Polarisation, bei Stabkavitäten meist statistisch, d. h. im Mittel unpolarisiert
- P_{av}, die mittlere Leistung,
- $2w_f$, der Taillendurchmesser im Fokus,
- $2s_f$, die Schärfentiefe (Fokustiefe), die zur Strahltaille gehört,
- τ, die Einwirkzeit.

und speziell im Pulsbetrieb

- $\hat{P}$, die Spitzenleistung
- τ, die Laserpulsdauer
- r, die Pulsrate.

Es gelten folgende Zusammenhänge

$$E = \hat{P}\tau \qquad \text{für die Pulsenergie} \tag{9.1}$$

und

$$P_{av} = Er \qquad \text{für die mittlere Laserleistung} . \tag{9.2}$$

Optikparameter

Die Optik (Bild 9.1) wird durch zwei Parameter festgelegt,

- $A = f_2/f_1$ den Aufweitungsfaktor und
- f_3 die Objektivbrennweite, die durch den gewünschten Arbeitsabstand bzw. durch den Bearbeitungsdurchmesser vorgegeben wird.

Eine Aufweitung des Strahls kann auch durch großen Abstand zwischen Laser und Fokussierobjektiv erreicht werden (gemäß (2.43)), bzw. muß bei großem Abstand entsprechend berücksichtigt werden.

Das Produkt aus Taillendurchmesser und Aperturwinkel kennzeichnet die Strahlqualität des Lasers. Angegeben wird sie in mm · mrad.

Alle diese Parameter sind im allgemeinen nicht unabhängig voneinander und über den Arbeitsbereich des Lasers nicht unbedingt konstant. Die Grenzen sollten deshalb aus dem zugehörigen Datenblatt ersichtlich sein.

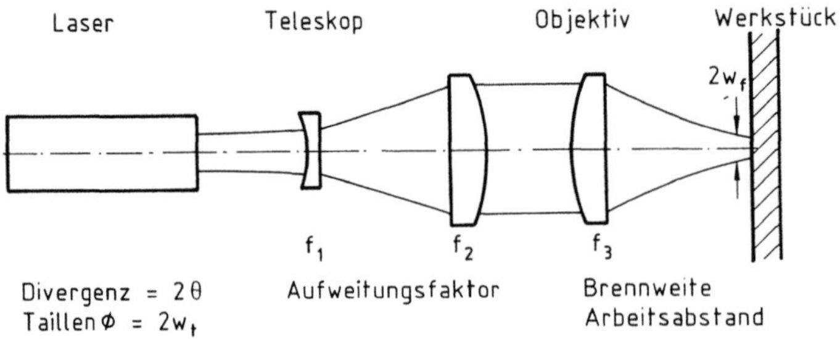

Bild 9.1. Prinzipieller Aufbau der Optik

9.2 Materialparameter

Darunter sollen nur die inneren, unveränderbaren Eigenschaften des Materials verstanden werden. Im einzelnen sind dies

- α, die spektrale und intensitätsabhängige Absorption bei einer definierten Oberfläche,
- k, die Wärmeleitfähigkeit,
- c, die spezifische Wärme,
- ρ, das spez. Gewicht,
- T_m, die Schmelztemperatur,
- T_v, die Verdampfungstemperatur,
- Q_m, die Schmelzwärme,
- Q_v, die Verdampfungswärme,

und die daraus abgeleitete Temperaturleitfähigkeit κ

$$\kappa = \frac{k}{c\rho} \ . \tag{9.3}$$

Mit der Temperaturleitfähigkeit läßt sich die charakteristische Zeit bestimmen, in der sich die Temperatur über eine Strecke ausbreitet.

Die Absorption ist abhängig von der Verdampfungstemperatur und damit von der eingestrahlten Intensität. Bei Intensitäten von etwa $10^8 \, \text{W/cm}^2$ [9.1] wird die Strahlung im Materialdampf absorbiert und es entsteht ein laserinduziertes Plasma.

Für verschiedene Metalle und Standardwerkstoffe sind in Tabelle 9.1 die Materialparameter aufgelistet.

Tabelle 9.1. Materialparameter nach [9.4,5,7]

Material		ρ g/cm^3	c J/gC	k W/cmC	T_m $°C$	T_v $°C$	Q_m J/g	Q_v J/g	$1-R$
Aluminium	Al	2,70	0,90	2,22	660	2450	395	10470	0,10
Beryllium	Be	1,85	1,89	1,47	1277	2770	1090	24700	0,46
Blei	Pb	11,3	0,13	0,33	327	1750	26,4	858	
Cadmium	Cd	8,65	0,23	0,92	321	765	55,3	879	0,30
Chrom	Cr	7,19	0,46	0,67	1875	2220	282	5860	0,40
Eisen	Fe	7,87	0,46	0,75	1537	2735	274	6365	0,35
Germanium	Ge	5,36	0,31	0,6	937	2700	114	937	
Gold	Au	19,3	0,13	2,97	1063	2966	67,4	1550	0,02
Indium	In	7,31	0,24	0,25	156	2000	28,5	1970	
Kobalt	Co	8,85	0,42	0,71	1495	2900	245	6660	0,32
Kupfer	Cu	8,96	0,39	3,94	1083	2595	212	4770	0,06
Mangan	Mn	7,43	0,48	0,5	1245	2095	267	4100	
Molybdän	Mo	10,2	0,28	1,42	2610	5560	292	5610	0,40
Nickel	Ni	8,90	0,44	0,92	1453	2840	309	6450	0,28
Niob	Nb	8,56	0,27	0,54	2468	3300	289	7790	
Palladium	Pd	12,0	0,24	0,72	1552	3170	143	3475	0,26
Platin	Pt	21,5	0,13	0,72	1769	3800	113	2615	0,27
Rhodium	Rh	12,4	0,25	0,88	1966	3880	211	5190	0,17
Silber	Ag	10,5	0,23	4,29	961	2212	105	2387	0,03
Silicium	Si	2,33	0,76	1,49	1410	2355	337	1446	
Tantal	Ta	16,6	0,14	0,54	2996	5425	157	4315	0,22
Titan	Ti	4,51	0,52	0,17	1668	3280	403	8790	0,40
Vanadium	V	6,07	0,50	0,29	1900	3530	330	10260	0,40
Wolfram	W	19,32	0,14	1,67	3410	5930	193	3980	0,41
Zink	Zn	7,13	0,39	1,13	420	907	102	1760	0,50
Zinn	Sn	7,30	0,23	0,63	232	2270	60,7	1945	0,45

ρ = spez. Gewicht T_m = Schmelztemperatur Q_v = Verdampfungswärme
c = spez. Wärme T_v = Verdampfungstemperatur
k = Wärmeleitfähigkeit Q_m = Schmelzwärme
$1-R$ = Absorption bei $1\,\mu m$ und Zimmertemperatur

9.3 Anwendungsparameter

Die Verfahrens- und Anwendungsparameter sind entweder fest vorgegeben, wie z. B. der Arbeitsabstand oder lassen sich nur schwer in ihrem Einfluß abschätzen, wie z. B. der Fügespalt beim Schweißen oder die Oberflächenbeschaffenheit.

Die bekannten bzw. geforderten Parameter für das Verfahren sind

- Schnittiefe oder Einschweißtiefe,
- der Arbeitsabstand; damit ist der notwendige, minimale freie Abstand zwischen Werkstückoberfläche und Optikkante (einschließlich) Schutzglas gemeint,
- das Prozeß- oder Arbeitsgas; zum Schutz gegen Oxidation werden Stick- oder Edelgase benutzt, zum Unterstützen beim Schneiden Pressluft oder Sauerstoff,
- die Arbeitsgeschwindigkeit (Arbeitstakt); sie wird durch die Anwendung oder durch die Bearbeitungsmaschine vorgegeben,

und für die Bauteilausführung

- der Fügespalt; durch diesen Spalt fällt das Laserlicht ungenutzt hindurch, der Fokusdurchmesser und die mittlere Leistung müssen entsprechend erhöht werden,
- die Oberflächenbeschaffenheit; eine blanke Oberfläche hat naturgemäß höhere Reflexionsverluste, umgekehrt kann man unter Umständen durch „Schwärzen" der Oberfläche die Einkopplung des Lichts verbessern,
- die Materialstärke,
- die Gestaltung; sehr oft läßt sich durch schweißgerechte Werkstückgestaltung die Aufgabe beim Laserschweißen einfacher lösen,
- die Materialkombination; es werden unterschiedliche Materialien mit unterschiedlichen Geometrien insbesondere beim Schweißen kombiniert.

Die Einflüsse und die Vielfalt dieser Parameter lassen sich nur sehr schwer beschreiben, so daß empirisches Vorgehen meist am zweckmässigsten ist.

9.4 Zusammenhang zwischen den Parametern

Mit einfachen Modellen können Abschätzungen über die jeweils notwendige Laserenergie, Pulsleistung, Pulsdauer und mittlere Laserleistung gewonnen werden. Genauere Aussagen erfordern aber die ein- oder mehrdimensionale Behandlung der Wärmeleitungsgleichung für die jeweilige Aufgabe.

$$c\rho\frac{\delta T}{\delta t} = \mathrm{Div}(k(\mathrm{Grad}(T))) + \mathrm{Div}(J) \quad \textbf{Wärmeleitungsgleichung} \qquad (9.4)$$

$T = T(x, y, z, t)$ Temperatur
$J = J(x, y, z, t)$ Intensität des Lasers

Minimale Energie

Für ein vorgegebenes Volumen V lassen sich die minimalen Energien zum Aufschmelzen bzw. Verdampfen bestimmen. Die Schmelzenergie setzt sich aus dem Anteil zur Erwärmung und dem der Phasenumwandlungen zusammen [9.3],

$$E_m/V = \rho[c(T_m - T_0) + Q_m] \qquad \textbf{Schmelzenergie} \qquad (9.5)$$

$$E_v/V = \rho[c(T_v - T_0) + Q_m + Q_v] \qquad \textbf{Verdampfungsenergie} . \qquad (9.6)$$

Zusätzlich zu diesen Energien müssen noch jeweils die Verluste durch Wärmeleitung und Reflexion aufgebracht werden. Die Wärme muß schnell eingebracht werden, um die Schmelz- bzw. Verdampfungstemperatur zu erreichen, ohne daß sie an das umgebende Material abfließt.

Die notwendige Energie ergibt sich aus dem Bearbeitungsvolumen $V = \pi w_b^2 z$,

$$E = \frac{E_{iv}}{1 - R} \pi w_b^2 z . \qquad (9.7)$$

E_{iv} = Schmelz- bzw. Verdampfungsenergie pro Volumeneinheit,   i = m, v
w_b = Bearbeitungsradius
z = Materialstärke
1 − R = Absorptionskoeffizient

In Bild 9.2 wurde bei Schweißversuchen die Laserenergie gemessen und danach am Schliffbild das aufgeschmolzene Volumen bestimmt.

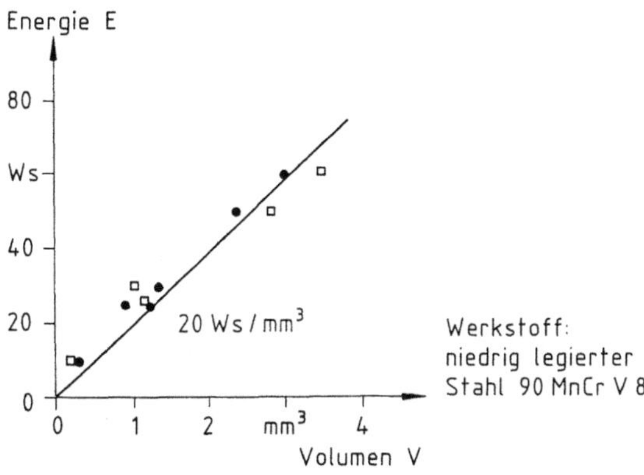

Bild 9.2. Proportionalität zwischen Laserenergie und aufgeschmolzenem Volumen

Minimale Laserleistung P_{min}

Der Laserstrahl wird als lokale Wärmequelle mit hoher Intensität angenommen. Nach dem Einschalten breiten sich Flächen mit konstanter Temperatur T aus, bis ein stationärer Zustand erreicht wird. Über die Fläche F wird die Wärme an das benachbarte Material abgegeben und im Abstand w_b zu dieser Fläche befindet sich die ideal angenommene punkt- oder linienförmige Wärmequelle (Bild 9.3).

Bei Erreichung des stationären Zustandes wird die Wärme, die pro Zeiteinheit über die Kühlfläche F abgeführt wird, gerade durch die Laserleistung P_{min} aufgebracht.

$$(1 - R)P_{min} = \frac{kFT}{w_b} \tag{9.8}$$

1 − R = Absorption
Stahl 1 − R ≈ 0,4
Kupfer 1 − R ≈ 0,1

Dies ist die minimal benötigte Leistung, um eine Halbkugel oder einen Zylinder vom Radius w_b gerade auf die Temperatur T zu bringen (Bild 9.3).

Zur Erreichung der Schmelz- T_m bzw. Verdampfungstemperatur T_v gilt somit als Abschätzung für dieses vereinfachte Modell

$$(1 - R)P_i = \frac{kFT_i}{w_b} \qquad i = m, v \;.$$
(9.9)

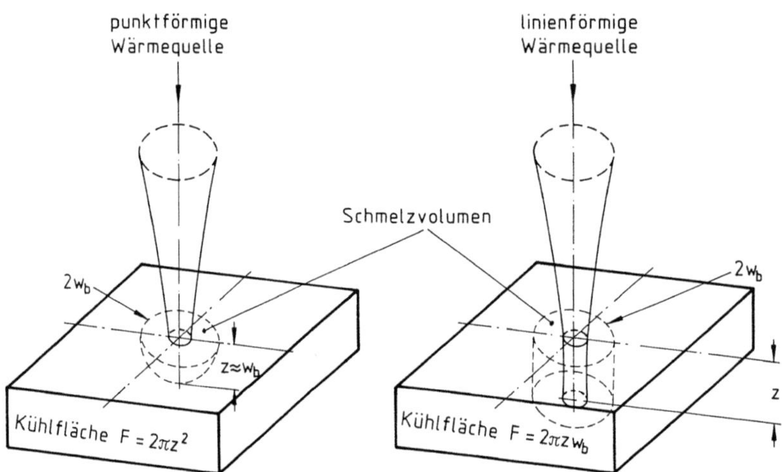

Bild 9.3. Modelle für Wärmeleitung beim Schweißen und Schneiden

Im realen Fall liegt natürlich keine punktförmige Quelle vor, sondern die Intensität hat eine gaußähnliche Verteilung.

Lösungen der Wärmeleitungsgleichung, die die dreidimensionalen Verluste berücksichtigen [9.9,10], führen als Abschätzung für die minimale Pulsleistung nach [9.11] zu

$$(1 - R)P_{min} = \sqrt{\pi/2}\,kT_i\,\sqrt{w_b z} \quad \text{mit } i = m, v$$
(9.10)

$P_{min} = P_{cw}$ für CW-Betrieb
$P_{min} = \hat{P}$ für Pulsbetrieb bei langen Pulsen ($\tau \gg w_b^2 k/\rho c$).

Die notwendige Leistung bei vorgegebenem Bearbeitungsradius w_b ist durch die thermischen Materialkonstanten und die Materialstärke z gegeben.

Als Vergleichgröße bieten sich damit die Energie pro Volumeneinheit E_{iv} und die auf eine Längeneinheit bezogene Leistung P_{iz} für $i = m, v$ an.

Bei Schneidversuchen mit Kupferblech wurde in Bild 9.4 zum einen die minimal benötigte Pulsleistung und zum andern die Pulsleistung bei minimalem Energieaufwand pro Schneidlänge bestimmt.

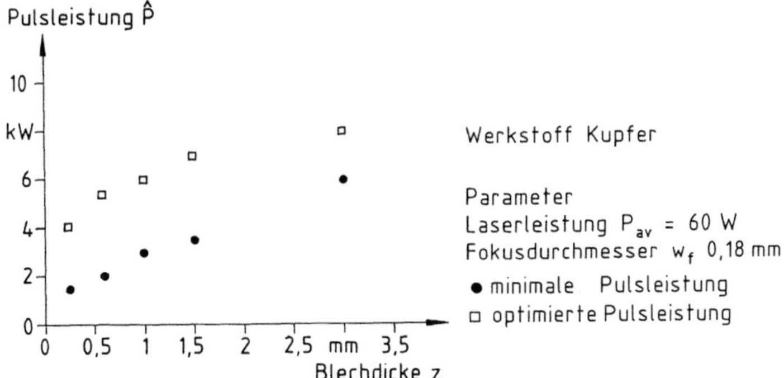

Bild 9.4. Laserpulsleistung in Abhängigkeit der Materialstärke beim Schneiden

Einwirkdauer, Pulsdauer, Verweilzeit τ

Die Temperaturleitzahl aus der Wärmeleitungsgleichung gibt die charakteristische Strecke an, mit der sich eine Temperatur pro Zeiteinheit ausbreitet. Bei vorgebener Bearbeitungsbreite w_b (z. B. Schnittspaltbreite) kann damit die maximal zulässige Einwirkzeit abgeschätzt werden

$$\tau_{\text{max}} = \frac{c\rho}{k} w_b^2 \; . \tag{9.11}$$

Um die Energie E in das Material einzubringen, muß die Leistung für die Einwirkzeit τ

$$\tau = \frac{E}{P} \tag{9.12}$$

aufgebracht werden. Im Pulsbetrieb bei Rechteckpulsen ist diese Zeit die Pulsdauer, im CW-Betrieb kann man diese Zeit als notwendige Verweildauer über der Strecke $2w_b$ interpretieren.

Bearbeitungsgeschwindigkeit

Damit ist die Bearbeitungsgeschwindigkeit u

$$u = \frac{2w_b}{\tau} \quad \text{für CW-Betrieb} \,,$$

$$u = \frac{2w_b}{r} \quad \text{für Pulsbetrieb mit } r = \text{Pulsrate}$$

in beiden Fällen proportional zur mittleren Laserleistung P_{av}

$$u = \frac{2w_f P_{av}}{E} \; . \tag{9.13}$$

Da die Energie proportional zum Bearbeitungsvolumen ist, ergibt sich für die Bearbeitungsgeschwindigkeit u bei vorgegebener Bearbeitungstiefe z unter der Vorrausetzung $w_b \approx w_f$

$$u \sim \frac{w_f P_{av}}{V} \sim \frac{P_{av}}{w_b z} \; . \tag{9.14}$$

Verwendet man die Begriffe Streckenenergie P_{av}/u und Bearbeitungsquerschnitt $w_b z$, dann lautet (9.14)

$$\frac{P_{av}}{u} \sim w_b z \; , \tag{9.15}$$

die Streckenenergie ist proportional zum Bearbeitungsquerschnitt.

Aus Bild 9.5 sieht man, wie die Streckenenergie zunächst mit zunehmender Laserleistung abnimmt und zu einem konstanten Wert konvergiert. Ab dieser Laserleistung gehen die Wärmeleitungsverluste nicht mehr wesentlich ein.

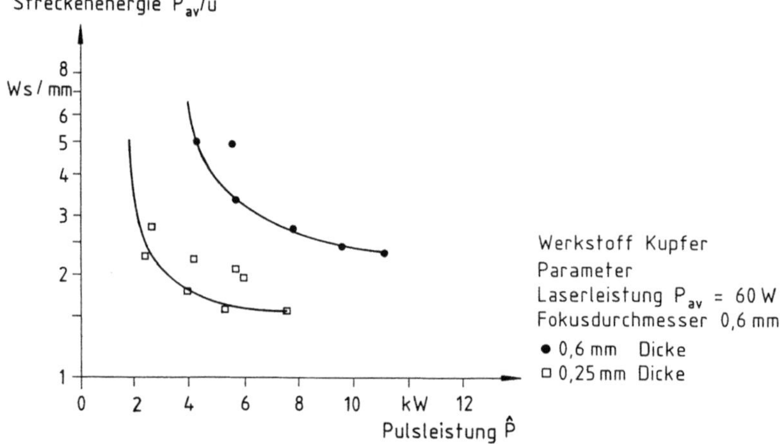

Bild 9.5. Streckenenergie über Laserleistung aus Schneidversuchen

In Tabelle 9.2 sind die Vergleichsgrößen der Laserparameter zusammengestellt. Die so bestimmten Werte dienen nur als Anhaltswerte; in jedem Fall sollte das spezielle Anwendungsproblem empirisch optimiert werden.

Tabelle 9.2 Laserparameter

Material		$1-R$	E_m/V J/mm^3	E_v/V J/mm^3	P_m/z kW/mm	P_v/z kW/mm	τ_m/f ms/mm^2	τ_v/f ms/mm^2	κ ms/mm^2
Aluminium	Al	0,10	26,1	352	8,9	33,9	2,9	10,4	10,9
Beryllium	Be	0,46	13,9	125	2,5	5,5	5,5	22,6	23,8
Blei	Pb	1 [a]	0,8	12,6	0,1	0,4	11,8	35,1	44,8
Cadmium	Cd	0,30	3,6	31,9	0,6	1,4	6,2	22,2	21,6
Chrom	Cr	0,40	20,4	129	2,0	2,3	10,5	55,6	49,5
Eisen	Fe	0,35	21,9	177	2,0	3,7	10,7	48,6	48,4
Germanium	Ge	1 [a]	2,1	10,1	0,3	1,0	6,2	10,0	27,7
Gold	Au	0,02 [b]	196	1932	97,3	274	2,0	7,0	8,5
Indium	In	1 [a]	0,4	18,1	0,0	0,3	20,9	58,1	69,9
Kobalt	Co	0,32	23,7	224	2,1	4,0	11,5	55,8	51,7
Kupfer	Cu	0,06 [b]	92,8	892	43,8	106	2,1	8,4	8,8
Mangan	Mn	1 [a]	6,4	39,9	0,4	0,7	16,6	61,2	71,6
Molybdän	Mo	0,40	25,7	190	5,8	12,4	4,5	15,4	19,8
Nickel	Ni	0,28	29,8	254	3,0	5,8	10,1	43,7	42,5
Niob	Nb	1 [a]	8,2	76,8	0,8	1,1	9,8	69,0	43,1
Palladium	Pd	0,26	23,8	203	2,7	5,5	8,9	37,0	40,6
Platin	Pt	0,27	27,0	256	2,9	6,3	9,2	40,4	38,7
Rhodium	Rh	0,17	50,6	465	6,3	12,5	8,0	37,1	34,9
Silber	Ag	0,03 [b]	114	1050	84,5	197	1,3	5,3	5,7
Silicium	Si	1 [a]	3,2	8,3	1,3	2,2	2,5	3,8	11,9
Tantal	Ta	0,22	43,7	395	4,6	8,3	9,5	47,5	43,7
Titan	Ti	0,40	14,2	123	0,4	0,9	32,3	141	137
Vanadium	V	0,40	19,2	187,2	0,9	1,6	22,4	117	104
Wolfram	W	0,41	31,1	235	8,7	15,1	3,6	15,5	16,0
Zink	Zn	0,50	3,7	31,4	0,6	1,3	6,4	25,0	24,3
Zinn	Sn	0,45	1,8	40,8	0,2	2,0	9,5	20,6	26,2

E_i/V = Schmelz-, Verdampfungsenergie/Volumen
P_i/z = stat. Schmelz-, Verdampfungsleistung/Bearbeitungstiefe
τ_i/f = Pulsdauer für stat. Schmelze, Verdampfung/Fläche
κ = Temperaturleitfähigkeit

[a] Die Reflexion für diese Metalle liegt nicht vor. Sie ist deshalb für diese Tabelle mit 0 angenommen worden.

[b] Bei hohen Intensitäten wird die Reflexion geringer, ebenso bei Verwendung von Sauerstoff als Schneidgas [9.11]

Die Energie zum Aufschmelzen $1\,mm^3$ liegt bei Metallen zwischen 1 bis 10 Ws, dabei sind Wärmeleitungsverluste nicht berücksichtigt. Die Verdampfungsenergie pro Volumeneinheit ist etwa um den Faktor 10 höher.

Fokusdurchmesser $2w_f$, Schärfentiefe s_f

Der Fokusdurchmesser $2w_f$ wird ungefähr gleich dem Bearbeitungsdurchmesser $2w_b$ gewählt und ist damit proportional zur Divergenz Θ des Lasers

$$w_b \approx w_f = \frac{f_3 \Theta}{A} \quad \text{nach (2.44)} .$$

(9.16)

Die Schärfentiefe s_f sollte etwa dreimal so groß sein wie die Bearbeitungstiefe z;
die Intensität ändert sich für diesen Bereich nur um ca. 10%

$$z \approx \frac{s_f}{3} = \frac{w_f^2}{3(w_t \Theta)} \quad \text{nach (2.46) .} \tag{9.17}$$

Mit den Strahlparametern w_t und Θ folgt mit (9.13) für die Bearbeitungsgeschwindigkeit

$$u \sim \frac{P_{av}}{(3 z w_t \Theta)^{1/2}} . \tag{9.18}$$

Strahlgeometrie

Auch im Multimodebetrieb ist der radiale Intensitätsverlauf um die Taille nahezu gaußförmig. Für Abbildung 9.6 wurde der Intensitätsverlauf mittels eines
Diodenarrays aufgenommen.

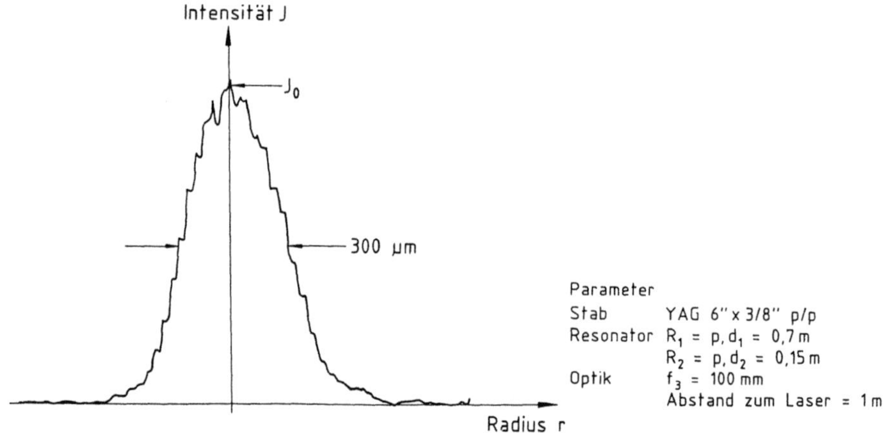

Bild 9.6. Intensitätsverlauf im Fokus für Multimode

Nimmt man an, daß die Aufschmelzkante mit den Linien konstanter Intensität J_k einhergeht, dann ist der dreidimensionale Verlauf dieser Linien wichtig
für die Bearbeitungstiefe und auch für die Bearbeitungsgeometrie. Für den Intensitätsverlauf gilt nach (2.9)

$$J_k = J_0 \frac{w_f^2}{w^2} e^{-2r^2/w^2} \quad J_k = \text{konstante Intensität .} \tag{9.19}$$

Mit

$$w^2 = w_f^2 \left[1 + \left(\frac{z}{s_f}\right)^2\right] \tag{9.20}$$

ergibt sich für die r-z-Abhängigkeit der Linien mit konstanter Intensität

$$\frac{r^2}{w_f^2} = -\frac{1}{2}\left[1 + \left(\frac{z}{s_f}\right)^2\right] \ln\left[\frac{J_k}{J_0}\left[1 + \left(\frac{z}{s_f}\right)^2\right]\right], \tag{9.21}$$

die in Abbildung 9.7 normiert dargestellt sind.

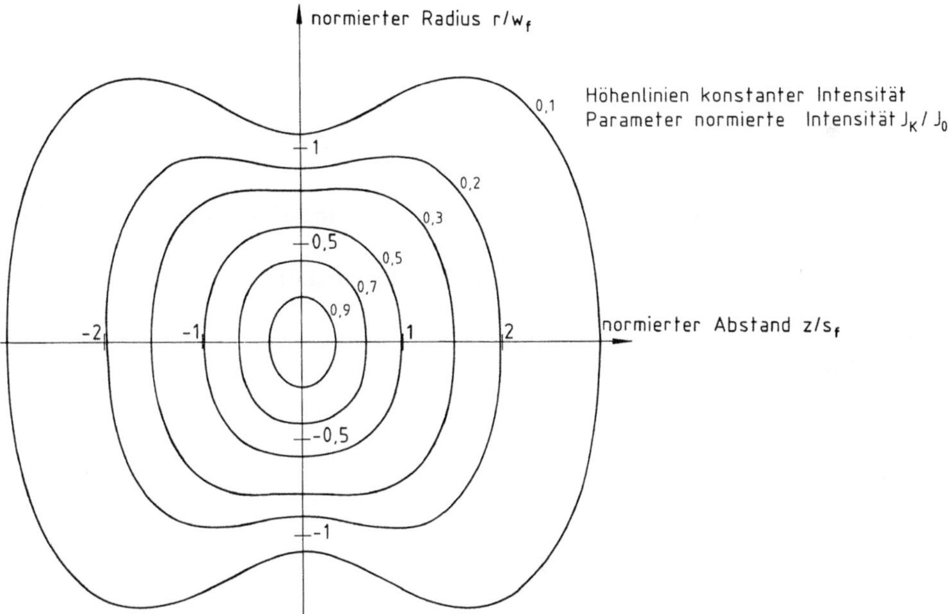

Bild 9.7. Linien konstanter Intensität im Fokus

Bild 9.8 zeigt das Ergebnis einer Messung [9.7], bei dem der Lochdurchmesser in Abhängigkeit von z aufgetragen wurde. Die Löcher entstanden durch Abtrag mit dem Laserstrahl (J = const) um die Fokuszone im aufgedampften Aluminium.

Stellt man die Bearbeitungsintensität so ein, daß bei

$$J_k = 0{,}3\,J_0 \tag{9.22}$$

die Schmelzfront endet, dann liegt dafür die größte Schärfentiefe nach Bild 9.7 vor.

Der Bearbeitungsradius w_b – also der Radius innerhalb dessen die Schmelzfront liegt – beträgt, bei $z = 0$,

$$w_b^2 = -\frac{\ln(0{,}3)}{2}w_f^2 \quad \text{bzw. } w_b \approx 0{,}78\,w_f \tag{9.23}$$

und die Bearbeitungstiefe z

$$z \approx 0{,}69\,s_f \;. \tag{9.24}$$

Mit den Parametern w_t, Θ des Lasers und f_3, A der Optik lauten diese Gleichungen

$$w_b \approx 0{,}78\frac{f_3\Theta}{A} \tag{9.25}$$

und

$$z \approx 0{,}69\frac{f_3^2\Theta}{A^2 w_t} \;. \tag{9.26}$$

Im Vergleich zu (9.16) und (9.17) ist der Bearbeitungsdurchmesser geringfügig kleiner und die Bearbeitungstiefe etwas größer.

Kleiner Bearbeitungsradius und große Bearbeitungstiefe erfordern eine große Strahlqualität

$$w_b^2/z \approx w_t\Theta \;. \tag{9.27}$$

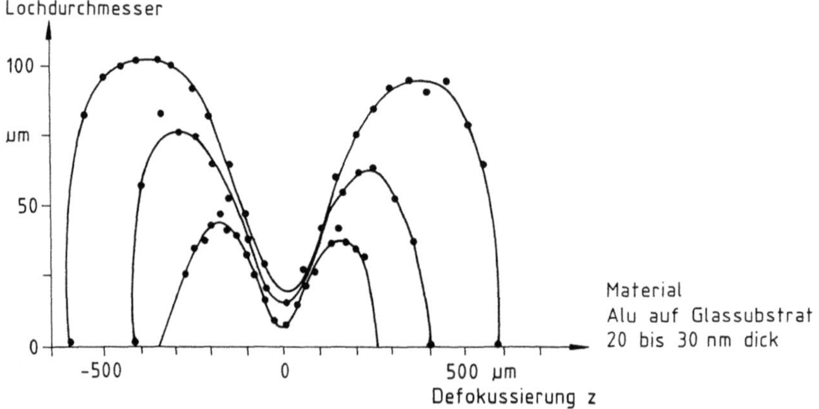

Bild 9.8. Gemessener Lochdurchmesser bei verschiedenen Abständen (nach [9.7])

Tabelle 9.3 Zusammenhang der Parameter

Laserparameter		Gleichung	Bezug zur Materialbearbeitung
Pulsbetrieb			
E/W_s	Laserenergie	$E = (1 - R)\frac{E_i}{V}\pi w_b^2 z$	$\sim$ zum bearbeiteten Volumen
τ_{max}/ms	max. Pulsdauer	$\tau_{max} = \frac{c\rho}{k}w_b^2$	Zeit für Temperatur-verteilung, Wärmeeinflußzone
$\hat{P}/kW$	Spitzenleistung	$\hat{P}_{min} = E/\tau_{max}$	$\sim$ Bearbeitungstiefe bei konstantem Strahlradius
r/Hz	Pulsrate	$r = P_{av}/E$	Bearbeitungstakt
		$u = w_b r$	Bearbeitungsgeschwindigkeit
CW- und Pulsbetrieb			
P_{av}/W	mittlere Leistung	$P_{av} \sim u$	Bearbeitungsgeschwindigkeit
P_{av}/u	Streckenenergie	$P_{av}/u \sim w_f z$	Bearbeitungsquerschnitt
Qualitätsgrößen der Strahlquelle			
$2w_t/mm$	Strahltaillen-durchmesser		(Fokusapertur)
$\Theta/mrad$	Divergenz		(Fokusdurchmesser)
$w_t\Theta/mm \cdot mrad$	Strahlqualität	$w_t\Theta = w_b^2/z$	(w_b = Bearbeitungsradius, z = Materialstärke)
$P_{av\,max} - P_{av\,min}/W$	Arbeitsbereich		
Bearbeitungsgrößen mit Fokussierungsoptik			
			(f/A effektive Brennweite)
w_f/mm	Fokusradius	$w_b = \Theta f/A$	$w_b \approx 0{,}8 w_f$ Bearbeitungs-durchmesser
s/mm	Schärfentiefe	$z \sim s_f^2/A^2$	z Bearbeitungstiefe
$J/kW/mm^2$	Intensität	$J = P/(\pi w_b^2)$	Bearbeitungsverfahren

Mit den Tabellen 9.1 und 9.2 lassen sich die benötigten Laserparameter abschätzen. Dies soll an den beiden folgenden Beispielen verdeutlicht werden.

Beispiel 9.1

Stahlblech von $z = 1\,mm$ Stärke soll geschnitten werden. Es wird das Schmelzschneidverfahren mit Schmelzaustrieb durch Druckluft gewählt. Die Schnittbreite soll maximal $0{,}25\,mm$ betragen.

Die notwendige Energie beträgt nach Tabelle 9.2

$$E = 21{,}9\,Ws/mm^3 \cdot 3{,}14 \cdot 0{,}125^2\,mm^3 \approx 1{,}1\,Ws\,.$$

Aufgrund der Schnittspaltbreite ergibt sich die maximale Pulsdauer zu

$$\tau_{max} = 48{,}4\,ms/mm^2 \cdot 0{,}125^2\,mm^2 = 0{,}76\,ms\,,$$

und die minimale Laserspitzenleistung nach Tabelle 9.2

$$\hat{P}_{min} = 2,0\,kW \ .$$

Aufgrund dieser hohen Leistung wird gepulster Betrieb mit einer mittleren Leistung $P_{av} = 250\,W$ gewählt. Die Pulsrate ergibt sich zu

$$r = 250\,W/1,1Ws = 227\,Hz \ .$$

Dies führt zu einer maximalen Schnittgeschwindigkeit von

$$u = 0,125mm \cdot 227Hz = 29mm/s = 1,7m/min \ .$$

Um einen einigermaßen glatten Schnitt zu erhalten, müssen sich die Pulse teilweise überlappen. Dies reduziert die Schnittgeschwindigkeit mindestens um den Faktor 2 auf 0,8 m/min.

Die notwendige Strahlqualität des Lasers ergibt sich zu

$$w_t\Theta = 0,125^2\,mm^2/1\,mm = 15\,mm \cdot mrad$$

Beispiel 9.2

Schneiden von $z = 1\,mm$ Kupfer bei $2w_b = 0,2\,mm$ Schnittspalt mit $P_{av} = 100\,W$

$$E_{min} = 92,8 \cdot 3,14 \cdot 0,1^2\,Ws \approx 2,9\,Ws$$

$$\tau_{max} = 8,8 \cdot 0,1^2\,ms = 0,088\,ms \approx 0,1\,ms$$

$$\hat{P}_{min} \approx 40\,kW \qquad r = 100/2,9\,Hz = 34\,Hz$$

$$u = 0,1 \cdot 34\,mm/s = 3,4\,mm/s = 0,2\,m/min$$

$$w_t\Theta = 0,1^2/2\,mm = 5\,mm \cdot mrad$$

9.5 Meßmöglichkeiten

Während der Bearbeitung (on-line) und für reproduzierbare Einstellungen müssen die Strahlparameter gemessen werden können. Zur on-line Messung der Energie bzw. der CW-Leistung und des zeitlichen Verlaufs (räumlich integriert) werden vorzugsweise Anordnungen nach Bild 9.9 verwendet, bei denen ein geringer Anteil des parallelen Strahls ausgeblendet wird und mittels Fotodiode und Elektronik entsprechend ausgewertet werden kann.

Zu beachten ist dabei, daß sich alle Referenzflächen, insbesondere die des Teilers, durch Verschmutzung oder durch Lasereinbrand langzeitmäßig ändern können. Der Teiler wird außerdem eine Polarisationsabhängigkeit aufweisen.

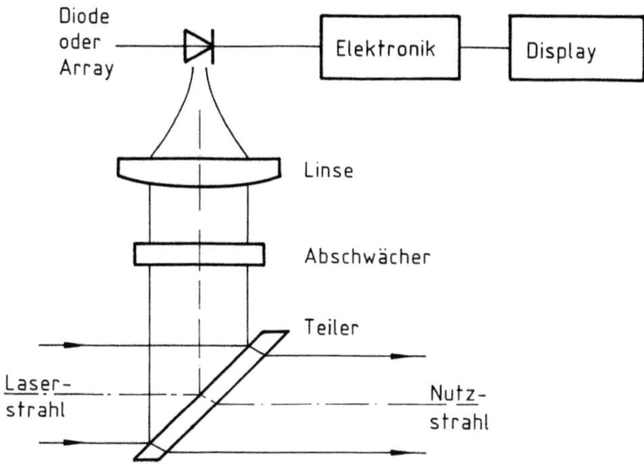

Bild 9.9. Meßanordnung zur Leistungs- oder Energiemessung

Ebenso ist eine Langzeit- und Temperaturdrift der Diode zu erwarten. Die empfindliche Fläche des Fotodetektors muß groß genug sein, um Winkel- und Lagetoleranzen ausgleichen zu können und der gesamte Aufbau sollte unempfindlich sein gegen Reflexionen von anderen optischen Elementen und gegen Rückreflexionen von der Bearbeitungsstelle.

Ersetzt man die Fotodiode durch eine Diodenzeile oder ein Array [9.8], dann ist mit entsprechender Elektronik ein zweidimensionaler Schnitt oder eine dreidimensionale Darstellung der Intensitätsverteilung im Nah- und Fernfeld möglich. Der Taillenradius und der Strahldurchmesser bei verschiedenen Abständen können direkt gemessen werden und daraus die Schärfentiefe und Divergenz bestimmt werden.

Zur absoluten Messung von Energie bzw. der mittleren Leistung werden hauptsächlich thermische Verfahren eingesetzt. Der Strahl wird auf einen (wassergekühlten) Absorber gelenkt und die Temperaturerhöhung bzw. -differenz werden gemessen. Wünschenswert ist eine flache, großflächige Absorberscheibe, die invariant ist gegen Durchmesser, Verteilung und Einfallswinkel des zu messenden Strahls, so daß an jeder Stelle im gesamten Strahlverlauf gemessen werden kann.

C Daten und Spezifikationen

10 Laserglasdaten

Es werden nur diejenigen Materialien berücksichtigt, bei denen bereits Lasertätigkeit im Puls- bzw. CW-Betrieb bei Zimmertemperatur mit einem Wirkungsgrad von etwa 1% bei Lampenanregung nachgewiesen wurde und die verfügbar sind.

Weitere ausführlichere Angaben findet man z. B. in [11.1].

10.1 Parameterspezifikation

Die wichtigsten Parameter werden in diesem Abschnitt aus den vorhergehenden zusammengestellt oder definiert. Die Gleichungsnummer, aus der auch der entsprechende Abschnitt hervorgeht, ist vor die Gleichung gesetzt.

Lebensdauer des oberen Niveaus

$$(5.4) \qquad \tau = \frac{\tau_0}{1 + (C/C_{0,5})^2}$$

τ_0 = Lebensdauer bei $C = 0$
$C_{0,5}$ = Konzentration, bei der die Lebensdauer nur die Hälfte von τ_0 beträgt.

Brechungsindex und Brechungsindexänderung

Die Lichtwelle im Innern eines Materials wird durch die absolute Brechungsindexänderung dn/dT im Material selbst beeinflußt. Gemessen und in der Literatur angegeben wird jedoch nur die Brechungsindexänderung relativ zu Luft. Aus der Definition des Brechungsindexes läßt sich dn/dT berechnen.

$$n_{rel} = \frac{n_{abs}}{n_{Luft}} \, . \tag{10.1}$$

Durch Differenzieren und mit $n_{Luft} = 1$ erhält man

$$\frac{dn_{abs}}{dT} = \frac{dn_{rel}}{dT} + n_{rel}\frac{dn_{Luft}}{dT} \ . \tag{10.2}$$

Für $\lambda = 1060\,\text{nm}$ gibt Bild 10.1 die Temperaturabhängigkeit von dn_{Luft}/dT nach [10.56] an.

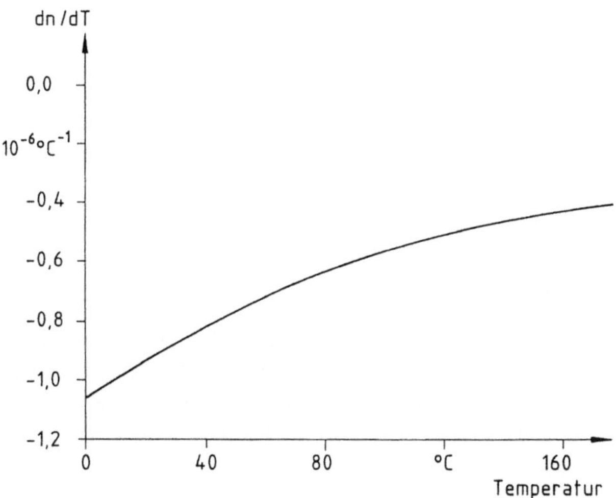

Bild 10.1. Temperaturabhängigkeit von dn_{Luft}/dT nach [10.13]

Parameterbezeichnung

$\lambda =$ Laserwellenlänge

$\sigma =$ effektiver Wirkungsquerschnitt der induzierten Emission

$\tau_0 =$ Lebensdauer des oberen Laserniveaus extrapoliert auf geringe Konzentrationen $(< 0,5\%)$ des aktiven Ions

$\tau =$ Lebensdauer bei Standardkonzentrationen (i.a. 1% AT)

$n =$ Brechungsindex bei der angegebenen Laserwellenlänge relativ zu Luft

$$n^2 = A + \frac{CB}{C\lambda^2 - 1} + \frac{D\lambda^2}{E\lambda^2 - 1}$$

A bis E Sellmeier-Koeffizienten [11.41]

$dn_{rel}/dT =$ die auf Luft bezogene Änderung des Brechungsindices, wenn möglich im Bereich der Laserwellenlänge im Temperaturbereich von 20 bis $40\,^{\circ}C$.

p_{ij} = photoelastische Konstanten. Diese sind in den meisten Fällen nicht bei der Laserwellenlänge verfügbar. Bei isotropen Medien wie Glas gilt

$$p_{44} = \frac{p_{11} - p_{12}}{2} . \qquad (10.3)$$

c_p = spezifische Wärme (bei konstantem Druck)

k = Wärmeleitfähigkeit

α = Wärmeausdehnungskoeffizient

T = Schmelztemperatur bei Kristallen oder Transformationstemperatur bei Gläsern. Diese Temperatur darf z. B. beim Beschichten mit dielektrischen Schichten nicht überschritten werden.

ρ = spezifisches Gewicht

ν = Poisson-Zahl

E = Elastizitätsmodul (Young Modul)

σ_{max} = Bruchspannung, die während des Laserbetriebs im Material nicht überschritten werden darf. Ein Sicherheitsfaktor ist nicht berücksichtigt. Dieser Wert hängt stark von der Oberflächenbearbeitung ab und nimmt mit zunehmender Fläche ab. Er ist nur als Anhaltswert gedacht.

$C_{0,5}$ = Konzentration bei der die Lebensdauer τ_0 auf die Hälfte abnimmt

F_i = Umrechnungsfaktor zur Berechnung der absoluten Ionenzahl

N_0 = $Nd^3 + [10^{20}\,Ions/cm^3]$ = $F \cdot Nd_2O_3[WT\%]$ WT% = Weight%

N_0 = $Nd^3 + [10^{20}\,Ions/cm^3]$ = $F_1 \cdot Nd_2O_3[AT\%]$ AT% = Atomic%

F_2 = Faktor   AT% = $F_2 \cdot WT\%$

λ_{FZ} = Wellenlänge, unterhalb derer Farbzentrenbildung möglich oder beobachtet worden ist.

Die Werte für die abgeleiteten Daten sind nach folgenden Gleichungen berechnet worden.

$$h\nu = hc/\lambda \quad \text{Laserphotonenenergie} \quad h = 6{,}626 \cdot 10^{-34}\,Js$$
$$c = 2{,}998 \cdot 10^8\,m/s$$

(1.5) $J_s = h\nu/\sigma\tau$ Sättigungsintensität für 4-Niveau-System

$J_s = h\nu/2\sigma\tau$ Sättigungsintensität für 3-Niveau-System

(1.23) $E_s = h\nu/\sigma$ Sättigungsenergie für 4-Niveau-System

$E_s = h\nu/2\sigma$ Sättigungsenergie für 3-Niveau-System

n_2 = nichtlinearer Brechungsindex nach Literaturangaben

$$n(E) = n + n_2 E \quad \text{bzw.} \quad n(J) = n + \gamma J \qquad [\gamma] = m^2/W$$

$$\text{mit } \gamma = \tfrac{40\pi}{c}\tfrac{n_2}{n} = 42 \cdot 10^{-8}\, s/m\tfrac{n_2}{n} \qquad [n_2] = esu$$

$$c = \text{Lichtgeschwindigkeit}$$

$$\Phi_B = \arctan(n) \quad \text{Brewster-Winkel}$$

(4.20) $\quad R_T = \frac{\sigma_{max} k(1-\nu)}{\alpha E}\quad$ thermischer Schockparameter.

Er ist ein Maß dafür, wie stark das Material belastet werden kann und liegt dicht an dem Wert, mit dem z. B. ein Stab pro Längeneinheit mit Pumplicht belastet werden kann.

(4.10) $\quad \frac{\tau}{r_0^2} = \frac{c_p \rho}{k}\quad$ reziproke Temperaturleitfähigkeit

wird hier als die Zeit zum Wärmeausgleich innerhalb einer Fläche von $1\,mm^2$ angegeben.

(4.33) $\quad C_r = \frac{(17\nu-7)p_{11}+(31\nu-17)p_{12}+8(\nu+1)p_{44}}{48(\nu-1)}\quad$ für YAG, GSGG

(4.34) $\quad C_\Phi = \frac{(10\nu-6)p_{11}+2(11\nu-5)p_{12}}{32(\nu-1)}\quad$ für YAG, GSGG

die spannungsoptischen Empfindlichkeiten $C_{r,\Phi}$ werden zur Berechnung der Brechkraftparameter $M_{r,\Phi}$ benötigt.

(9.5) $\quad \frac{dn}{dT} = \frac{d\eta_{rel}}{dT} + n_{rel}\frac{d\eta_{Luft}}{dT}$

$$dn_{Luft}/dT = -0{,}9 \text{ für } T = 25\,°C \text{ eingesetzt}$$

(4.40) $\quad M_{r,\Phi} = \frac{1}{2k}\left[\frac{dn}{dT} + 2n^3\alpha C_{r,\Phi} + \alpha(n-1)\frac{l_x}{l}\right]\quad l_x/l \approx 1/30$ angenommen

Bei den Lieferdaten sind, soweit bekannt, die Liefermöglichkeiten der einzelnen Lieferanten aufgelistet.

l_{max} = maximal lieferbare Länge

d_{max} = maximal lieferbarer Durchmesser oder größte Seitenabmessung

C = lieferbare Dotierungskonzentrationen des Laserions bzw. der Codotierung

Gemessene Werte lassen den besten Vergleich der Materialien zu. Es ist versucht worden, besonders günstige Werte für das jeweilige Material zu finden.

(1.54) η_{slope} = Slope Efficiency

(1.61) η_{excit} = Anregungswirkungsgrad

(1.126) η_{extr} = Extraktionwirkungsgrad

(4.1) $\quad \eta_Q$ = Heizwirkungsgrad

(1.59) $-\ln V$ = Verluste im Resonator pro Längeneinheit und einem Durchgang

(4.3) $\kappa = \eta_Q/\eta_{excit}$ = Wärmekoeffizient

E_{max} = maximal erreichte Energie im Pulsbetrieb

T = zugehörige Pulsdauer

P_{AV} = maximale mittlere Leistung im Pulsbetrieb

P_{CW} = maximale mittlere Leistung im CW-Betrieb

$d \cdot l \cdot h$ = Größe des verwendeten Lasermaterials (Durchmesser [Dicke] mal Länge [mal Höhe])

10.2 Wellenlängenübersicht

Tabelle 10.1. Laser-Wellenlängen in verschiedenen Festkörpern

Wellenlänge nm	aktives Ion	Kodotierung	Bezeichnung	Literatur
694,3	Cr		Rubin	[11.51]
700...800	Cr		Alexandrit	[11.33]
400...800	Ti		Saphir	[11.68]
760	Cr		GGG	[11.16]
777	Cr		GSGG	[11.18]
784	Cr		GSAG	[11.42]
1047	Nd^{3+}		YLF	[11.25]
1053	Nd^{3+}		YLF	[11.25]
1053	Nd^{3+}		Phosphat-Glas	
1061	Nd^{3+}		GSGG	[11.21]
1061	Nd^{3+}		Silicat-Glas	
1064	Nd^{3+}		YAG	[11.3]
1064	Nd^{3+}		YAP	[11.28]
1064	Nd^{3+}		GGG	[11.2]
1070			BEL	[11.45]
1079	Nd^{3+}		YAP	[11.29]
1319	Nd^{3+}		YAG	[11.4]
1319	Nd^{3+}		YAP	[11.30]
1335	Nd^{3+}		GSGG	[11.4]
1640	Er		YGG	[11.58]
1646	Er		YAG	[11.58]
1730	Er		YLF	[11.26]
1862	Tm : Cr		YSGG	[11.58]
1924	Ho : Tm : Cr		YSGG	[11.58]
1944	Ho : Tm : Cr		YSAG	[11.58]
2010	Ho : Tm : Cr		YSGG	[11.58]
2060	Ho : Er : Tm		YLF	[11.26]
2080	Ho^{3+}		YAG	[11.5]
2086	Ho	Tm : Cr	YSGG	[11.58]
2091	Ho	Tm : Cr	YAG	[11.58]
2095	Ho	Tm : Cr	YSAG	[11.58]
2130	Ho	Tm : Cr	YAG	[11.14]
2640	Er	Ho : Cr	YSGG	[11.58]
2696	Er	Ho : Cr	YAG	[11.58]
2707	Er	Ho : Cr	YSGG	[11.58]
2940	Er		YAG	[11.50]

Die Wellenlänge des Laserübergangs wird durch das im speziellen Festkörper eingelagerte aktive Ion bestimmt. Durch die Einbindung kann die Laserlinie verbreitert werden – wie zum Beispiel bei Gläsern – oder im Schwerpunkt verschoben werden. Tabelle 10.1 gibt eine Übersicht über die Festkörpermaterialien, die aktiven Elemente und die zugehörigen Laserwellenlängen. Die Auswahl ist auf diejenigen Materialien beschränkt, die zur Zeit kommerziell erhältlich sind.

10.3 Datensammlung der Lasergläser

Im ersten Teil der jeweiligen Tabelle findet man die physikalischen Daten mit der Literaturangabe, im zweiten Teil daraus abgeleitete Daten und Meßergebnisse.

Tabelle 10.2. Eigenschaften verschiedener SCHOTT-Lasergläser

Laserglas		LG-680	LG-700	LG-750	LG-760	APG-1	Literatur
Lasereigenschaften							
λ	nm	1061	1053	1053	1053	1052	[10.1,2]
σ	$10^{-20}\,\mathrm{cm}^2$	2,9	3,7	4,0	4,2	3,5	[10.1,2]
τ_0	μs	380	380	385	360	385	[10.1,2,14]
$\tau(6\%)$	μs	50	290	270	290	270	[10.1,2]
Optische Eigenschaften							
n	–	1,560	1,504	1,516	1,508	1,526	[10.1,2]
dn_r/dT	$10^{-6}/^\circ$C	2,9	–3,2	–5,1	–6,8	1,2	[10.1,2]
P_{11}		0,107	0,1835	0,196	0,1725		a
P_{12}		0,1829	0,241	0,238	0,2226		a
P_{44}		–0,0379	–0,029	–0,021	–0,025		a
Thermische Eigenschaften							
c_p	Ws/g$^\circ$C	0,92	0,84	0,72	0,57	0,84	[10.1,14]
k	W/m$^\circ$C	1,35	0,69	0,52	0,60	0,83	[10.1,2]
α	$10^{-6}/^\circ$C	9,3	10,9	11,4	12,5	7,6	[10.1,2]
T_g	$^\circ$C	468	458	450	350	450	[10.1,14]
Mechanische Eigenschaften							
ρ	g/cm^3	2,54	2,63	2,83	2,60	2,64	[10.1,2]
ν	–	0,242	0,243	0,256	0,267	0,239	[10.1,2]
E	GPa	90,1	60,6	50,1	53,7	71,0	[10.1,2]
σ_{max}	MPa	166		90			[11.22]

a Berechnet nach Angaben in [10.13]

Tabelle 10.2. Eigenschaften verschiedener SCHOTT-Lasergläser (Fortsetzung)

Laserglas		LG-680	LG-700	LG-750	LG-760	APG-1	Literatur
Chemische Eigenschaften							
Glasart		sil.	phos.	phos.	phos.	phos.	[10.1,2]
$C_{0,5}$	WT%	4,2	> 8	8	> 8	8,51	[10.1,14]
F	$10^{20}/cm^3$ /WT%	0,91	0,94	1,01	0,93	0,94	[10.1,14]
λ_{FZ}	nm						
Wasserlös.	mg/cm^2/Tag	0,05	0,05	0,13	0,15	0,008	[10.1,14]
Abgeleitete Daten							Literatur
$h\nu$	10^{-19}Ws	1,87	1,89	1,89	1,89	1,89	
J_s	kW/cm^2	129	18	17	15	20	
E_s	Ws/cm^2	6,45	5,1	4,72	4,5	5,4	
n_2	10^{-13} esu	1,6	1,08	1,08	1,02		[10.1]
Θ_B	°	57	56	57	56	57	
R_T	kW/m	0,2		0,06			
τ/r_0^2	s/mm^2	1,73	3,2	3,92	2,47		
C_r		0,066	0,085	0,081	0,075		
C_Φ		0,051	0,073	0,072	0,064		
dn/dT	10^{-6}/°C	1,5	−4,5	−6,46	−8,15	−0,17	
M_r	10^{-6}m/W	2,36	1,41	0,15	−1,24 [a]		
M_Φ	10^{-6}m/W	1,95	0,77	−0,53	−2,03 [a]		
Lieferdaten							
l_{max}	cm			60		60	[10.14]
C	WT%		1...3,5	3,6		1,35	[10.14]
Meßdaten							
η_{slope}	%		3,1				[10.17]
E_{max}	Ws		45				[10.17]
P_{AV}	W		10...20				Autor
T	ms		6				[10.17]
d · l	mm · mm		8 · 180				[10.17]

[a] Diese Werte sind wahrscheinlich zu groß

Bemerkungen

Einige Gläser wurden früher unter anderen Namen von Owens Illinois gefertigt.

SCHOTT	LG-670	LG-680	LG-760
OWENS-ILLINOIS	ED-2	ED-3	EV-4

Tabelle 10.3. Eigenschaften verschiedener HOYA-Lasergläser

Laserglas		LSG-91H	LHG-5	LHG-8	HAP-3	Literatur
Lasereigenschaften						
λ	nm	1062	1054	1054	1053	[10.3,4]
σ	$10^{-20}\,cm^2$	2,7	4,1	4,2	3,6	[10.3,4]
τ_0	μs		340		370	[10.5]
$\tau(3\%)$	μs	300	290	315	292	[10.3,4]
Optische Eigenschaften						
n		1,55	1,53	1,52		
dn_r/dT	$10^{-6}/^\circ C$	1,6	0,02	$-5,3$		
p_{11}				0,1929		[10.19]
p_{12}				0,2358		[10.19]
p_{44}				$-0,0215$ [a]		
Thermische Eigenschaften						
c_p	$Ws/g^\circ C$	0,63	0,71	0,75		[10.3]
k	$W/m^\circ C$	1,04	0,77	0,58	0,9	[10.3,4]
α	$10^{-6}/^\circ C$	10,5	9,8	12,7	8,3	[10.3,4]
T_g	$^\circ C$	505	486	520		[10.3]
Mechanische Eigenschaften						
ρ	g/cm^3	2,81	2,68	2,83		[10.3]
ν	–	0,237	0,243	0,266	0,225	[10.3,4]
E	GPa	87	68,3	49,5	71,9	[9.22,10.4]
σ_{max}	MPa	176	24...84			[9.22,10.20]
Chemische Eigenschaften						
Glasart		sil.	phos.	phos.	phos.	
$C_{0,5}$	WT%		9		11,6	[10.15]
F	$10^{20}/cm^3/WT\%$					
λ_{FZ}	nm					
Wasserlös.	$mg/cm^2/Tag$					
Abgeleitete Daten						
$h\nu$	$10^{-19}Ws$	1,87	1,88	1,88	1,89	
J_s	kW/cm^2	23	16	14	18	
E_s	Ws/cm^2	6,93	4,6	4,49	5,24	
n_2	10^{-13} esu	1,58	1,28	1,13	1,12	
Θ_B	$^\circ$	57	57	57		
R_T	kW/m	0,15	0,07			[9.22]
τ/r_0^2	s/mm^2	1,7	2,47	3,66		
C_r				0,0783		
C_Φ				0,0691		
dn/dT	$10^{-6}/^\circ C$	0,205	$-1,357$	$-6,668$		
M_r	$10^{-6}m/W$			0,47		
M_Φ	$10^{-6}m/W$			$-0,25$		

[a] $P_{44} = (p_{11} - p_{12})/2$ für Glas

Tabelle 10.4. Eigenschaften verschiedener KIGRE-Lasergläser

Laserglas		Q-88	Q-98	Q-100	Q-246	Literatur
Lasereigenschaften						
λ	nm	1054	1053	1054	1062	[10.7]
σ	$10^{-20}\,\mathrm{cm}^2$	4,0	4,5	4,4	2,9	[10.7]
τ_0	μs					
$\tau(3\%)$	μs	326	308	357	330	[10.7,8]
Optische Eigenschaften						
n	$(\mathrm{n_D})$	1,545	1,555	1,555	1,5478	[10.7,8]
$\mathrm{dn_r}/\mathrm{dT}$	$10^{-6}/°\mathrm{C}$	−0,5	−4,5	−4,6	2,9	[10.7]
$\mathrm{p_{11}}$		0,72				[10.6]
$\mathrm{p_{12}}$		1,86				[10.6]
$\mathrm{p_{44}}$		−0,57				[9.3]
Thermische Eigenschaften						
$\mathrm{c_p}$	Ws/g°C	0,81	0,80	0,80	0,93	[10.7]
k	W/m°C	0,84	0,82	0,82	1,3	[10.7]
α	$10^{-6}/°\mathrm{C}$	10,4	9,9	9,6	9,0	[10.7]
$\mathrm{T_g}$	°C	367	450	452	518	[10.7]
Mechanische Eigenschaften						
ρ	$\mathrm{g/cm}^3$	2,71	3,1	3,2	2,55	[10.7]
ν	−	0,24	0,24	0,24	0,24	[10.7]
E	GPa	69,8	70,7	70,1	84	[10.7]
σ_max	MPa	20 [a]				[10.20]
Chemische Eigenschaften						
Glasart		phos.	phos.	phos.	sil.	
$\mathrm{C_{0,5}}$	WT%					
F	$10^{20}/\mathrm{cm}^3/\mathrm{WT\%}$					
λ_FZ	nm					
Wasserlös.	$\mathrm{mg/cm}^2/\mathrm{Tag}$					
Abgeleitete Daten						
$\mathrm{h}\nu$	$10^{-19}\mathrm{Ws}$	1,88	1,89	1,88	1,87	
$\mathrm{J_s}$	$\mathrm{kW/cm}^2$	14	14	12	20	
$\mathrm{E_s}$	$\mathrm{Ws/cm}^2$	4,712	4,19	4,28	6,45	
$\mathrm{n_2}$	$10^{-13}\,\mathrm{esu}$	1,1	1,2	1,45	1,4	[10.7,12]
Θ_B	°	57	57	57	57	
$\mathrm{R_T}$	kW/m	0,02				
$\tau/\mathrm{r_0^2}$	$\mathrm{s/mm}^2$	2,61	3,02	3,12	1,82	
$\mathrm{C_r}$		0,7				
$\mathrm{C_\Phi}$		0,47				
dn/dT	$10^{-6}/°\mathrm{C}$	−1,89	−5,9	−6	1,51	
$\mathrm{M_r}$	$10^{-6}\mathrm{m/W}$	31				
$\mathrm{M_\Phi}$	$10^{-6}\,\mathrm{m/W}$	20,3				

Tabelle 10.4. Eigenschaften verschiedener KIGRE-Lasergläser (Fortsetzung)

Laserglas		Q-88	Q-98	Q-100	Q-246	Literatur
Lieferdaten						
l_{max}	cm					
d_{max}	cm					
C	WT%		4,6			
Meßdaten						
η_{slope}	%	4,5	6	8		[10.9,10,11]
T	ms	0,12		1		[10.9,11]
d · l	mm · mm	6,3·75	6,3·81	6,3·254		[10.9,10]

[a] Durch Ionenaustausch lassen sich nach [10.20] Werte bis zu $\sigma_{max} = 110\,\mathrm{MPa}$ erreichen.

10.4 Spektren von Lasergläsern

Bild 10.2 zeigt ein typisches Absorptionspektrum von Phosphatglas, das in Bild 10.3 für den Bereich um 800 nm feiner aufgelöst gezeigt wird. Den Fluoreszenzverlauf der Laserlinie zeigt Bild 10.4 und Bild 10.5 die Abhängigkeit der Fluoreszenzlebensdauer von der Nd-Dotierung.

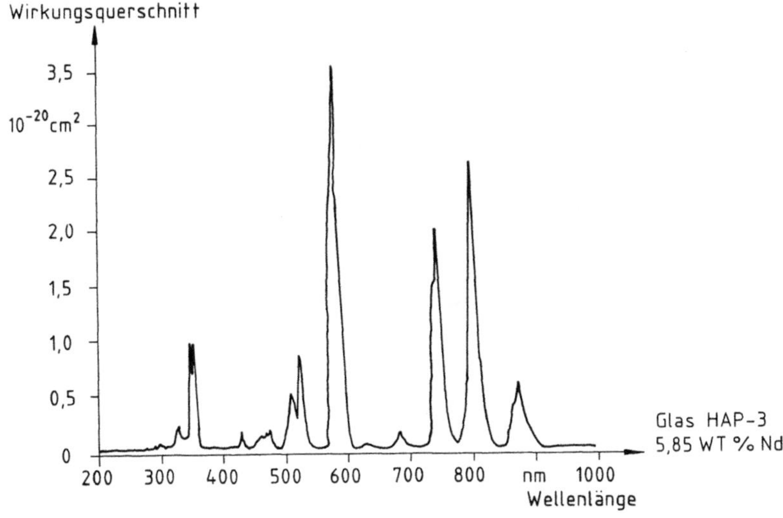

Bild 10.2. Absorption des Pumplichts von Glas (nach [10.4])

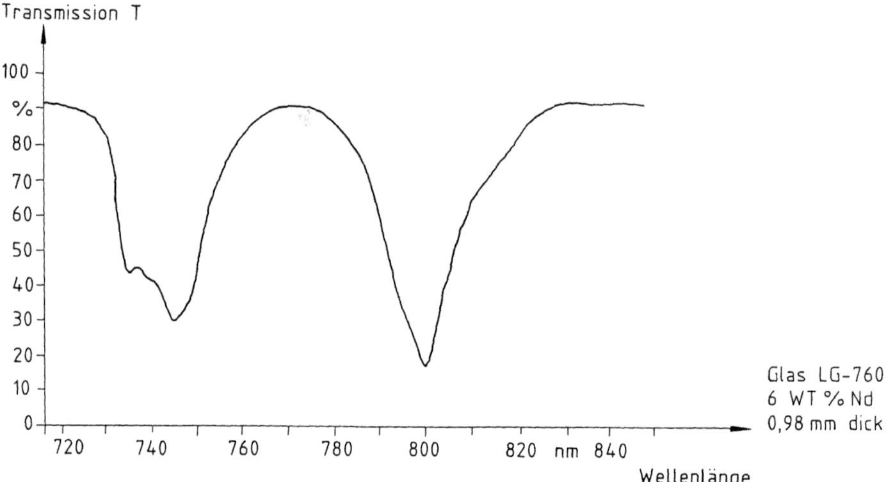

Bild 10.3. Absorption des Pumplichts von Glas um 800 nm (nach [10.18])

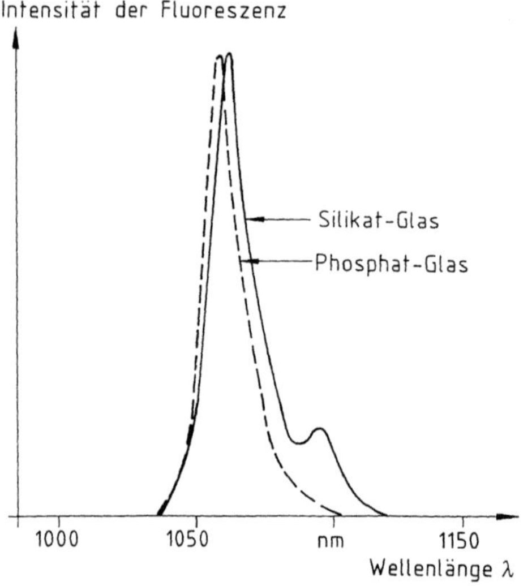

Bild 10.4. Fluoreszenzverlauf von Glas bei der Laserwellenlänge (nach [10.16])

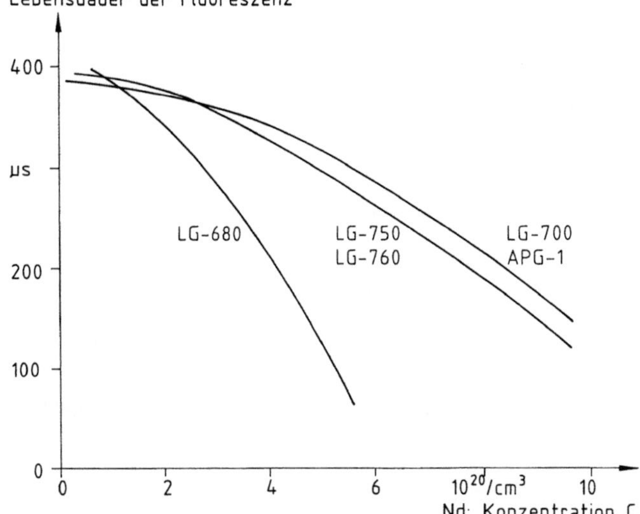

Bild 10.5. Fluoreszenzlebensdauer in Abhängigkeit der Dotierungskonzentration (nach [10.1, 14])

11 Laserkristalle

11.1 Daten von Laserkristallen

Tabelle 11.1. Laserspezifische Daten von YAG

$Y_3Al_5O_{12}$		Nd :	Nd :	Ho :	Tm : Ho : Cr :	Er :	Literatur
Laserdaten							
λ	nm	1064	1319	2080	2130	2940	[11.3,4,5,14,50]
σ	$10^{-20}\,cm^2$	50	13,4	0,9			[11.6,4,57]
τ_0	μs	260					[11.4]
$\tau(\approx 1\%)$	μs	230		8500	4000		[11.6,50,57]
Optische Eigenschaften							
n		1,82					[11.4]
dn_r/dT	$10^{-6}/°C$	7,3(9,86)					[11.7,8]
p_{11}		$-0,029$					[11.9]
p_{12}		0,0091					[11.9]
p_{44}		$-0,0615$					[11.9]
Thermische Eigenschaften							
c_p	$Ws/g°C$	0,6					[11.7]
k	$W/m°C$	10,3(13) [a]					[11.73,4]
α	$10^{-6}/°C$	6,9					[11.8]
T	$°C$	1950					[11.10]
Mechanische Eigenschaften							
ρ	g/cm^3	4,56					[11.6]
ν	—	0,25					[11.6]
E	GPa	300(317)(282)					[11.7,10,4]
σ_{max}	MPa	280					[11.4]
Kristalleigenschaften		Nd :			Ho :		
Orientierung		$< 111 >$					[11.7]
$C_{0,5}$	AT%	4					[11.52]
F_1	$10^{20}/cm^3/AT\%$	1,38					[11.7]
F_2	$AT\%/WT\%$	1,38					[11.10]
λ_{FZ}	nm						
Kodotierung					Cr : Tm :		[11.5]

Tabelle 11.1. (Fortsetzung)

$Y_3Al_5O_{12}$		Nd :	Nd :	Ho :	Er :		Literatur
Abgeleitete Daten		berechnet				Literaturwert	
		1μ	$1,3\mu$	2μ	3μ	1μ	
$h\nu$	10^{-19} Ws	1,87	1,51	0,96	0,68		
J_s	kW/cm^2	1,62		1,25		2,0	[11.11]
E_s	Ws/cm^2	0,37	1,12	10,6		0,4	[11.47]
n_2	10^{-13} esu					3(3,2)	[11.4,12]
Φ_B	°	61					
R_T	kW/m	1,04					
τ/mm^2	s/mm^2	0,27					
C_r		0,0172					
C_Φ		$-0,0025$					
dn/dT	$10^{-6}/°$C	5,66					
M_r	10^{-6} m/W	0,35					
M_Φ	10^{-6} m/W	0,27					
Lieferdaten		Nd :			Er :		
l_{max}	mm	150					[11.10]
d_{max}	mm	10					[11.10]
C	AT%	0,6 ... 1,4			50		[11.10,7,14]
Meßdaten		1μ	$1,3\mu$	2μ	3μ		
η_{slope}	%	4	1	1,72	0,28		[11.15,13,5,14]
η_{excit}	%	7					
η_{extr}	%	50					
η_Q	%	5					
$-\ln V$	%/cm	0,4		12			[11.20,5]
E_{max}	Ws	55	8	2,5			[11.15,13,5]
P_{AV}	W	400	165	7,5			[11.15,13,5]
T	ms			1,5	0,1		[11.5,14]
P_{CW}	W						
$d \cdot l$	mm · mm	10 · 150	8 · 150	5 · 60	6,25 · 75		[11.15,13,5]

[a] Die Wärmeleitfähigkeit ist temperaturabhängig

Tabelle 11.2. Laserspezifische Daten von YAP

$YAlO_3$						Literatur
Laserdaten		Nd :	Nd :	Nd :	Nd :	
λ	nm	1064	1079	1319	1341	[11.28,29,30]
σ	$10^{-20}\,cm^2$	17	37			[11.55,31]
τ_o	μs		210			[11.31]
$\tau(\approx 2\%)$	μs		145			[11.31]
Opt. Eigenschaften		a	b	c		
n		1,93	1,946	1,954		[11.32,32,32]
dn_r/dT	$10^{-6}/°C$					
P_{11}						
P_{12}						
P_{44}						
Therm. Eigenschaften		a	b			
c_p	$Ws/g°C$	0,42				
k	$W/m°C$	11,3				[11.32]
α	$10^{-6}/°C$	4,2	3,97			[11.32,55]
T	$°C$	1870				[11.54]
Mech. Eigenschaften						
ρ	g/cm^3	4,879	5,35			[11.32,55]
ν	–					
E	GPa	220				[11.74]
σ_{max}	MPa					
Kristalleigenschaften						
Orientierung						
$C_{0,5}$	WT%	1,5				[11.75]
F_1	$10^{20}/cm^3/AT\%$	1,95				[11.55]
F_2	AT%/WT%					
λ_{FZ}	nm	500				
Kodotierung						
Abgeleitete Daten		berechnet		Literaturwert		
		1064	1079	1319	1341	
$h\nu$	$10^{-19}\,Ws$	1,87	1,84	1,51	1,48	
J_s	kW/cm^2		3,43			
E_s	Ws/cm^2	1,10	0.5			
n_2	$10^{-13}\,esu$					
Φ_B	$°$	63				
R_T	kW/m					
τ/mm^2	s/mm^2	0,18				
C_r						
C_Φ						
dn/dT	$10^{-6}/°C$					
M_r	$10^{-6}\,m/W$					
M_Φ	$10^{-6}\,m/W$					

Tabelle 11.2. (Fortsetzung)

YAlO$_3$						Literatur
Lieferdaten		Nd :	Nd :			
l$_{max}$	mm	150	75			[11.32,55]
d$_{max}$	mm	9,5	6,35			[11.32,55]
C	AT%		0,7			[11.55]
Meßdaten		1064 μ	1079 μ	1319 μ	1341 μ	
η_{slope}	%		3,16		1,8	[11.28,28]
η_{excit}	%					
η_{extr}	%					
η_Q	%					
$-\ln V$	%/cm					
E$_{max}$	Ws					
T	ms					
P$_{AV}$	W					
P$_{CW}$	W	120	163	37	80	[11.29,28]
d $\cdot$ l $\cdot$ h	mm $\cdot$ mm $\cdot$ mm	5,8 $\cdot$ 111	5,8 $\cdot$ 111	5,8 $\cdot$ 111	5,8 $\cdot$ 111	[11.28]

Bemerkungen
Das Laserlicht ist aufgrund der Kristallstruktur polarisiert. Bei UV-Bestrahlung bilden sich
Farbzentren, die durch Ausheizen wieder verschwinden

Tabelle 11.3. Laserspezifische Daten von YLF

$LiYF_4$						Literatur
Laserdaten		Nd :		Er :	Ho : Er : Tm :	
		π	σ			
λ	nm	1047	1053	1730	2060	[11.25,25,26,26]
σ	10^{-20} cm^2	18	12			[11.25,47]
τ_0	μs			400		[11.27]
$\tau(\approx 2\%)$	μs	480	520	80	1200	[11.25,26,26,26]
Opt. Eigenschaften		π	σ			
n		1,448	1,47			[11.26,26]
dn_r/dT	$10^{-6}/°C$	$-4,3$	-2			[11.25,25]
p_{11}						
p_{12}						
p_{44}						
Therm. Eigenschaften		A-Achse	C-Achse			
c_p	Ws/g°C	0,79				[11.25]
k	W/m°C	6	4,3			[11.26,22]
α	$10^{-6}/°C$	13	8			[11.25,25]
T	°C	825				[11.26]
Mech. Eigenschaften						
ρ	g/cm^3	3,95				[11.26]
ν	–	0,33				[11.22]
E	GPa	77				[11.22]
σ_{max}	MPa	54				[4.11]
Kristalleigenschaften						
Orientierung		< 100 >				[11.26]
$C_{0,5}$	WT%					
F_1	$10^{20}/cm^3/AT\%$					
F_2	AT%/WT%	1,3				[11.25]
λ_{FZ}	nm					
Kodotierung						
Abgeleitete Daten		berechnet		Literaturwert		
		π	σ	Er :	Ho : Er : Tm :	
$h\nu$	10^{-19} Ws	1,90	1,89	1,15	0,96	
J_s	kW/cm^2	2,20	3,02			
E_s	Ws/cm^2	1,05	1,57			
n_2	10^{-13} esu					
Φ_B	°	55	56			
R_T	kW/m	0,22				
τ/mm^2	s/mm^2	0,52				
C_r						
C_Φ						
dn/dT	$10^{-6}/°C$	$-5,6$	$-3,3$			
M_r	10^{-6} m/W					
M_Φ	10^{-6} m/W					

Tabelle 11.3. (Fortsetzung)

LiYF$_4$					Literatur
Lieferdaten		Nd :	Er :	Ho : Er : Tm	
l_{max}	mm	127			[11.26]
d_{max}	mm	9,5			[11.26]
C	AT%	1	5	2 : 35 : 10	[11.26,26,26]
Meßdaten			Er :	Ho :	
η_{slope}	%		0,6	> 3,5	[11.27,44]
η_{excit}	%				
η_{extr}	%				
η_Q	%				
$-\ln V$	%/cm				
E_{max}	Ws		0,055	0,1	[11.27,44]
T	ms		0,2	50 ns	[11.27,44]
P_{AV}	W				
P_{CW}	W	2			[11.25]
$d \cdot l \cdot h$	mm · mm · mm	6,3 · 76	4 · 53	5 · 50	[11.25,27,44]

Tabelle 11.4. Laserspezifische Daten von GGG

$Gd_3Ga_5O_{12}$					Literatur
Laserdaten		Nd :		Cr :	
λ	nm	1062		760	[11.60,16]
σ	$10^{-20}\,cm^2$	20...29		0,6	[11.17,60,61]
τ_o	μs	282			[11.2]
$\tau(\approx 2\%)$	μs	200		160	[11.2,18]
Opt. Eigenschaften					
n		1,943			[11.41]
dn_r/dT	$10^{-6}/°C$	17,4			[11.41]
P_{11}		−0,086			[11.9]
P_{12}		−0,027			[11.9]
P_{44}		−0,078			[11.9]
Thermische Eigenschaften		Nd :	Nd : Cr :	Cr :	
c_p	$Ws/g°C$	0,3801	0,3815		[11.22,22]
k	$W/m°C$	6,43	7,1		[11.22,22]
α	$10^{-6}/°C$	5,67			[11.41]
T	°C	1727			[11,9]
Mechanische Eigenschaften					
ρ	g/cm^3	7,082	7,042		[11.22,22]
ν	−	0,28			[11,9]
E	GPa	225 [a]			[11,9]
σ_{max}	MPa	240		240	[4.11]
Kristalleigenschaften		Nd :		Cr :	
Orientierung		< 111 >			
$C_{0,5}$	WT%	3,46			[11.2]
F_1	$10^{20}/cm^3/AT\%$	1,265		0,84	[11.71]
F_2	AT%/WT%	1,42			[11.17]
λ_{FZ}	nm	500			[11.19]
Kodotierung					
Abgeleitete Daten		berechnet Nd :	Cr :	Literaturwert	
$h\nu$	$10^{-19}\,Ws$	1,87	2,61		
J_s	kW/cm^2	4,68	272		
E_s	Ws/cm^2	0,94	43,6		
n_2	$10^{-13}\,esu$	4,0[b]			
Φ_B	°	63			
R_T	kW/m	0,87			
τ/mm^2	s/mm^2	0,42			
C_r		0,011			
C_Φ		−0,016			
dn/dT	$10^{-6}/°C$	15,6			
M_r	$10^{-6}\,m/W$	1,30			
M_Φ	$10^{-6}\,m/W$	1,12			

Tabelle 11.4. (Fortsetzung)

$Gd_3Ga_5O_{12}$					Literatur
Lieferdaten		Nd :			
l_{max}	mm	200			[11.63]
d_{max}	mm	80			[11.63]
C	AT%	1,9	0,5		[11.63]
Meßdaten			Nd :	Nd : Cr :	
η_{slope}	%	2,4	4,3		[11.19,20]
η_{excit}	%		7,3		[11.20]
η_{extr}	%				
η_Q	%				
$-\ln V$	%/cm		$0,7-4$		[11.64,20]
E_{max}	Ws				
T	ms	3	0,18		[11.19,20]
P_{AV}	W	230			[11.19]
P_{CW}	W				
$d \cdot l \cdot h$	$mm \cdot mm \cdot mm$	$9 \cdot 177 \cdot 35$	$6,3 \cdot 75$		[11.19,20]

[a] undotiert
[b] Bestimmt nach den Daten von [11.41] und der Methode von [11.62]

Tabelle 11.5. Laserspezifische Daten von GSGG

$Gd_3Sc_2Ga_3O_{12}$					Literatur
Laserdaten		Nd :	Nd : Cr :	Cr :	
λ	nm	1061,2	1335	777	[11.21,4,18]
σ [a]	$10^{-20}\,cm^2$	31	73	0,7	[11.22,4,61]
τ_o	μs	281			[11.22]
$\tau(\approx 2\%)$	μs	200		112(120)	[11.22,22,18]
Opt. Eigenschaften			Nd : Cr :		
n		1,925	1,942	1,942	[11.23,24,41]
dn_r/dT	$10^{-6}/°C$	10,1	10,9	10,5	[11.22,24,41]
p_{11}		$-0,012$	$-0,097$		[11.22,9]
p_{12}		0,019	$-0,040$		[11.22,9]
p_{44}		$-0,0665$	$-0,066$		[11.22,9]
Therm. Eigenschaften		Nd :	Nd : Cr :	Cr :	
c_p	$Ws/g°C$	0,4016	0,4029	0,4026	[11.22,22,22]
k	$W/m°C$	4,86	6,02	5,63	[11.22,22,22]
α	$10^{-6}/°C$	7,5		7,39	[11.22,41]
T	°C				
Mech. Eigenschaften		Nd :	Nd : Cr :	Cr :	
ρ	g/cm^3	6,439	6,45	6,495	[11.22,22,22]
ν	–	0,28			[11.22]
E	GPa	210			[11.22]
σ_{max}	MPa	200	240		[11.22,22]
Kristalleigenschaften		Nd :	Nd : Cr :		
Orientierung		$< 111 >$			[11.22]
$C_{0,5}$	WT%	4,97			[11.22]
F_1	$10^{20}/cm^3/AT\%$				
F_2	AT%/WT%	1,2			[11.22]
λ_{FZ}	nm		590		[11.37]
Kodotierung					

| **Abgeleitete Daten** | | berechnet | | | Literaturwert | |
		Nd :	Nd : Cr :	Cr :		
$h\nu$	$10^{-19}\,Ws$	1,87	1,49	2,56		
J_s	kW/cm^2	3.02		326		
E_s	Ws/cm^2	0,6	0,2	36,5		
n_2	10^{-13} esu				8	[11.22]
Φ_B	°	63				
R_T	kW/m	0,44	0,55	0,51	0,66	[11.23]
τ/mm^2	s/mm^2	0,53	0,43	0,46		
C_r		0,0235	$-0,017$			
C_Φ		0,0015	$-0,031$			
dn/dT	$10^{-6}/°C$	8,36	9,15	8,75		
M_r	$10^{-6}\,m/W$	1,14				
M_Φ	$10^{-6}\,m/W$	0,90				

Tabelle 11.5. (Fortsetzung)

$Gd_3Sc_2Ga_3O_{12}$					Literatur
Lieferdaten		Nd :	Nd : Cr :	Cr :	
l_{max}	mm	152			[11.23]
d_{max}	mm	12,7			[11.23]
C	AT%	1,66		2,47	[11.23,21]
Meßdaten			Nd : Cr :		
η_{slope}	%				
η_{excit}	%		7,7		[11.20]
η_{extr}	%				
η_Q	%				
$-\ln V$	%/cm	0,5	0,7		[11.23,20]
E_{max}	Ws		1,5		[11.20]
T	ms		0,18		[11.20]
P_{AV}	W				
P_{CW}	W				
$d \cdot l \cdot h$	mm · mm · mm		6,3 · 76		[11.20]

[a] Der Wirkungsquerschnitt und die Wellenlänge sind temperaturabhängig [11.43]

Tabelle 11.6. Laserspezifische Daten von GSAG

			Literatur
Laserdaten		Cr :	
λ	nm	784	[11.42]
σ	$10^{-20}\,cm^2$	0,6	[4.14]
τ_0	μs		
$\tau(\approx 1\%)$	μs	150...160	[4.14,42]
Opt. Eigenschaften		Cr :	
n		1,885	[11.41]
dn_r/dT	$10^{-6}/°C$	5,08	[11.41]
P_{11}			
P_{12}			
P_{44}			
Therm. Eigenschaften			
c_p	$Ws/g°C$		
k	$W/m°C$	10	[4.14]
α	$10^{-6}/°C$	6,92	[11.41]
T	$°C$	1815	[11.42]
Mech. Eigenschaften			
ρ	g/cm^3	5,822	[11.42]
ν	–		
E	GPa		
σ_{max}	MPa		
Kristalleigenschaften			
Orientierung		< 111 >	[11.42]
$C_{0,5}$	WT%		
F_1	$10^{20}/cm^3/AT\%$		
F_2	AT%/WT%		
λ_{FZ}	nm		
Kodotierung			
Abgeleitete Daten		berechnet	Literaturwert
$h\nu$	$10^{-19}\,Ws$	2,53	
J_s	kW/cm^2	281,5	
E_s	Ws/cm^2	42,23	
n_2	$10^{-13}\,esu$		
Φ_B	°	62	
R_T	kW/m		
τ/mm^2	s/mm^2		
C_r			
C_Φ			
dn/dT	$10^{-6}/°C$	3,38	
M_r	$10^{-6}\,m/W$		
M_Φ	$10^{-6}\,m/W$		

Tabelle 11.6. (Fortsetzung)

			Literatur
Lieferdaten			
l_{max}	mm		
d_{max}	mm		
C	AT%		
Meßdaten		Cr :	Cr:
η_{slope}	%	0,38	0,12	[4.14,11.42]
η_{excit}	%		
η_{extr}	%		
η_Q	%		
$-\ln V$	%/cm		0,54	[11.42]
E_{max}	Ws	0,25	0,11	[4.14,11.42]
T	ms	0,1		[4.14]
P_{AV}	W		
P_{CW}	W		
$d \cdot l \cdot h$	mm · mm · mm	5 · 56	6,35 · 76	[4.14,11.42]

Tabelle 11.7. Laserspezifische Daten von Alexandrit

$BeAl_2O_4$		Cr :				Literatur
Laserdaten		22°C	290°C			
λ	nm	750				[11.33]
σ	$10^{-20}\,cm^2$	3	0,7	3		[11.33,33]
τ_0	μs					
$\tau(\approx 2\%)$	μs	262				[11.33]
Opt. Eigenschaften		$E_\parallel a$	$E_\parallel b$	$E_\parallel c$		
n		1,74	1,7367	1,421	1,7346	[11.33,34]
dn_r/dT	$10^{-6}/°C$	8	9,4	8,3		[11.34,33]
P_{11}						
P_{12}						
P_{44}						
Therm. Eigenschaften		$E_\parallel a$	$E_\parallel b$	$E_\parallel c$		
c_p	$Ws/g°C$					
k	$W/m°C$	23				[11.33]
α	$10^{-6}/°C$	8,0	5,9	6,1	6,7	[11.22,34]
T	°C	1870				[11.33]
Mech. Eigenschaften						
ρ	g/cm^3	3,69				[11.40]
ν	—	0,30				[11.22]
E	GPa	446				[11.22]
σ_{max}	MPa	400 520				[11.33,22]
Kristalleigenschaften						
Orientierung						
$C_{0,5}$	WT%					
F_1	$10^{20}/cm^3/AT\%$	3,51				[11.48]
F_2	AT%/WT%					
λ_{FZ}	nm					
Kodotierung						
Abgeleitete Daten		berechnet		Literaturwert		
$h\nu$	$10^{-19}\,Ws$	2,65				
J_s	kW/cm^2	33,7				
E_s	Ws/cm^2	8,83				
n_2	$10^{-13}\,esu$			0,83		[11.40]
Φ_B	°	60				
R_T	kW/m	1,8		2,350		[11.22]
τ/mm^2	s/mm^2					
C_r						
C_Φ						
dn/dT	$10^{-6}/°C$	6,43				
M_r	$10^{-6}\,m/W$					
M_Φ	$10^{-6}\,m/W$					

Tabelle 11.7. (Fortsetzung)

$BeAl_2O_4$			Literatur
Lieferdaten		Cr :	
l_{max}	mm		
d_{max}	mm		
C	AT%	0,05	[11.33]
Meßdaten		Cr :	
η_{slope}	%	3,9	[11.38]
η_{excit}	%		
η_{extr}	%		
η_Q	%		
$-\ln V$	%/cm	0,3	[11.39]
E_{max}	Ws	7	[11.38]
T	ms	160	[11.38]
P_{AV}	W	105	[11.38]
$d \cdot l \cdot h$	mm $\cdot$ mm $\cdot$ mm	6,35 $\cdot$ 100	[11.38]

Bemerkungen
Wirkungsquerschnitt, Lebensdauer [11.36] und Wellenlänge sind temperaturabhängig [11.35].
Die Wellenlänge läßt sich im Bereich von 730 nm bis 790 nm durchstimmen [11.34]

Tabelle 11.8. Laserspezifische Daten von BEL

$La_2Be_2O_5$		Nd :			Literatur
Laserdaten		$E_\parallel X$	$E_\parallel Y$		
λ	nm	1070	1079		[11.45]
σ	10^{-20} cm^2	21	15		[11.45]
τ_0	μs				
$\tau(\approx 1\%)$	μs	150			[11.45]
Opt. Eigenschaften		x	y	z	
n		1,9641	1,9974	2,0348	[11.45]
dn_r/dT	$10^{-6}/^\circ$C	2,86	1,53	$-6,23$	[11.46]
P_{11}					
P_{12}					
P_{44}					
Therm. Eigenschaften					
c_p	Ws/g$^\circ$C				
k	W/m$^\circ$C	4,7			[11.49]
α	$10^{-6}/^\circ$C	8			[11.46]
T	$^\circ$C	1360			[11.46]
Mech. Eigenschaften					
ρ	g/cm^3				
ν	$-$				
E	GPa				
σ_{max}	MPa				
Kristalleigenschaften					
Orientierung					
$C_{0,5}$	WT%				
F_1	10^{20}/cm^3/AT%	2			[11.49]
F_2					
λ_{FZ}	nm				
Kodotierung					
Abgeleitete Daten		berechnet		Literaturwert	
$h\nu$	10^{-19} Ws	1,86			
J_s	kW/cm^2	5,89			
E_s	Ws/cm^2	0,88			
n_2	10^{-13} esu			6	[11.46]
Φ_B	$^\circ$	63			
R_T	kW/m			0,22	[11.46]
$\tau/$mm^2	s/mm2				
C_r					
C_Φ					
dn/dT	$10^{-6}/^\circ$C	1,1			
M_r	10^{-6} m/W				
M_Φ	10^{-6} m/W				

Tabelle 11.8. (Fortsetzung)

$La_2Be_2O_5$				Literatur
Lieferdaten				
l_{max}	mm			
d_{max}	mm			
C	AT%			
Meßdaten				
η_{slope}	%	2,7	1,53	[11.45,46]
η_{excit}	%			
η_{extr}	%			
η_Q	%			
$-\ln V$	%/cm	0,26		[11.45]
E_{max}	Ws	0,4	1,8	[11.45,46]
T	ms	0,125		[11.45]
$d \cdot l \cdot h$	$mm \cdot mm \cdot mm$	$6,4 \cdot 76$	$9,5 \cdot 100$	[11.45,46]

Tabelle 11.9. Laserspezifische Daten von Saphir

Al_2O_3		Rubin	Rubin		Literatur
Laserdaten		Cr	Cr	Ti	
λ	nm	694,3		780 [a]	[11.51,68]
σ	10^{-20} cm^2	2,5		32	[11.3,66]
τ_0	μs			3,9	[11,66]
$\tau(0{,}05\%;0{,}5)$	μs	3000		2,3	[11.51,67]
Opt. Eigenschaften		o	e		
n		1,7638	1,7556	1,76	[11.51,70]
dn_r/dT	$10^{-6}/$°C	12,6			[11.3]
p_{11}		$-0{,}25$			[11.74]
p_{12}		$-0{,}038$			[11.74]
p_{44}		$-0{,}1$			[11.74]
Therm. Eigenschaften					
c_p	Ws/g°C	0,72			[11.53]
k	W/m°C	28			[11.22]
α	$10^{-6}/$°C	6,7			[11.22]
T	°C	2040		2040	[11.51,70]
Mech. Eigenschaften					
ρ	g/cm^3	3,98			[11.51]
ν	–	0,25			[11.22]
E	GPa	405			[11.22]
σ_{max}	MPa	440			[11.22]
Kristalleigenschaften					
Orientierung					
$C_{0,5}$	WT%			0,02…0,15	[11.70]
F_1	$10^{20}/$cm$^3/$AT%				
F_2	$10^{20}/$cm$^3/$WT%	3,16			[11.3]
λ_{FZ}	nm				
Kodotierung					
Abgeleitete Daten		berechnet	Literaturwert		
$h\nu$	10^{-19} Ws	2,86	2,55		
J_s	kW/cm^2	3,81	346		
E_s	Ws/cm^2	11,4	0,8		
n_2	10^{-13} esu				
Φ_B	°	60			
R_T	kW/m	3,41	3,4		[11.22]
$\tau/$mm^2	s/mm^2	0,1			
C_r		$-0{,}001$			
C_Φ		$-0{,}043$			
dn/dT	$10^{-6}/$°C	11			
M_r	10^{-6} m/W	0,2			
M_Φ	10^{-6} m/W	0,14			

Tabelle 11.9. (Fortsetzung)

Al_2O_3		Rubin	Rubin	Literatur
Lieferdaten		Cr :		
l_{max}	mm		100	[11.68]
d_{max}	mm	15	6,3	[11.51,68]
C	WT%	0,03 , 0,05	0,1	[11.51,68]
Meßdaten				
η_{slope}	%		0,5...2,2	[11.68,77]
η_{excit}	%			
η_{extr}	%			
η_Q	%			
$-\ln V$	%/cm		0,7	[11.69]
E_{max}	Ws		3	[11.77]
T	ms		0,12	[11.77]
P_{AV}	W		2	[11.77]
$d \cdot l \cdot h$	mm · mm · mm		8 · 187	[11.77]

[a] Durchstimmbar von 660 bis 990 nm nach [11.70]

Tabelle 11.10. Laserspezifische Daten von YVO

YVO$_4$ Yttrium-Vanadat		Nd :	Nd :	Literatur
Laserdaten				
λ	nm	1063	1340	[11.65,59]
σ	10^{-20} cm^2	120	$70 \pm 20 \ldots 60$	[11.76,59,76]
τ_0	μs			
$\tau(0{,}05\%)$	μs	94		[11.65]
Opt. Eigenschaften				
n				
dn_r/dT	$10^{-6}/^\circ$C			
P$_{11}$				
P$_{12}$				
P$_{44}$				
Therm. Eigenschaften				
c_p	Ws/g$^\circ$C			
k	W/m$^\circ$C			
α	$10^{-6}/^\circ$C			
T	$^\circ$C			
Mech. Eigenschaften				
ρ	g/cm^3			
ν	–			
E	GPa			
$\sigma_{\max}$	MPa			
Kristalleigenschaften				
Orientierung				
C$_{0,5}$	WT%			
F$_1$	10^{20}/cm^3/AT%			
F$_2$	10^{20}/cm^3/WT%			
λ_{FZ}	nm			
Kodotierung				

Abgeleitete Daten		berechnet	Literaturwert
$h\nu$	10^{-19} Ws	1,87	
J_s	kW/cm^2	1,66	
E_s	Ws/cm^2	0,16	
n_2	10^{-13} esu		
Φ_B	$^\circ$		
R$_T$	kW/m		
$\tau/$mm^2	s/mm^2		
C$_r$			
C$_\Phi$			
dn/dT	$10^{-6}/^\circ$C		
M$_r$	10^{-6} m/W		
M$_\Phi$	10^{-6} m/W		

Tabelle 11.10. (Fortsetzung)

YVO$_4$ Yttrium-Vanadat		Nd :	Literatur
Lieferdaten			
l_{max}	mm		
d_{max}	mm		
C	AT%	1,2,3	[11.?,59]
Meßdaten		1063 nm	
η_{slope}	%		
η_{excit}	%		
η_{extr}	%		
η_Q	%		
$-\ln V$	%/cm	5	[11.76]
E_{max}	Ws		
T	ms		
P_{AV}	W		
P_{CW}	W		
$d \cdot l \cdot h$	mm · mm · mm		

Bemerkungen
Ideal zum Pumpen mit Dioden, polarisiert [11.76]

11.2 Spektren der Laserkristalle

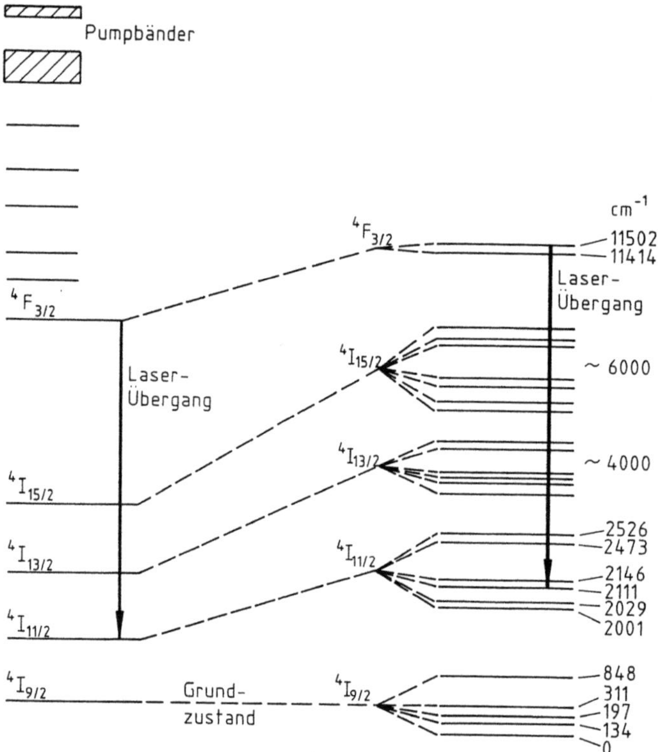

Bild 11.1. Termschema von Nd : YAG nach [11.3]

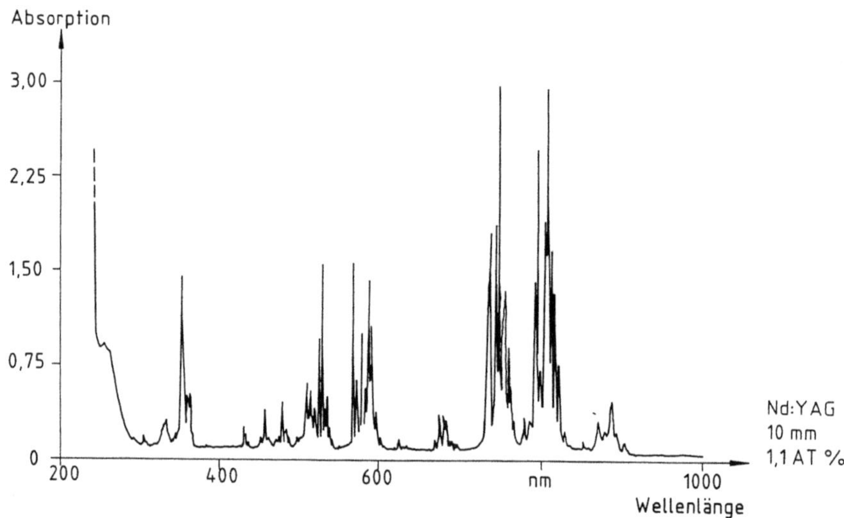

Bild 11.2. Absorptionsspektrum von Nd : YAG

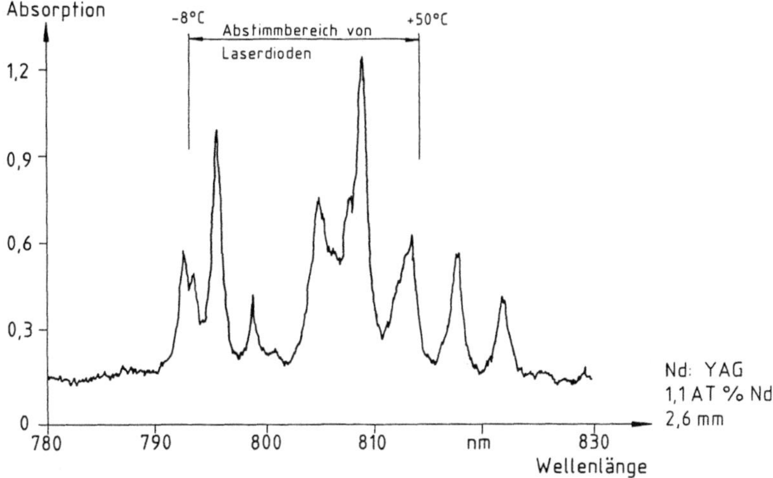

Bild 11.3. Anregungsspektrum von Nd : YAG im Bereich 780 bis 830 nm nach [11.72]

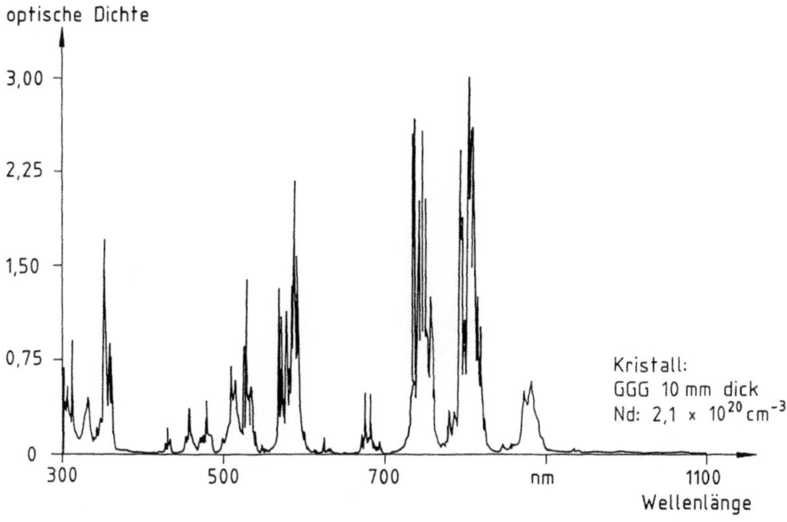

Bild 11.4. Anregungsspektrum von Nd : GGG nach [11.71]

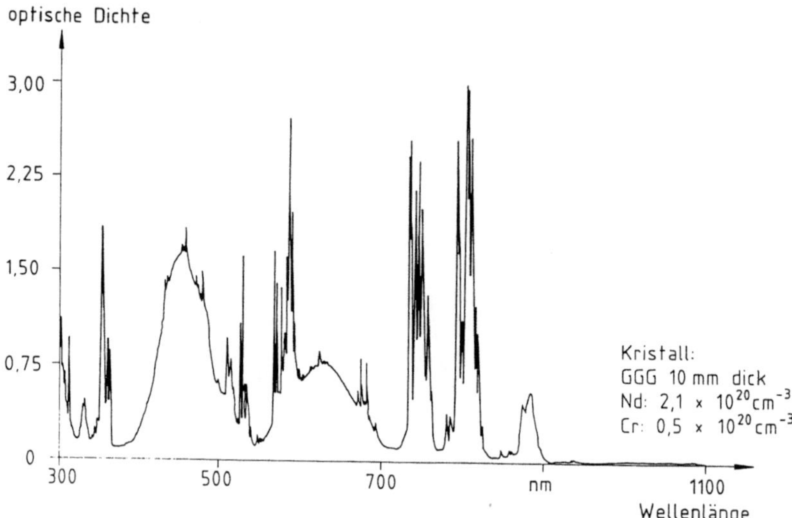

Bild 11.5. Anregungsspektrum von Nd : Cr : GGG nach [11.71]

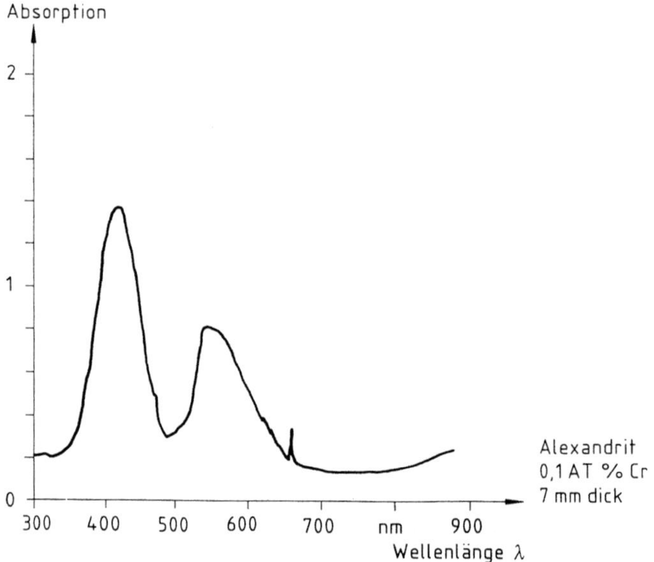

Bild 11.6. Absorptionsspektrum von Alexandrit

12 Materialdaten

Für die wichtigsten Materialien und Stoffe, die bei Konstruktion und Ausführung von Festkörperlasern Verwendung finden, werden in diesem Kapitel die Materialparameter und Spektren angegeben.

12.1 Optisch transparente Medien

Die spektralen Eigenschaften der verwendeten Medien sollten für den jeweiligen Verwendungszweck optimal angepaßt sein. Eisenhaltige Flowtubes absorbieren das Pumplicht merklich. Bei einigen Lasermaterialien werden durch kurzwellige Strahlung Farbzentren (reversibel und irreversibel) hervorgerufen. Durch Absorption bis zu der entsprechenden kritischen Wellenlänge kann dies vermieden werden.

Tabelle 12.1. Bezeichnung der Brechzahlen bei verschiedenen Wellenlänge

λ/nm	1014	852	706	656	644	589	588	546	481	480	436	405
	n_t	n_s	n_r	n_C	$n_{C'}$	n_D	n_d	n_e	n_F	$n_{F'}$	n_g	n_h

λ = Wellenlänge

Wasser

Aufgrund der merklichen Absorption von Wasser im längerwelligen Bereichen sollten die Wege des Pumplichts von Anregungsquelle bis zum Lasermedium kurz gehalten werden. Nach Tabelle 12.2 ist in Bild 12.1 die spektrale Transmission von Wasser gezeichnet.

Tabelle 12.2. Transmission von Wasser nach [12.1,2]

λ/nm	400	450	500	550	600	650	700	750	800	850	900	950	1000	1050	1100
α/m^{-1}	0,08	0,03	0,03	0,05	0,2	0,29	0,58	2,5	2,1	3,0	7,0	40	35	13	20
T/% 1 cm Dicke	99,9	100	100	99,9	99,8	99,7	99,4	97,6	98,0	97,0	93,2	67,0	70,5	87,8	81,9
T/% 10 cm Dicke	99,2	99,7	99,7	99,5	98,1	97,1	94,4	78,1	81,3	74,1	49,7	1,8	3,0	27,3	13,5

λ = Wellenlänge
α = Absorptionskoeffizient
T = Transmission bei angegebener Dicke

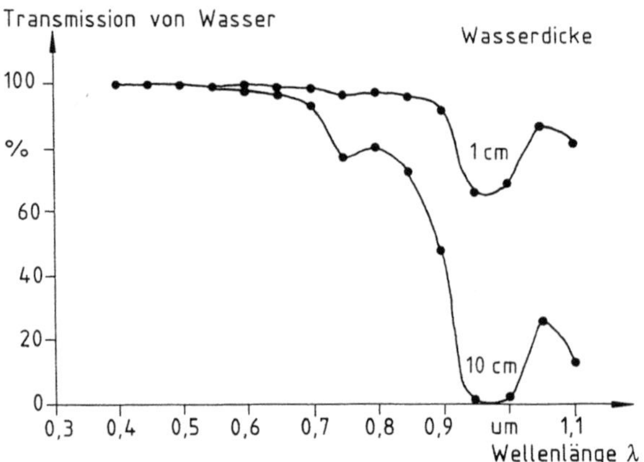

Bild 12.1. Transmission von Wasser nach [12.1,2]

Transparente Medien

Tabelle 12.3. Eigenschaften von Gläsern

		DURAN [a] TEMPAX	Saphir Al_2O_3	ZERODUR	BK 7	Quarz SiO_2	Literatur
n		1,473 [c]	1,755 [d]		1,506 [d]	1,450	[12.3,15,6,12]
dn/dT_r	$10^{-6}/°C$		13	15,2 [b]	2,4	10,5 [b]	[12.15,5,6]
dn/dT	$10^{-6}/°C$			13,9 [b]	1,2		[12.5,6]
c_p	$Wsg^{-1}K^{-1}$	0,88	0,75	0,82	0,858	0,75	[12.4,14,5,6,7]
k	$Wm^{-1}K^{-1}$	1,16	30	1,64	1,114	1,4	[12.4,14,5,6,7]
α	$10^{-6}/°C$	3,25	6,2	0,05	8,3	0,54	[12.3,14,5,6,7]
T_g	°C	530	2050		560	950	[12.3,6,12]
ρ	g/cm^3	2,23	3,99	2,53	2,51	2,2	[12.3,14,5,6,7]
ν		0,20		0,24		0,16	[12.4,5,7]
E	kN/mm^2	63		91	81	72	[12.4,5,6,7]
u	$10^3\,m/s$					6	[12.12]

[a] $DURAN = 81 \cdot SiO_2 + 13 \cdot B_2O_3 + 4 \cdot Na_2OK_2O + 2 \cdot Al_2O_3$
[b] für $\lambda = 644\,nm$
[c] für $\lambda = 588\,nm$
[d] für $\lambda = 1060\,nm$

$n = \dfrac{n_{Material}}{n_{Luft}}$ = Brechungsindex bei der angegebenen Wellenlänge relativ zu Luft

dn_r/dT = die auf Luft bezogene Änderung der Brechzahl, wenn möglich im Bereich der Laserwellenlänge im Temperaturbereich von 20 bis 40 °C

dn/dT = absolute Änderung der Brechzahl mit der Temperatur

c_p = spezifische Wärme

k = Wärmeleitfähigkeit

α = Wärmeausdehnungskoeffizient im Bereich 20 bis 300 °C

T_g = Transformationstemperatur. Diese Temperatur darf z. B. beim Beschichten mit dielektrischen Schichten nicht überschritten werden.

ρ = spezifisches Gewicht

ν = Poissonzahl

E = Elastizitätsmodul (Young Modul)

T = Transmission

u = Schallgeschwindigkeit

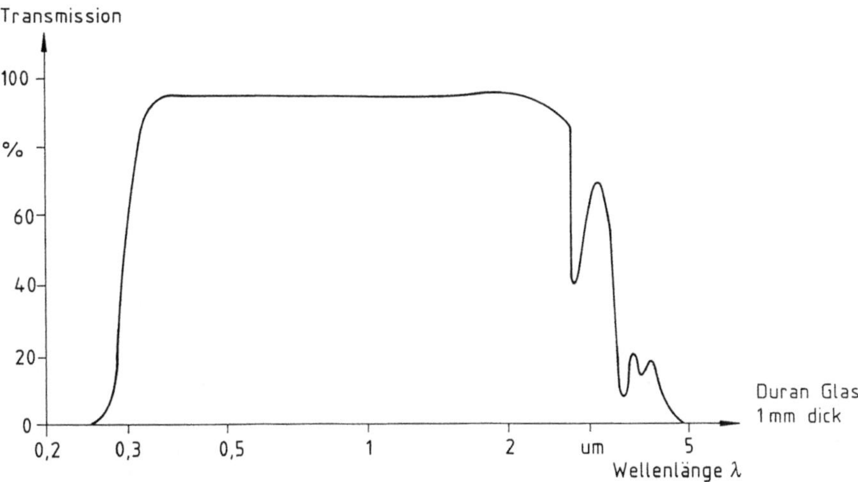

Bild 12.2. Transmission von DURAN-Glas mit Reflexionsverlusten (nach [12.13])

12.2 Fertigungsmaterialien

Pumpkammer, Gehäuse für die Optik bestehen aus den verschiedensten Materialien, die in ihren Eigenschaften aufeinander abgestimmt sein sollten. Deshalb werden die verschiedenen physikalische Eigenschaften der üblichen Materialien in Tabelle 12.4 aufgelistet und in Bild 12.3 der spektrale Reflexionsverlauf von Metallen gezeigt, von denen einige als Reflektormaterial benutzt werden.

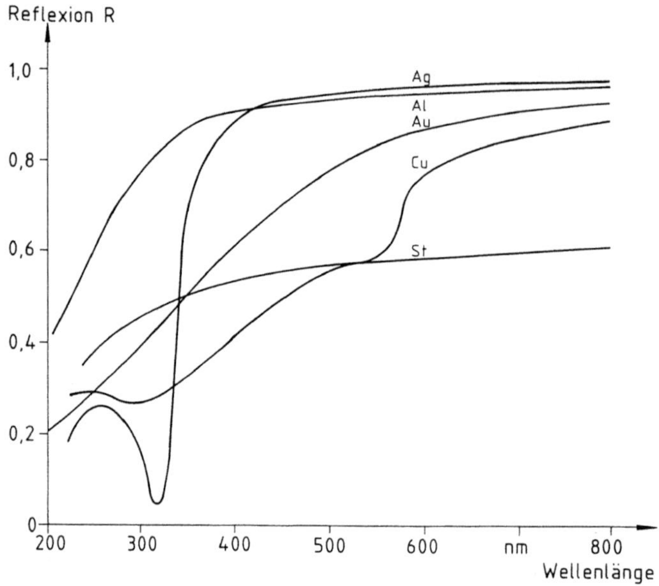

Bild 12.3. Spektraler Reflexionsverlauf verschiedener Metalle (nach [12.15])

Tabelle 12.4 Eigenschaften von Werkstoffen

		Invar NILO	Keramik Al_2O_3	MACOR	Granit	Literatur
c_p	$Wsg^{-1}K^{-1}$	500 J/k	0,9			[12.8,10]
k	$Wm^{-1}K^{-1}$	10,0	30			[12.8,10,11]
α	$10^{-6}/°C$	1,5	8,5	9,7	8	[12.8,10,11,16]
T_g	°C		1700	1000		[12.10,11]
ρ	g/cm^3	8,13	3,8	2,52	3,0	[12.8,10,11,16]
ν		0,25	0,22			[12.9,10]
E	kN/mm^2	140	350	65 GPa	30–90	[12.9,10,11,16]

MACOR (bearbeitbare Keramik) ist eingetragenes Warenzeichen von CORNING

13 Tabellen, Konstante

13.1 Umrechnungstabellen nach [13.1]

Tabelle 13.1. Längen

Länge	inch	feet	cm	m
1 inch	1	0,0833	2,540	0,0254
1 feet	12	1	30,48	0,3048
1 cm	0,394		1	0,01
1 m	39,37	3,281	100	1

1 mil = 1 milli inch

Tabelle 13.2. Volumen

Volumen	gal	ltr	cm^3
1 gal	1	3,785	3785
1 ltr	0,264	1	1000

Tabelle 13.3. Winkel

Winkel	Grad	min	sec	rad	mrad	μrad
1 Grad	1	60	3600	0,017	17,45	
1 min		1	60		0,29	
1 sec			1			4,85
1 rad	57° +	17' +	45''	1		
1 mrad	−	3' +	26''		1	
1 μrad	−	−	0,206''			1

Tabelle 13.4. Kräfte

Kraft	N	dyn	kp
1 N	1	10^5	0,102
1 dyn	10^{-5}	1	$0,102 \cdot 10^{-5}$
1 kp	9,806	$9,806 \cdot 10^5$	1

Tabelle 13.5. Druck

Druck	N/m^2	bar	kp/cm^2	atm	torr	mmWs	psi
$1 N/m^2 = Pa$	1	10^{-5}	$1,02 \cdot 10^{-5}$	$9,87 \cdot 10^{-6}$	$7,5 \cdot 10^{-3}$	0,102	145,1
1 bar	10^5	1	1,02	0,987	$7,5 \cdot 10^2$	$1,02 \cdot 10^4$	
$1 kp/cm^2 = at$	$9,81 \cdot 10^4$	0,981	1	0,968	736	10^4	
1 atm	$1,013 \cdot 10^5$	1,013	1,033	1	760	$1,033 \cdot 10^4$	14,7
1 torr	$1,333 \cdot 10^2$	$1,333 \cdot 10^{-3}$	$1,36 \cdot 10^{-3}$	$1,316 \cdot 10^{-3}$	1	13,6	
1 mmWs	9,81	$9,81 \cdot 10^{-5}$	10^{-4}	$9,68 \cdot 10^{-3}$	$736 \cdot 10^{-4}$	1	
1 psi							

Tabelle 13.6. Energie

Energie	Ws	cal	kWh	kpm	erg	eV
1 J=Ws=Nm	1	0,2388	$2,778 \cdot 10^{-7}$	0,102	10^7	$6,242 \cdot 10^{18}$
1 cal	4,187	1	$1,163 \cdot 10^{-6}$	0,4269	$4,187 \cdot 10^7$	$6,614 \cdot 10^{19}$
1 kWh	$3,6 \cdot 10^6$	$8,598 \cdot 10^5$	1	$3,671 \cdot 10^5$	$3,6 \cdot 10^{13}$	$2,247 \cdot 10^{25}$
1 kpm	9,807	2,342	$2,724 \cdot 10^{-6}$	1	$9,807 \cdot 10^7$	$6,122 \cdot 10^{19}$
1 erg	10^{-7}	$2,388 \cdot 10^{-8}$	$2,778 \cdot 10^{-14}$	$1,020 \cdot 10^{-8}$	1	$6,242 \cdot 10^{11}$
1 eV	$1,602 \cdot 10^{-19}$	$3,826 \cdot 10^{-20}$	$4,450 \cdot 10^{-26}$	$1,634 \cdot 10^{-15}$	$1,602 \cdot 10^{-12}$	1

Tabelle 13.7. Temperatur

Temperatur		Celsius	Réaumur	Fahrenheit
Celsius	$T_C =$	T_C	$T_R \cdot 10/8$	$(T_F - 32) \cdot 10/18$
Réaumur	$T_R =$	$T_C \cdot 8/10$	T_R	$(T_F - 32) \cdot 8/18$
Fahrenheit	$T_F =$	$T_C \cdot 18/10 + 32$	$T_R \cdot 18/8 + 32$	T_F

13.2 Spezielle Umrechnungen

Energie

1 Btu (British Thermal Unit) $= 10558\,\mathrm{Ws}$ $1\,\mathrm{Ws} = 5,03404 \cdot 10^{22}\,\mathrm{cm}^{-1}$

Gewicht

$1\,\mathrm{g} = 0,002205\,\mathrm{lbs}$ $1\,\mathrm{g/cm}^3 = 62,43\,\mathrm{lbs/ft}^3$

Druck

$145,5\,\mathrm{MPa} = 1\,\mathrm{lb/in}^2$

Wärmeleitfähigkeit

$1\,\mathrm{W/(m\,°K)} = 0,860\,\mathrm{kcal/(mh°C)} = 0,578\,\mathrm{Btu/(h\,ft\,°F)}$

$1\,\mathrm{Btu/(inch\,h\,°R)} = 20,75\,\mathrm{W/(cm\,°K)} = 178,6\,\mathrm{cal/(s\,cm\,°K)}$

Elektrische Größen

$1\,\text{Gauß} = 10^{-4}\,\text{Vs/m}^2$ $\qquad\qquad$ $1\,\text{Tesla} = 1\,\text{Vs/m}^2 = 10^{-4}\,\text{Vs/cm}^2$

$1\,\text{Henry} = 1\,\text{Vs/A}$

$1\,\text{Farad} = 1\,\text{As/V}$

Optische Größen

nichtlinearer Brechungsindex

$1\,\text{esu} = 2{,}386 \cdot 10^6 \cdot \text{n}\,\frac{\text{m}^2}{\text{W}}$ $\qquad$ $\text{n} = \text{Brechungsindex}$

$1\,\frac{\text{m}^2}{\text{W}} = \frac{42\cdot 10^{-8}}{\text{n}}\ \text{esu}$

optische Dichte D

$\text{D} = \log\frac{1}{\text{T}}$ $\qquad\qquad$ $\text{T} = \text{Transmission}$

$\text{D} = \log(\text{e})\alpha\text{d}$ $\qquad\qquad$ für $\text{T} = \text{e}^{\alpha\text{d}}$
$\alpha = \text{Absorptionskoeffizient}$
$\text{d} = \text{Materialstärke}$
$\log(\text{e}) = 0{,}43$

$\text{D} = \alpha$ $\qquad\qquad$ für $\text{d} = 2{,}4\,\text{mm}$

$1\,\text{Brewster} = 1{,}02 \cdot 10^6\,\text{cm}^2/\text{N}$

$\tilde{\text{N}} = \text{Wellenzahl } [\text{cm}^{-1}]$ $\qquad$ $\tilde{\text{N}} = \frac{1}{\lambda} = \frac{\text{E}}{\text{hc}}$
$\text{hc} = 1{,}986 \cdot 10^{-23}\,\text{Ws}\,\text{cm}^{-1}$

$\Delta\nu = \text{Bandbreite}$ $\qquad\qquad$ $\Delta\nu = \text{c}\Delta\tilde{\text{N}}$
$\text{c} = \lambda/\nu = \text{Lichtgeschwindigkeit}$

$\Delta\lambda = \text{Linienbreite}$ $\qquad\qquad$ $\Delta\lambda = \Delta\tilde{\text{N}}\lambda^2 = \Delta\nu\lambda^2/\text{c}$
$\hbar = \frac{\text{h}}{2\pi}$
$\Delta\nu/\nu = \Delta\lambda/\lambda = \Delta\tilde{\text{N}}/\tilde{\text{N}}$

$\text{g} = \text{Verstärkung, Dämpfung}$ $\qquad$ $\text{g(dB)} = 10 \cdot \log(\text{J}_2/\text{J}_1)$
$\text{J}_2/\text{J}_1 = \text{Verhältnis der Intensitäten}$

13.3 Physikalische Konstante

$\text{h}\ = 6{,}626 \cdot 10^{-34}\quad \text{Js}$ $\qquad\qquad$ Plancksches-Wirkungsquantum
$\ \ = 4{,}135 \cdot 10^{-15}\quad \text{eV/Hz}$

$\text{hc} = 1{,}986 \cdot 10^{-23}\quad \text{Ws}\,\text{cm}^{-1}$

$\hbar\ = \text{h}/2\pi$

$\text{e}_0 = 1{,}602 \cdot 10^{-19}\quad \text{As}$ $\qquad\qquad$ Elektronladung

$\text{m}_0 = 9{,}11 \cdot 10^{-28}\quad \text{g}$ $\qquad\qquad$ Elektronmasse

$c = 2{,}998 \cdot 10^{8}$	m/s	Lichtgeschwindigkeit
$\varepsilon_0 = 8{,}854 \cdot 10^{-12}$	As/(Vm)	Dielektrizitätskonstante
$\mu_0 = 1{,}257 \cdot 10^{-6}$	Vs/(Am)	Permeabilitätskonstante
$Z_0 = 376{,}7$	Ω	Vakuumwellenwiderstand
$g = 9{,}81$	m/s^2	Erdbeschleunigung
$K = 1{,}381 \cdot 10^{-23}$	$J/^\circ K$	Boltzmann-Konstante (R/NA)
$N_A = 6{,}022 \cdot 10^{23}$	1/mol	Avogadro-Konstante (Loschmidt-Zahl)
$R = 8{,}3146$	$Ws/(^\circ C\,Mol)$	Gaskonstante ($\approx 2\,cal/(^\circ C\,Mol)$)
$T = -273{,}15$	$^\circ C$	absolute Temperatur

Mathematische Konstanten

$\pi = 3{,}141\,593$	Pi
$e = 2{,}718\,282$	Eulerzahl

Literaturverzeichnis

Allgemeine Literatur

Koechner, W.: Solid-State Laser Engineering. Berlin Springer (1976)
Gerrad, A., Burch, J.M.: Introduction to Matrix Methods in Optics. London Wiley (1975)
Yariv, A.: Introduction to optical Electronics. California Institute of Technology (1976)
Weber, M.J. (Ed.): Handbook of Laser Science and Technology. Chemical Rubber Comp. CRC Press Inc. Vol.1 (1982)
Siegmann, A.E.: An Indroduction to Lasers and Masers. New York Mc Graw Hill (1971)
Kneubühl, F.K., Sigrist, M.W.: Laser. Stuttgart Teubner (1988)
Charschan, S.S. (Ed.): Lasers in industry. Western Electric Series (1972)
Weber, H., Herziger, G.: Laser – Grundlagen und Anwendung. Weinheim Physik-Verlag (1972)
Nonhof, C.J.: Material processing with Nd-lasers. Electrochem. Publ. (1988)
Naumann, H., Schröder G.: Bauelemente der Optik. Taschenbuch der technischen Optik. 5. Aufl. München Hanser Verlag (1987)
Sutter, E., Schreiber, P., Ott, G.: Handbuch Laser-Strahlenschutz. Berlin Springer (1989)

Literatur zu Kapitel 1

1.1   Koechner, W.: Solid-State Laser Engineering. Berlin Springer 1976
1.2   Rigrod, W.W.: Homogeneously broadened CW laser with uniform distributed loss. IEEE J. Quant. Electr. 14 (1978) 377-381
1.3   Schindler, G.M.: Optimum output efficiency of homogeneausly broadened lasers with constant loss. IEEE J. Quant. Electr. 16 (1980) 546-549
1.4   Findlay, D., Clay, R.A.: The measurement of internal losses in 4-level lasers. Phys. Lett. 20 (1966) 277-278
1.5   Weber, H.: Optimierung von Nd-Lasern. Interner Bericht Inst. für Physik Universität Kaiserslautern (Feb. 1987)
1.6   Hodgson, N. Festkörperlaser-Institut Berlin. Private Mitteilung 1988
1.7   Wildmann, D.: Laserbeschriftung Stand der Technik. In „Optoelektronik in der Technik", Voträge des 8. intern. Kongresses. Berlin Springer 1987
1.8   Baldwin, G.: Output Power Calculations for a Continously Pumped Q-switched YAG:Nd Laser. IEEE J. Quant. Electr. 7 (1971) 220-224
1.9   Nonhof, C.J., Keränen, R.: Pulse to pulse Instabilities in a Multimode Q-switched ND:YAG-Laser. In „Optoelektronik in der Technik, Vorträge des 8. intern. Kongresses". Berlin Springer 1987, 332
1.10 Laporta, P., Magni, V., Svelto O.: Comparative Study of the Optical Pumping Efficiency in Solid State Lasers. IEEE J. Quant. Electr. 21 (1985) 1211
1.11 Hodgson, N., Weber, H.: Extraktionswirkungsgrade von Laseroszillatoren. Inst. für Physik Universität Kaiserslautern (April 1987)
1.12 Mindak, M., Szydlak, J.: Examples of operating characteristics and power balance in pump cavity of cw Nd:YAG laser. Opt. Appl. 13 (1983) 407-419
1.13 Yariv, A.: Energy and power considerations in injection and optically pumped lasers. Proc. of the IEEE Dec. (1963) 1723
1.14 Eicher, J., Mann, K., Weber H.: Untersuchungen der Eigenschaften von Festkörperslablasersystemen. Forschungsbericht zum BMFT-Vorhaben 13 N 5306/1

1.15   Caird, J.A. et al.: Measurements of lasers and lasing efficiency in GSGG:Cr, Nd and YAG:Nd laser rods. Appl. Opt. 25 (1986) 4294
1.16   Sina, B.K.: A new method for the estimation of pumping coefficient for a Ruby laser. IEEE J. Quant. Electr. 15 (1979) 1083-1085

Literatur zu Kapitel 2

2.1   Kogelnik, H., Li T.: Laser beams and resonators. IEEE 54 (1966) 1312-1329
2.2   Kogelnik, H.: Imaging of optical modes-Resonators with internal lenses. The Bell System techn. Journ. March (1965) 455-494
2.3   Dembowski, J. et al.: Resonators for high power lasers. Proc. of the 4th Symp. on gas flow and chemical lasers (1982) Stresa 541-548
2.4   Ripper, G., Herziger, G.: Werkstoffbearbeitung mit Laserstrahlung Teil 5. Feinwerktechnik & Messtechnik 92 (1984) 297
2.5   Phillips, R., Andrews, L.: Spot size and divergence for Laguerre Gaussian beams of any order. Appl. Optics 22 (1983) Nr 5
2.6   Carter, W.: Spot size and divergence for Hermite Gaussian beams of any order. Appl. Optics 19 (1980) Nr 7
2.7   Iffländer, R., Weber, H.: Focusing of multimode laser beams with variable beam parameters. Optica Acta 33 (1986) 1083-1090
2.8   Halbach, K.: Matrix Representation of Gaussian Optics. Am. J. Phys. 32 (1964) 90-108
2.9   Gerrad, A., Burch, J.M.: Introduction to Matrix Methods in Optics. London Wiley 1975
2.10   Yariv, A.: Introduction to optical Electronics. California Institute of Technology 1976
2.11   Weber, H.: Optische Resonatoren – Grundlagen und Anwendung. Vorlesungsmanuskript 3.Aufl. Univ. Kaiserslautern (1983)
2.12   Weber, H.: Laserphysik. Vorlesungsmanuskript 3.Aufl. WS 1978/79. Univ. Kaiserslautern
2.13   Weber, H.: Ausbreitung und Fokussierung Gaußscher Strahlen. Internes Manuskript. Univ. Kaiserslautern (1978)

Literatur zu Kapitel 3

3.1   Lörtscher, J.P., Steffen, J.: Dynamic stable resonators: A design procedure Optic. a. Quant. Electr. 7 (1975) 505-514
3.2   Baues, P.: Huygens' Principle in Inhomogeneous Isotropic Media and a General Integral Equation Applicable to Optical Resonators. Opto- Electronics 1 (1969) 37-44
3.3   Magni, V.: Multielement stable resonators containing a variable lens. J. Opt. Soc. Am. A. 4 (1987) 1962-1969
3.4   Grau, G.K.: Laserspiegel zur Auskopplung eines speziellen beugungsbegrenzten Parallelstrahls. AEÜ 20 (1966) 704
3.5   Iffländer, R., Kortz, H.P., Weber, H.: Beam divergence and refractive power of directly coated solid state lasers. Optics Comm. 29 (1979) 223
3.6   Kortz, H.P., Iffländer, R., Weber, H.: Stability and beam divergence of multimode lasers with internal variable lenses. Appl. Optics 20 (1981) 4124
3.7   Le Floch, A., Lenormand, J.M., Le Naour, R., Taché, J.P.: A critical geometry for lasers with internal lenslike effects. Le Journal de Phys. Lett. 43 (1982) L493-L498
3.8   Metcalf, D., De Giovanni, P., Zachorowski, J., Leduc, M.: Laser resonators containing self-focusing elements. Appl. Opt.26 (1987) 4508
3.9   Driedger, K.P., Iffländer, R.M., Weber, H.: Multirod Resonators for High- Power Solidstate lasers with improved beam quality. IEEE Journ. of Quant. Electr. 24 (1988) 665
3.10   Weber, H., Iffländer, R., Seiler, P.: High power Nd-lasers for industrial application. SPIE vol.650 High power lasers and their industrial applications (1986) 92
3.11   Driedger, K.P., Lu, B., Weber, H.: Multimode Resonators, insensitive against thermal lensing. Optica Acta 32 (1985) 847-854
3.12   Hauck, R., Kortz, H.P., Weber H.: Misalignment sensitivity of optical resonators. Appl. Optics 19 (1980) 598
3.13   Siegman, A.E.: A Canonical Formulation for Analyzing Multielement Unstable Resonators. IEEE Journ. Quant. Electron. 12 (1976) 35-39

3.14 Anan'ev, Y.A.: Unstable Resonators and their Applications (Review). Sov. Journ. of Quant. Electron. 1 (1972) 565-586

3.15 Hanna, D.C., Laylock L.C.: An unstable resonator Nd-YAG laser. Optical and Quant. Electron. 11 (1979) 153-160

Literatur zu Kapitel 4

4.1   Krupke, W.F.: Specific heat loading in Nd-Glas lasers. LLNL-Bericht UCID-20531 (1985)

4.2   Jankiewicz, Z. et al.: Analysis of the thermal focusing effekt in a cw Nd:YAG laser. Optica Applicata XV (1985) 125

4.3   Driedger, K.P. et al.: Average refractive powers of an Alexandrit laserrod. Optics Comm. 57 (1986) 403

4.4   Mangir, M.S., Rockwell, D.A.: Measurements of heating and energy storage in flashlamp-pumped Nd:YAG and Nd-doped phosphate laser glasses. IEEE J. Quant. Electr. 22 (1986) 574-580

4.5   Mann, K., Weber, H.: Surface heat transfer coefficient, heat efficiency and temperature of pulsed solid state lasers. J. Appl. Phys. 64 (1988) 1015

4.6   Sumida, D., Rockwell, D.: Dependence of Cr, Nd:GSGG pumping efficiency on Cr concentration. HUGHES research lab. Malibu CA (1986)

4.7   Sun, Y-C.: Bestimmung der Spannungsdoppelbrechung optisch gepumpter Laserstäbe und ihr Einfluß auf die Brechkraft. Interner Bericht Univ. Kaiserslautern (1981)

4.8   Tautz, H.: Wärmeleitung und Temperaturausgleich. Berlin: Akademie-Verlag 1971

4.9   Hagen, W.F.: Thermal fracture of laser glasses and Crystals. LLL-Internal Report LRD 87-170 / 6061T (1987)

4.10 Hodgson, N., Weber, H.: Measurement of extraction efficiency and excitation efficiency of lasers. J. mod. Optics 35 (1988) 807-813

4.11 Brown, D.C., Lee, K.L.: Methods for scaling high average power laser performance. SPIE 622. High power and solid state lasers (1986) 30

4.12 Walling, J.C.: Tunable Alexandrite Lasers: Development and Performance. IEEE J. Quant. Electr. 21 (1985) 1568

4.13 Koechner, W.: Solid state laser engineering. Berlin, Heidelberg: Springer 1976

4.14 Foster, J.D., Osterink, L.M.: Thermal Effects in a ND:YAG Laser. J. Appl. Phys. 41 (1970) 3656

4.15 Struve, B., Fuhrberg, P., Luhs, W., Litfin, G.: Thermal lensing and laser operation of flashlamp-pumped Cr:GSAG. Opt, Comm. 65 (1988) 291

4.16 Horowitz et al.: Thermal lensing in Alexandrite rod by Moire deflectometry. Appl. Optics 23 (1984) 2229

4.17 Murray, J.E.: Pulsed gain and thermal lensing of Nd:LiF4. IEEE J. Quant. Electr. 19 (1983) 488

4.18 CLEO (1988) Vortrag TUM 35

4.19 Reed, E.: A flashlamp pumped Q-switched Cr:Nd:GSGG laser. IEEE Journ. Quant. Electr. 21 (1985) 1625

4.20 Kelly, J.H. et al.: High repetition rate Cr:Nd:GSGG active mirror amplifier. Optics Lett. 12 (1987) 996

4.21 Martin, W.S.: Multiple internal reflection facepumped laser. United States patent 3,633,126 (1972)

4.22 Blink, J.A. et al.: Thermal poer distribution in a Zig-Zag slab laser. LLNL. High-Average-Power lasers 7. Laser program annual report (1986) 7-88

4.23 Marion, J.E.: Strengthening of solid state laser materials. CLEO (1985) THR 1
      Marion, J.E.: Strengthening of solid state laser materials. Appl. Phs. Lett. 47 (1985) 694

4.24 Hoffmann, H.J.: Verbundmaterialien für die Lasertechnik und Optik. Offenlegungsschrift DE 36 17 362 A1 (1987)

Literatur zu Kapitel 5

5.1   Takada, Y., Saito, H., Fujioka T.: New type of solid-state laser for several kilowatts. SPIE 801 High power lasers (1987) 62

5.2   Hughes, J.L.: High power continous wave multi-slab laser oscillator. Int. Patent WO 87/05160 (1987)

5.3   Huchital, D.A., Steinberg, G.N.: Pumping of Nd:YAG with electrodeless arc lamps. IEEE J. Quant. Electr. 12 (1976) 1

5.4   Edler, H.G. et al.: Festkörperlaser mittlerer Leistung zur Materialbearbeitung. Forschungsbericht BMFT 13 N 52 08 6(1985)

5.5   Hachfeld, K.D.: The engineering art of solid state laser pump cavity design. SPIE 609 Flashlamp pumped laser technology (1986) 55

5.6   Bowness, C.: On the efficiency of single and multiple elliptical laser cavities. Appl. Opt. 4 (1965) 103

5.7   Kamiryo, K. et al.: Optimum design of elliptical pumping chambers. Jap. J. Appl. Phys. 5 (1966) 1217

5.8   Acharekar, M.A.: Tracing rays inside a YAG laser cavity. Laser Fokus 11 (1981) 67

5.9   Eckardt, R.C. et al.: Compact, low-cost cryogenic laser head. Rev. Sci. Instrum. 55 (1984) 1945

5.10 Maeda, K. et al.: Concentration Dependance of Fluorescence Lifetime of Nd 3+ -doped Gd3Ga5O12 Lasers. Jap. Journ. Appl. Phys. 23 (1984) L 759

5.11 Neuroth, N.: Eigenschaften und Anwendungen der Glaslaser. Laser und angewandte Strahlentechnik 4 (1970) 17

5.12 Danielmeyer, H.G.: Progress in Nd:YAG lasers. Lasers: A Series of Advances, vol. 4; Levine, De muria (eds), Marcel Dekker 1976

5.13 Berger, J. et al.: Fiber-bundle coupled, diode end-pumped Nd:YAG laser Optics letters 13 (1988) 306

5.14 Mann, K., Weber, H.: Surface heat transfer coefficient, heat efficiency and temperature of pulsed solid state lasers. J. Appl. Phys. 64 (1988) 1015

5.15 Yoshikawa, S., Iwamoto, K., Washio K.: Efficient arc lamps for optical pumping of Neodymium lasers. Appl. Optics 10 (1971) 1620

5.16 Gibbson, J.: Laser water-cooling loops deserve attention. Laser Focus World 4 (1989) 123

Literatur zu Kapitel 6

6.1   Marshak: Pulsed light sources. Consultant's Bureau. Plenium Publishing 233 Spring street N.Y. 10013 (1984) 23

6.2   Smith B.: An overview of flashlamps and CW arc lamps. Technical Bulletin 3. ILC Technology (1986)

6.3   VERRE ET QUARTZ: Standard high pressure linear lamps. Firmenschrift. (1981)

6.4   ILC. Internes Datenblatt (1986)

6.5   Markiewicz J.P., Emmett J.L.: Design of flashlamp driving circuits. IEEE J. Quant. Elec. vol QE2 no.11 (1966) 707

6.6   EG a. G Electro Optics: Flashlamp Applications Manual (1982)

6.7   Greve P. et al.: Emmisionscharakteristik und Reabsorption von Krypton- Bogenlampen in Festkörperlasern. Feinwerktechnik und Meßtechnik 96 (1988) 6

6.8   Greve P. et al.: Emission charakteristic of high power Kr/Xe-flashlamps SPIE 1021 (1988) 84

6.9   Yoshikawa, S., Iwamoto, K., Washio K.: Efficient arc lamps for optical pumping of Neodymium lasers. Appl. Optics 10 (1971) 1620

6.10 Walsh, P.J.: Electrical characterisation of cw Xenon arcs moderate currents. J.Appl. Phys. 61 (1987) 4484

6.11 Witting, H.L.: Acoustic resonances in cylindrical high-pressure arc discharges. J. Appl. Phys. 49 (1978) 2680

6.12 Lama, W., Hammond, T.: Arc-acoustic interaction in rare gas flashlamps Appl. Optics 20 (1981) 765

6.13 Brown, D. C.: High-peak-power Nd:glass laser systems. Berlin: Springer 1981, S. 115

6.14 Richards, J. et al.: Operation of krypton-filled flashlamps at high repetition rates. Appl. Opt. 22 (1983) 1325

6.15 Hohlfeld, R.G.: Self-inductance effects in linear flashtubes: an extension to the Markiewicz and Emmett theory. Appl. Opt. 22 (1983) 1986

6.16 Erlandson, A.C.: Flashlamps for high-average-power lasers. Laser program annual report LLNL (1985) 9-77 (UCRL-50021-85)

6.17 HERAEUS: Laseranregungslampen für Dauer- und Pulsbetrieb. Firmenschrift (1983)

6.18 VBI Technologies: Short and long arc lamps. Technical Information

Literatur zu Kapitel 7

7.1   Roussel, Phillipe, Wassenaar: Tête optique d'une installation pour l'observation et le traitement par rayonnement laser de l'oeil. Fascicule du Brevet 645 801 (1982)
7.2   Brown, D.C., Nee, T.N.: Design of single mesh flashlamp driving circuits with resistive losses. IEEE Trans. Electr. Dev. ED-24 (1977)
7.3   Burbeck, R.N. et al.: Laser flash tube power supply. UK Pat. Appl. GB 2023 330 A (1979)

Literatur zu Kapitel 8

8.1   LASAG: Firmenprospekt (1983)
8.2   Melles Griot: Optics Guide 2 (1981), Optics Guide 3 (1985) 36
8.3   Hentschel, C.: Fiber Optics Handbook. Hewlett Packard (1983) 97
8.4   Goethals, W.: Optischer Glasfaser-Multiplexer für industrielle Nd-YAG Laser. 10 Laser Magazin 4/88
8.5   Goethals, W.: Optical Fiber Multiplexer for industrial Nd:YAG lasers. SPIE Conference Hamburg (1988)
8.6   Notenboom, G., Nonhof, C., Schildbach, K.: Beam delievery technology in Nd:YAG laser processing. Proc. LAMP, Osaka (May, 1987)
8.7   Weber, H.: Optische Resonatoren. Vorlesungsmanuskript 5. Auflage (1988) Festkörper-Laser-Institut Berlin
8.8   Nath, G.: Hand-held laser welding of metals using fibre optics. Optics and laser technology 10 (1974) 233
8.9   Jahn, R.: Grundlagen der Faseroptik. Feinwerktechnik 12 (1970) 524
8.10   Jahn, R.: Selbstfokussierende Lichtleitfasern. Feinwerktechnik und micronic 2 (1973) 56

Literatur zu Kapitel 9

9.1   Herziger, G.: Werkstoffbearbeitung mit Laserstrahlung. Feinwerktechnik und Meßtechnik 91 (1983) 156
9.2   Steffen, J.: Prozessoptimierung bei materialabtragenden Bearbeitungs- problemen mit Laserstrahlung. Feinwerktechnik und Meßtechnik 7 (1979) 309
9.3   Steffen, J.: Schweißen mit dem Laserstrahl. Feinwerktechnik u. Meßtechnik 88 (1980) 7
9.4   DODUCO: Kontakte und Kontaktwerkstoffe. Datenbuch 2. Auflage
9.5   Handbook of Chemistry and Physics. 59 th Edition (1978-1979) CRC Press Inc.
9.6   Landolt-Börnstein: Zahlenwerte und Funktionen. Eigenschaften der Materie in ihren Aggegatzuständen, 8. Teil Optische Konstante. Springer Berlin (1962)
9.7   Nonhof, C.J.: Material processing with Nd-lasers. Electrochem. Publ. (1988) 34 bzw. 128
9.8   Seka, W. et al.: Photodiodearrays. Rev. Sci. Instrum.. vol 45 No.9 (1974) 1175
9.9   Cohen, M.I.: Laser Handbook II. North-Holland Publishing (Amsterdam)
9.10   Treusch, H.G.: Geometrie und Reproduzierbarkeit einer plasmaunterstützten Material-abtragung durch Laserstrahlung. Dissertation TH Darmstadt (1985)
9.11   Schäfer, P.: Metalle gepulst flexibel und präzis schneiden. Laser Praxis Juni (1988) L 55

Literatur zu Kapitel 10

10.1   SCHOTT: Laser glas. Schott-Katalog 2301(1988)
10.2   Hayden, J.S. et al.: Advances in glasses for high average power laser systems SPIE 1021 (1988) 36
10.3   HOYA: Data sheet (1985)
10.4   HOYA: Data sheet (1986)
10.5   Linford, G.J. et al.: Measurements and modeling of gain coefficients for Neodymium laser glasses. IEEE J. Quant. Electr. QE-15 (1979) 510
10.6   Waxler R.M., Feldman, A.: Piezooptic coefficients of four Neodymium-doped laser glasses. Appl. Opt. 19 (1980) 2481
10.7   KIGRE: Properties of KIGRE laser glasses. Datasheet (1985)
10.8   KIGRE: Silicate laser glas Q-246. Datasheet (1984)
10.9   KIGRE: Q-88 Phosphate laser glas. Technical information (1979)

10.10 KIGRE: Athermal phosphate laser glas Q-98. Technical information

10.11 KIGRE: Super-gain athermal laser glass. Technical informatiom (1984)

10.12 Myers, J.D.: The development of a high average power glass laser source. Naval Research Lab. Report. No: N000 14-81-C-1376-0002-A003

10.13 Hoffman, H.J., Hayden J.S.: Glasses as active materials for high average power solid state lasers. SPIE 1021 (1988) 42

10.14 SCHOTT Glass Techn. Inc.: Laser Glass-APG-1. Data Sheet 2302/88 (1988)

10.15 UCRL-50021-86: High-Average-Power Lasers 7. Laser Programm. Annual Report (1986) 7-151

10.16 Neuroth, N.: Laser glass: Status and prospects: Opt. Eng. 26 (1987) 096

10.17 SCHOTT: Nd-Phosphatgläser für die Lasertechnik, LG 703 und LG 706. Produktinformation nr. 7515 (1979)

10.18 Hoffman, H.J. SCHOTT: private Mitteilung

10.19 Jasbir, S. et al.: Study of thermal effects in an Nd doped phosphate glass laser rod. IEEE J. Quant. Electr. 22 (1986) 2259

10.20 Cerqua, K.A. et al.: Strengthened glass for high average power laser applications. SPIE 736 (1987) 13

Literatur zu Kapitel 11

11.1 Weber, M.J. Ed.: Handbook of Laser Science and Technology. Vol. 1 Chemical Rubber Comp. CRC Press Inc. (1982) ISBN 0-8493-3501-9

11.2 Maeda, K. et al.: Concentration Dependance of Fluorescence Lifetime of Nd^{3+}-doped $Gd_3Ga_5O_{12}$ Lasers. Jap. Journ. Appl. Phys. 23 (1984) L 759-L 760

11.3 Koechner, W.: Solid state laser engineering. Berlin Springer 1976 Koechner, W.: Solid state laser engineering. Berlin Springer 1988

11.4 Krupke, W.F.: Spectroskopic, optical and thermo-mechanical properties of GSGG and its laser performance. UCRL 93853 preprint (1986)

11.5 Teichmann, H., Duczynski, E.W., Huber G.: Efficient flashlamp pumped operation of a Cr, Tm, Ho: YAG laser at 2.08 μm. CLEO 88

11.6 Danielmeyer, H.G.: Progress in Nd:YAG lasers. Lasers: A Series of Advances vol.4. Levine, De Muria (eds). Marcel Dekker Inc. (1976)

11.7 ALLIED Synthetic crystal products Charlotte North Carolina: YAG data sheet

11.8 Young, D.D. et al.: Holographic interferometry measurement of the thermal refractive index and thermal expansion coeffizient of Nd:YAG and Nd:YAlO. IEEE J. Quant. Electr. (Aug 1972) 720

11.9 Kitaeva et al.: The properties of Crystals with Garnet structure. Phys. stat. sol. (a) 92 (1985) 475

11.10 LITTON AIRTRON Morris Plains NJ: YAG data sheet NDYAGS-4/88 (1988)

11.11 Fuhrmann, K. et al.: Effective cross section of the Nd:YAG 1.0641 μm laser transition. J. Appl. Phys. 62 (10) (1987) 4041

11.12 Emmet, J.L. et al.: LLNL: The Potential of High-Average-Power Solid State Lasers (1984) NTIS. 5285 Port Royal Road Springfield. VA 22161

11.13 Thomas, M.D., Chicklis, E.P.: High power 1.3 μm Nd:YAG laser. CLEO 86 WM4

11.14 Bass, M. et al.: Room temperature of the 50% doped Er:YAG laser at 2940 nm CLEO 86 THT 1

11.15 J.K. Lasers (Lumonics) Rugby GB: Data sheet JK 701

11.16 Huber, G. et al.: Chromium doped crystals for tunable lasers. Vortrag auf der Lasers 82 in New Orleans (1982)

11.17 Zharikov, E.V. et al.: Sensitization of neodymium luminescence by chromium in a Gd3Ga5O12 crystal. Sov.J. Quant. Electr.12 (1982) 338

11.18 Struve, B., Huber G. et al.: Tunable room temperature laser action in Cr3+: GdScGa-Garnet. Appl. Phys. B30 (1983) 117-120

11.19 Hayakawa, H. et al.: High average power Nd:GGG slab laser. Jap. Journ. of Appl. Phys. 26 (1987) L1623-L1625

11.20 Caird, J.A. et al.: Measurements of losses and lasing efficiency in GSGG:Cr:Nd and YAG Nd: laser rods. Appl. Optics 25 (1986) 4294

11.21 ALLIED Synthetic crystal products Charlotte North Carolina: GSGG data sheet

11.22 Krupke, W.F. et al.: Spectroscopic, optical and thermomechanical proper- ties of neodymium- and chromium-doped Gadolinium Scandium Gallium Garnet. J. Opt. Soc. Am. B/3 (1986) 102

11.23 LITTON AIRTRON Morris Plains NJ: GSGG data sheet GSGG S-4/88 (1988)

11.24 Lee, J.C., Jacobs, S.D.: Refractiveindex and dn/dT of Cr:Nd:GSGG at 1064 nm. Appl. Optics 26 (1987) 777-778

11.25 Pollak, T.M. et al.: IEEE J. Quant. Electr. QE 18 (1982) 159

11.26 LITTON AIRTRON Morris Plains NJ: YLF data sheet YLFS-4/88 (1988)

11.27 Barnes, N.P. et al.: Operation of an Er:YLF laser at 1.73 μm. IEEE Journ. Quant. Electr. QE-22 (1986) 337

11.28 Shen, H. et al.: New advances in Nd:YAP-lasers. Fujian institute on the structure of matter. Fuzhou, Fujian China

11.29 Shen, H. et al.: High power 1.314 μm Nd:YAG laser. Optics and laser technology 18 (1986) 180

11.30 Dätwyler, M., Lüthy, W., Weber, H.P.: New wavelengths of the YALO3:Er Laser. IEEE J. Quant. Electr. QE 23 (1987) 158-159

11.31 Massey, G.A.: Measurement of Device parameters for Nd:YAlO lasers. IEEE J. Quant. Electr. QE-8 (1972) 669

11.32 Keig, G.A., DeShazer L.G.: Laserverhalten von Yttrium-Orthoaluminat bei Dotierung mit seltenen Erden. Laser+Elektro-Optik 3 (1972)

11.33 Walling, J.C. et al.: Tunable Alexandrit Lasers: Development and Performance. IEEE J. Quant. Electron. QE-21 (1985) 1568

11.34 Walling, J.C.: Properties of Alexandrite lasers. Vortragsmanusscript NATO-Tagung 1984 Italien

11.35 Guch, S., Jones, C.E.: Alexandrite-laser performance ar high temperature. Optics letters 7 (1982) 608

11.36 Shand, M.L.: Alexandrit laser technology: SPIE 610 (1986) 81

11.37 Payne, J.P., Evans, H.W.: Flashlamp-pumped lasing of chromium-doped GSG garnet. CLEO 86 TUK 31 p106

11.38 Imai, S. et al.: High power Alexandrite laser and its applications. CLEO 86 TUK 30 p106

11.39 Rapoport, W.R., Samelson H.: Alexandrite slab laser. LASER 85 Las Vegas

11.40 Walling, J.C. et al.: Tunable Alexandrit Lasers. IEEE J. Quant. Electr. QE-16 (1980) 1302-1315

11.41 Hoefer, C.S., Kirby, K.W., DeShazer, L.G.: Thermo-optic properties of Garnet laser crystals. IRD quaterly report (1985). Hughes research Labs Malibu CA
Hoefer, C.S., Kirby, K.W., DeShazer, L.G.: Thermo-optic properties of Garnet laser crystals. J. Opt. Soc. AM. B 5 (1988) 2327

11.42 Meier, J.V. et al.: Flashlamp-pumped Cr^{3+}: GSAG laser. IEEE J. Quant. Electr. QE-22 (1986)

11.43 Berenberg, V.A. et al.: Temperature dependence of the gain and of the lasing cross section of a $\approx 1.06\,\mu$ transition in gadolinium scandium gal- lium garnet crystals doped with chromium and neodymium. Sov. J. Quant. Electr. 16 (1986) 1455

11.44 Knights, M.G. et al. (SANDERS): High power TEM-00 2 μm laser. CLEO 85 WJ 1 p94

11.45 Jenssen, H.P. et al. (ALLIED): Spectroscopic properties and laser performance of Nd^{3+} in Lanthanum beryllate. J. of Appl. Phys. 47 (1976) 1496

11.46 Chin, T. et al.: Athermal Nd:BEL lasers. SPIE 622 (1986) 53

11.47 Knights, et al.: Cesium filter resonant operation of Nd:YLF. SPIE 622 (1986) 180

11.48 ALLIED Synthetic crystal products Charlotte North Carolina: Alexandrite data sheet (1985)

11.49 ALLIED Synthetic crystal products Charlotte North Carolina: Lanthanum Beryllate a new Laser host of great promise.

11.50 UNION CARBIDE. Tm:Ho:Cr:YAG laser rods. Mitteilung (1988)

11.51 UNION CARBIDE. CZ Ruby laser rods. Data sheet (1986)

11.52 UNION CARBIDE. YAG:Nd Data. Data sheet

11.53 UNION CARBIDE. Ruby laser rods. Data sheet (1981)

11.54 KRISTALLOPTIK Laserbau. Fürstenfeldbruck Nd:YAP laser rods. Data sheet

11.55 HERAEUS: Nd:YAP Laser-Kristalle. Datenblatt (1981)

11.56 Hoffman, H.J., Hayden, J.S.: Glasses as active materials for high average power solid state lasers. SPIE 1021 (1988) 42

11.57 Fan, T.Y. et al.: Spectroscopy and diode laser-pumped operation of Tm, Ho:YAG. IEEE J. Quant. Electr. 24 (1988) 924

11.58 Huber G., Duczynski, E.W., Petermann, K.: Laser pumping of Ho-, Tm-, Er-doped garnet ar room temperature. IEEE J. Quant. Electr. 24 (1988) 920

11.59 Jain, R.K. et al.: Diode-pumped 1.3 μm Nd:YVO4 laser. CLEO 88 THB5

11.60 Kaminski, A.A. et al.: Growth, spectroskopic investigations and some new stimulated emmision data of $Gd_3Ga_5O_{12}$:Nd^{3+} single crystals. Phys.stat.sol. (a) 49 (1978) 305

11.61 Struve, B. Huber, G.: Laser performance of Cr^{3+}:Gd(Sc, Ga) garnet. J. Appl. Phys. 57 (1985) 45

11.62 Boling, N.L. et al.: Empirical relationsships for predicting nonlinear refractive index changes in optical solids. IEEE J. Quant. Electr. 14 (1978) 601

11.63 WACKER CHEMITRONIC: Cr:Nd:GGG laser crystals. Data sheet (1989)

11.64 Lundt, H. et al.: High laser efficiency due to Cr^{3+} sensitization in Cr:Nd:GGG. SPIE 1021 (1988) 55

11.65 DeShazer, L.G. et al.: Laser performance of Nd^{3+} and Ho^{3+} in YVO_4 and Nd^{3+} in Gadolinium Gallium garnet (GGG). Dig. Techn. Pap. 8th Int. Quant. Electron. Conf. (1974)

11.66 Albrecht, G.F. et al.: Measurements of Ti^{3+}:Al_2O_3 as a lasing material Optics Commun. 52 (1985) 401

11.67 Kimura, S. et al.: FZ growth of Ti^{3+}:Al_2O_3 and its properties. SPIE 736 (1987) 29

11.68 Lacovara, P. et al.: Flash-lamp-pumped Ti^{3+}:Al_2O_3 laser using fluorescent conversion. Optics Lett. 10 (1985) 273

11.69 Sanchez, A. et al.: Room-temperature continuous-wave operation of a Ti^{3+}:Al_2O_3 laser. Optics Lett. 11 (1986) 363

11.70 UNION CARBIDE. Titanium-doped Sapphire, tunable laser crystals. Datenblatt 1989

11.71 Lundt, H. WACKER CHEMITRONIC. priv. Mitteilung (1988)

11.72 Albers, P. Univ. Bern: private Mitteilung (1988)

11.73 Slack, G., Oliver, D.: Thermal conductivity and phonon scattering by rare-earth-ions. Phys. Rev. B 4 (1971) 592

11.74 Arsenjew, P.A. et al.: Kristalle in der modernen Lasertechnik. Akademische Verlagsgesellschaft Leipzig (1980)

11.75 Weber, M.J. et al.: Czochralski growth and properties of $YAlO_3$ laser crystals. Appl. Phys. Lett. 15 (1969) 342

11.76 Tucker, A.W. et al.: Stimulated-emission cross section at 1064 and 1342 nm in Nd:YVO_4. J. Appl. Phys. 48 (1977) 4907

11.77 Carts, Y.A.: Titanium sapphire's star rises. LASER FOCUS WORLD 9 (1989) 73-88 Flashlamp pumps Ti:sapphire laser: LASER FOCUS WORLD 8 (1989) 21

Literatur zu Kapitel 12

12.1 Curcio, J.A., Petty, C.C.: The near infrared absorption spectrum of liquid water. J. Optic. Soc. Amer. 41 (1951) 302

12.2 Friedmann, E. et al.: Absorption coefficient instrument for turbid natural waters. Appl. Optics 19 (1980) 1688

12.3 SCHOTT Ruhrglas: Informationsblatt DURAN (1979)

12.4 SCHOTT: Datenblatt TENMPAX Tafelglas Druckschrift Nr. 8841/1 d

12.5 SCHOTT: ZERODUR Glaskeramik Druckschrift Nr. 3131/1 d X/85

12.6 SCHOTT: Optisches Glas. Datenblatt Nr. 3111 d

12.7 QUARTZ & SILICE: Silica glass. Technical leaflet S 2

12.8 WIGGIN ALLOYS: Produktbeschreibung.Veröffentlichung Nr. 3770G April (1983)

12.9 WIGGIN ALLOYS: Datenblatt NILO. Publication Number 3721

12.10 FRIEDRICHSFELD: Erzeugnisse aus Oxidkeramik. Datenblatt 1078a·10·V 86 L und 1279·3·VII.87 EB

12.11 MORGAN: Technische Keramik. MRGAN MATROC Lim. MML.86.01

12.12 HERAEUS: Quarzglas und Quarzgut. Firmendruckschrift Q-A 1/112.1

12.13 SCHOTT: Technische Gläser (Physikalische und chemische Eigenschaften) Firmendruckschrift

12.14 Badische Industrie-Edelstein-Gesellschaft. Firmenschrift.

12.15 Driscoll, W.G. et al. (eds): Handbook of Optics (1978)

12.15 Jenkins, F.A., White, H.E.: Fundamentals of optics. McGraw-Hill. 536

12.16 Zilling, F.: Präzisions-Keramik für hohe Genauigkeiten. Feinwerktechnik & Meßtechnik 7(1989) Sonderteil ZM 96

Literatur zu Kapitel 13

13.1   Ardenne M.v.: Tabellen zur angewandten Physik VEB Deutscher Verlag der Wissenschaften (1973)

13.2   Hass, G.: Optical properties of metal. American Institute of physics handbook. McGraw-Hill (3.ed) 6-118

Sachverzeichnis

E.-U. Kotte, K. Derge, R. R. Landeryou,
R. Poprawe, T. Tschudi, W. Wobbe (Eds.)

Technologies of Light

Lasers – Fibres – Optical Information Processing – Early Monitoring of Technological Change

A Report from the FAST Programme of the
Commission of the European Communities

1989. IX, 144 pp. 24 figs. Hardcover DM 98,–
ISBN 3-540-50458-3

This book draws upon a research project funded
partially by the FAST Programme (Forecasting and
Assessment in Science and Technology) of the
Commission of the European Communities.
FAST comprises, amongst other, the subprogramme
TWE (Technology, Work and Employment), which is
concerned with technological change and its implica-
tions for qualifications and employment.
"Technologies of light" or "photonics" can be defined
as any methods, processes or products which make
use of the spectrum of light, and any systems whose
function is to study, measure, transform or transmit
by means of light, which comprise at present the
following main topics, also dealt with in the book:
lasers, fibre optics and their accessories, systems for
the capture, processing, classification and exploitation
of image data.
The book is particularly directed towards: students
looking for career prospects, managers wanting to
keep pace with technological progress, government
officers preparing science policy proposals and people
interested in anticipating technological change.

Springer-Verlag Berlin
Heidelberg New York London
Paris Tokyo Hong Kong

MIX
Papier aus verantwortungsvollen Quellen
Paper from responsible sources
FSC® C105338

If you have any concerns about our products,
you can contact us on
ProductSafety@springernature.com

In case Publisher is established outside the EU,
the EU authorized representative is:
**Springer Nature Customer Service Center GmbH
Europaplatz 3, 69115 Heidelberg, Germany**

Printed by Libri Plureos GmbH
in Hamburg, Germany